大是文化

歷史怎麼改變的，化學知道

ケミストリー世界史 その時、化学が時代を変えた！

歷史、化學放在一起看，事件因果更清楚，
文明的演進總受化學元素、
反應、新材料左右。

日本三大升學補習班之一河合塾化學講師
大宮理──著
李貞慧──譯

目錄

僅將本書獻給史前時代在陰暗洞窟的牆壁上作畫的人們，被迫上戰場的古埃及農民們，滿天星光下在沙漠中運送物資的商隊們，雖苦於壞血病、卻異想天開在寬廣大海上航行的人們，以及嚴寒中守著大炮、受凍的人們，追求自由而突襲機關槍座的人們，還有交織出漫長歷史、為今日犧牲奉獻的所有人類。

推薦序一
用文明史介紹化學，用化學介紹文明史？

臺灣大學化學系名譽教授、遠哲科學教育基金會常務董事／陳竹亭

「學科」（discipline）在人類歷史上的發展，自從亞里斯多德（Aristotle）分類了對大自然的認識之後，知識的進程與演化常常就是各有專精。中古歐洲成立大學（university），就開始了學科的研究。古希臘的自然哲學到了十五至十七世紀，哥白尼的天文學結合了克卜勒的數學，加上伽利略始創的物理理論與實證方法，終於在牛頓手上提出集大成的萬有引力定律，近代物理學於焉誕生。

最早對物質的想像與「化學」有關聯的哲思，雖然也可以溯及古希臘時期，但是近代化學學科的發跡，則是從十七至十九世紀羅伯特．波以耳（Robert Boyle）、拉瓦節（Antoine Lavoisier）、道耳頓（John Dalton）等用實驗證明了元素、化學反應的概念和原子理論，才算踏上正軌。但是從人類有了技術或稱技藝（technology）後，譬如發明了農牧業，文明就開始了。把約三百多年的近代化學學科概念和知識，與綿延一萬年的文明史，還加上了全書起首的宇宙霹靂與創世、地球形成與創生、自然環境與生命演化，統統結合到一本書內，該如何撰述？

進入二十世紀，近代化學對於物質世界微觀尺度（microscopic scale）的認知與操作技術，都已經十分熟稔發達。有人就把化學稱作「中心科學」（central science），其意義是指物質世界中，化學學科連結並貫穿了較偏理論與抽象概念的數學與物理學科，以及指向應用的生物（後稱生命科學）、地質、大氣、海洋（現集合成地球科學）。此外，還有醫學、藥學、農學、材料學以及各種工程……這些都與物質有關。化學的角色恰居中央要津，遂在科學的眾學科中榮登中心之位。

作者編著本書的脈絡，事實上是以人類文明的技藝史為主軸，彙整了從技藝的發明過程、發明家，到傳說、軼事，然後從科普的角度，簡介近代化學知識，對物質世界的諸般技藝提出說明與理據，同時也介紹化學史或人類技藝發明在歷史中的來龍去脈。說不完的故事不僅提升了化學知識的可讀性，也明顯提升了化學面對生活所觸發的文化性。

當然，一萬年漫長的人類文明史演化，加上了在物質、產業、生活中發現與發明的吉光片羽，以及闡釋與介紹近代化學科普化的知識、見識、常識，使讀者讀起技藝史，更能夠萌生盎然的趣味；反之，用歷史敘事的方式述說較為冷僻的化學知識或原理，就顯得貼近生活，讓化學因此平添了社會、文化的親和力。也許，兩種觀點偶而會產生時序上的違和感，但整本書有如一本技術百科，仍算是瑕不掩瑜。

今日「科學傳播」表面上的型態越來越多樣化。日本作者把漫長歷史和化學編織成書也算巧思，內容仍然不脫日本人治學嚴謹的有板有眼，對兩種學科都維持內容的絲毫不苟。用「海陸雙拼特餐」來形容本書也不為過，說不定正中了許多讀者嘗鮮變化的胃口也未可知！

推薦序二

如果你能回到過去，你會如何用化學改變歷史？

賽先生科學工廠創辦人／林厚進

曾經有個熱門的題目引發眾多討論：假如你擁有一把加特林機槍，而且子彈無限量，那麼當你回到三國時期，是否就能夠統一天下？

如果這個題目引發了你的興趣，代表你一定也曾這麼想像過。如果帶著關鍵的知識或技術，穿越回到過去的任何時空，是否就能天下無敵？接著要思考的是，你到底該選什麼年代，以及要帶著什麼樣的關鍵技術？只要稍微延伸一下這個問題，就會發現事情其實沒有想像的那麼簡單。例如，當你擁有無敵的武器，你要如何避免對手從遠方將你團團包圍，讓你活活餓死？或是在這一攻一守之間，對方可能直接派出暗殺部隊，偷偷取你性命。

就算你什麼都不管，想要一路帶著槍直接往前衝，那麼還得發明機動車輛；就算你穿越時空的時候帶上車子，你還得要會開採石油來作為燃料，你也需要學會各種加工技術，來生產槍枝及車輛的維修零件。而且你還得思考，要做到什麼職位才能調得動工匠？要積累多少財富才能平衡支出？是否有足夠的農業知識度過大饑荒？是否還需要什麼水利知識度過大洪水？管理全國的時候，到底要用什麼政治制度等一連串的問題，就會從眼前一直冒出來，等待你解決。

在讀本書的時候，就像看著前述整個過程的演進。我們彷彿看到有個人穿越到了沒有銅器的時代，而他發明了銅器，因而稱霸全球。但是他穿越前沒有先上網查好怎麼製作鐵器，所以下一個穿越的人在他之後到達，就發明了鐵器，又稱霸了全球。其實在過去的歷史中，有很多革命性的變化，都因為天時地利與無限的巧合才會發生。當出現了像是尼古拉．特斯拉（Nikola Tesla）或是達文西（Leonardo da Vinci）這種，想法明顯大幅超越當時年代的天才，我們也會偷偷懷疑，他們是不是帶著關鍵技術、卻穿越錯了年代，導致不被當代的人理解。

直到現代，這件事情其實也沒有多大的改變，人們還是不斷尋找著新技術與新方法、新材料，嘗試顛覆我們現在所有生活的面貌。差別只在於，過去我們花了兩百五十萬年，才從石器時代走到鐵器時代，而現在 iPhone 每年就換一代了。所以，如果你有機會可以回到過去，記得帶上這本書，選個好知識，找個好時代，去稱霸世界吧！

第1章

宇宙的誕生——所有物質皆由原子組成

一百三十八億年前的某一天，有一個充滿能量，大小接近零的微小一點的狀態，突然瞬間膨脹成直徑一公分左右的空間。這就是「宇宙暴脹」（Inflation）。之後，這個空間就發生了名為「大霹靂」（Big Bang）的大爆炸。

這一次爆炸讓能量轉換，產生具有質量的基本粒子。質能等價，能量轉變為物質。此時雖仍是驚人的高密度狀態，但依舊急速的擴展開來。

大爆炸的三分鐘後已經相當冷卻，從基本粒子形成了氫原子與氦原子的原子核。只要等待一碗泡麵泡開的時間，就可以形成原子的材料了，很有趣吧。

原子核就是原子的中心部分，由質子、中子等粒子構成。原子核的四周環繞著電子，這就是原子的結構。原子的結構有如一個太陽系，在太陽（指原子核）的四周環繞著行星（指電子）。不過此時還是太熱了，無法形成原子。原子核無法好好的和電子結合，狀態就像是一鍋大雜燴一樣亂成一團。

三十七萬年後，宇宙的溫度冷卻到攝氏三千度，**電子終於受到原子核吸引而開始形成原子。一開始生成的是氫（H）原子。構成我們身體中的水（H_2O）的氫原子，就是在這個時候誕生。**

然後，恆星誕生了。在恆星內部，原子核之間互相衝撞（核融合），形成各式各樣的原子核。原子核中的質子數量決定了所謂元素的原子種類。1個質子的是氫（H），2個的是氦（He）……26個是鐵（Fe），像這樣決定。

透過恆星內部的核融合，創造了鐵等元素。最終引發超新星爆炸，生成比鐵還重的元素（最近較有力的說法，是中子星合體後生成），各種元素的原子散落在宇宙中。形成人體的原子，也是由星塵帶來的。

巨大隕石撞地球，黃金、白金落滿地

四十六億年前，鐵、石頭等聚集在一起，地球因此誕生。三十九億年前，巨大隕石撞擊地球數次，為地球表面帶來黃金、白金等各種重元素，約兩百億噸。**如今我們在投資時，讓人忽憂忽喜的黃金與白金，其實來自宇宙。**

不久後，龐大的隕石撞擊冷卻的地球，帶來隕石中內含的大量有機化合物（以生命根源的碳和氫為主，包含氧、氮、磷、硫磺等的物質）。各式各樣的有機化合物產生反應生成胺基酸，然後胺基酸互相連結形成蛋白質的分子，蛋白質分子集結建構出系統，生命終於誕生。

約三十五億年前，原始的細菌類登場。之後於二十七億年前左右，出現在海中的藍綠藻（cyanobacteria，藍藻類）開始光合作用，在海中釋出氧。鐵因為氧而生鏽，形成鐵離子，沉澱之後成為鐵礦的礦床。離子就是由原子和分子生成之帶電的粒子。鐵原子（Fe）的電子一被奪走，就成為 Fe^{2+} 或 Fe^{3+}，被稱為鐵離子。

海中飽和的氧瀰漫在空氣之中，因為對於太古生物來說，氧是毒氣，生物因此幾乎滅絕。然而，最後終於演化出會利用有毒的氧來獲得能量的生物。細胞內的粒線體（mitochondrion）利用氧，能有效率的產生能量。

能利用氧的生物越來越多，約五億四千萬年前、被稱為寒武紀（Cambrian）大爆發的寒武紀

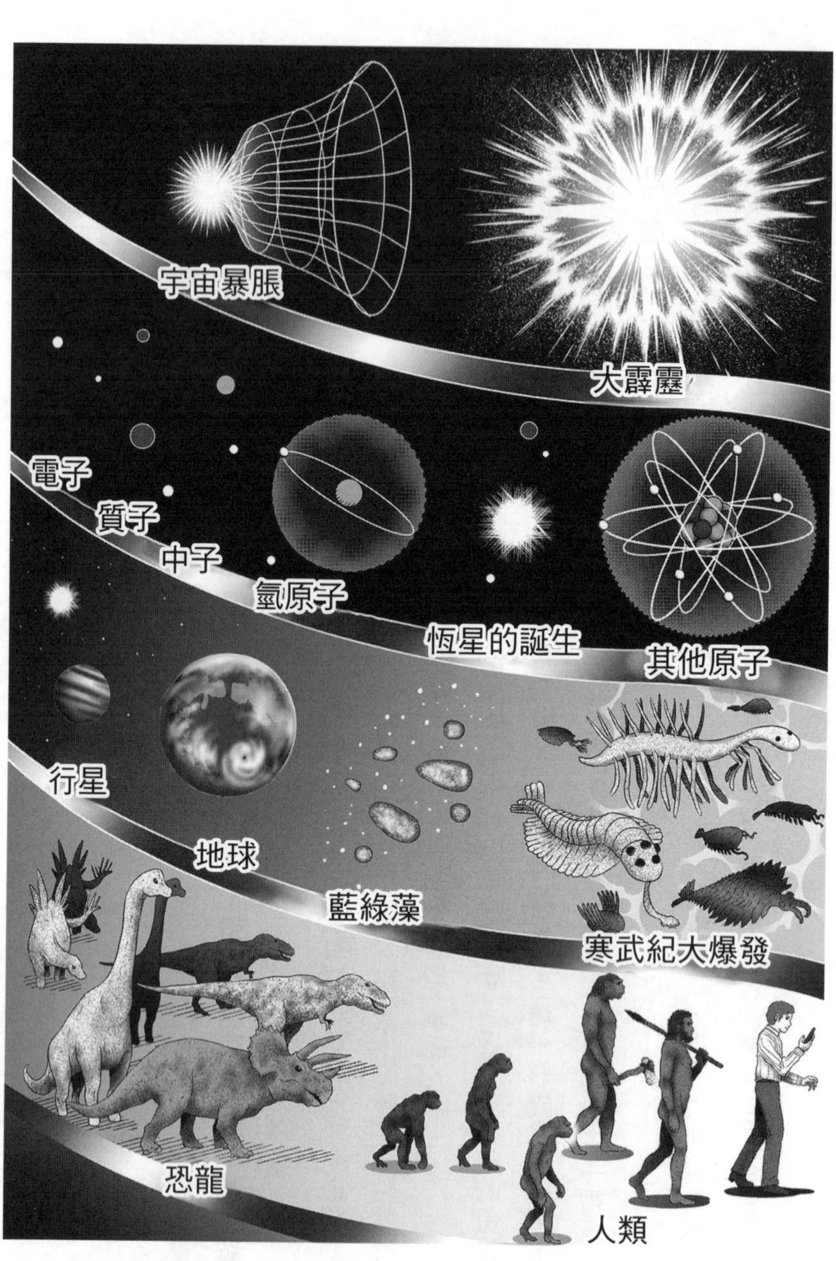

圖 1. 從宇宙大霹靂到人類出現，經歷過數次生物大滅絕。

期左右，現今動物的祖先幾乎都已經出現了。目前也已挖掘出許多節肢動物和脊椎動物祖先的生物化石，造型十分奇特，一點都不輸給在「寶可夢」之中登場的角色們。

因為粒線體的出現，獲得強大力量的動物們開始上岸。然後，兩億三千萬年前開始進入恐龍時代。在大約六千六百萬年前的白堊紀（Cretaceous）末期，一顆小行星撞擊墨西哥猶加敦半島的希克蘇魯伯（Chicxulub），引起巨大海嘯，揚起的粉塵甚至遮蔽日光，導致植物無法生存。這個影響不僅造成恐龍滅絕，更有接近七〇％的生物種因此滅絕。

像這種生命滅絕的危機（隕石撞地球或火山大爆發），過去也曾發生數次。恐龍滅絕後，像老鼠這種小型哺乳動物存活了下來，而這些活下來的生命，就是我們人類的祖先。

第2章

植物纖維製造織品，文明發展第一步

距今約七百萬年前，非洲森林出現猿人，開始用雙腳步行。進化的人類、尼安德塔人乃至直立猿人紛紛離開非洲、往外擴散，但都已滅絕。

約二十萬年前，人類的祖先「智人」（聰明的人）在非洲現蹤。然後約八萬到五萬年前，智人走出非洲、走向全世界。他們透過摩擦棒子和石頭生火，學習各種經驗，像是這種果實可以食用、那種草不能食用等。透過各式各樣人類的生與死，累積了龐大的經驗和知識。

在兩百六十萬年前，人類開始利用石器。他們發現最適合用來打造石器的，就是一般所謂的燧石（Flint，也稱為火石），是由矽和氧所形成的石頭（二氧化矽），並製造各式各樣的用具。

進入鐵器時代後，他們用燧石敲擊鐵、產生火花，將其作為打火石來使用。燧石的拉丁語名為「silex」，矽的英語「Silicon」與元素符號「Si」也因此而來。拉丁語是古羅馬時代的語言，也是各種語言的語源。

紅鐵礦繪壁畫，傳達訊息

據說猿之所以進化為人，在於用具和利用火。

懂得利用火，讓人類可以在寒冷的地區生活，也可以保護自己不受肉食動物捕食。而加熱烹調更可謂是人類的決定性特徵。由燒烤長毛象的肉開始，到今天在米其林星級餐廳吃高級肉料理，人類之所以為人，分水嶺可說是加熱的料理。

加熱烹調可以預防食物中毒等感染，可以安全的攝食。而且已知肉類、芋類、高脂質的食材，經過加熱後更有營養。特別是食用燒烤的肉類，在營養學上有數不盡的好處。也有說法表示，人因為有了豐富的營養，腦才得以大幅進化。如果因為火很危險，就熄滅不用的話，人類至今說不定可能還是猿猴（與火相關的內容接續第七十二頁）。

從礦山挖掘紅色顏料，繪製壁畫

由智慧型手機到汽車，現代的生活由許多物質所支持。而這些物質的起源，幾乎都是自礦山挖掘出來，或是取自石油。**礦山與油田可說是「現代文明之母」**。

石油與油田的故事自十九世紀開始，而礦山的起源就很古老了。全球最古老的礦山位於非洲史瓦濟蘭（現在的史瓦帝尼），時間約是四萬一千年前。從這座礦山挖掘出被稱為紅鐵礦的紅色顏料（Fe_2O_3）。一般認為，當時可能是將紅色顏料塗在臉上，或是用在儀式中。

人類與顏色自古以來密不可分。所謂的顏料，就是礦物微粉末等散落在樹液或動物性油脂等（未溶解的狀態）之中，然後附著在物品表面。染料則是色素成分溶解的狀態，會滲入物品內部附著。

世界最古老的壁畫，是四萬五千五百年以前、繪製在印尼的洞窟。以印尼為主的巽他古陸（Sundaland，進入冰期後海面下降，由歐亞大陸、蘇門答臘島、爪哇島、婆羅洲相連而成）上，有遠自非洲而來的智人在此生活。追本溯源，日本人的根源之一，似乎就是由此地北上的人。

歐洲最古老的洞窟壁畫，則位於三萬年前的法國夏維岩洞（Chauvet Cave），當時使用的顏料為黑色、紅色和黃色。當時的紅色則是使用紅鐵礦、氧化鐵的紅色顏料（江戶時代稱之為弁柄〔Bengala Dye〕）等，用來生動的描繪動物。在陰暗的洞窟內，點燃以獸脂（從獸類身上所採的脂肪）為燃料的原始油燈，拚命作畫。看到這些壁畫，我們都能深深感受到當時人類想傳達的訊息。

當時的人類還沒有語言，無法將所見所聞轉換成語言後，以抽象化的方式記憶，所以他們的記憶據說就像照片一樣，直接記下看到的樣子。

舉例來說，我們在水果賣場看到蘋果時，會抽象化成「蘋果」、「apple」等，但還沒有語言的人類，只能看到什麼就記下該樣貌的圖像。看到這些壁畫，可以深刻感受到古代人類看到動物時，深受感動而將動物的形態生動描繪下來的心情。

有了縫衣針，冰河期也不算什麼

智人足跡之所以能遍及全球，原因之一就是利用道具、克服環境。

例如，智人的足跡也到達冰河期酷寒的北歐和西伯利亞等高緯度地方，這是因為他們有了縫衣針，可以縫製毛皮、作為防寒服。**縫衣針**除了在接近北極海的西伯利亞遺址出土之外，在各地遺址也都有發掘到，**是用長毛象的牙和動物的骨骼製作而成。**

動物骨骼和長毛象牙，和我們的骨骼與牙齒成分相同，都是由羥磷灰石（**hydroxyapatite**，磷酸鈣和氫氧化鈣的複合體）和膠原蛋白（蛋白質）組成的物質。

製作縫衣針，必須在動物骨骼上挖溝，沿著溝、敲開骨骼再研磨，然後鑽孔以便穿線。能像這樣依步驟製作道具，進行智慧的作業，就是智人的能力。

語言也是依循步驟逐漸成形的行為。道具的利用應該催化了語言的發達。依步驟組裝、沿著時間軸思考，這可說是人類獨特的知性作業。

由這個觀點來看，人之所以為人，是因為能製作道具，有語言以及音樂。開個玩笑，我個人還要推薦一點，那就是模型玩具。這些作業的共通點，就是必須具備先想定目的、目標和完成的樣子，再依序組裝製程、言語、聲音等的能力。

說到古代的物品，許多人可能都會想到土器。土器是將自然產出的黏土礦物（包含矽和氧結合的化合物、鋁離子等）捏出形狀，然後再以低溫慢慢燒製而成。其語源就是古希臘語的「Cheramos」（以黏土燒硬的東西）。

最古老的土器，公認是兩萬年前冰河期的物品，是在中國江西省的洞窟遺址所發現的。一同出土的還有炭和灰燼、動物骨頭，可能在舊石器時代，眾人合力一起殺死長毛象，然後一起享用原始的中華料理，滷長毛象肉來吃也說不定。

之後，人類用黏土催生出創新技術，也就是磚頭。燒製黏土而製成的燒製磚和陰乾磚等建築材料正式誕生。

古代美索不達米亞（現今伊拉克）的蘇美人，將磚頭一塊一塊堆疊起來，建造出巨大的金字形神塔（Ziggurat，阿卡德語指「高聳的建築物」）。

文明發展第一步——植物纖維

到了新石器時代（西元前九〇〇〇年～西元前四〇〇〇年），人類終於開始農耕。文明發祥地之一，就是底格里斯河和幼發拉底河之間的肥沃土地，也就是美索不達米亞地區。

人類成功的在以這個區域為中心的弦月地帶，栽培麥粒不會被風吹走的小麥。中國產米，墨西哥產玉米，都是將野生種改變為可栽培的品種。農耕的原點，一開始是有勇氣的人不食用穀粒，而將穀粒放在土中，然後隨著時間經過，發現一粒穀粒竟結出幾百倍的穀粒來。

這正是時間的概念，讓人們得以想像未來，只要等待一年，一粒就可以變成幾百倍，可說是智慧的根源。

氣候一穩定，世界各地便開始農耕。因為農耕，便能在一個地方集中生產，以高效率提高生產量之後，當然社會也會逐漸改變。人類開始定居在一地，形成城鎮，進而創建都市。

社會也開始出現各種分工、逐漸階層化，像是主管曆法的神官，記錄收成、運送、儲藏的書記官，以及最具權力的國王。利用多餘的穀物蓄奴，等到產量再度提升，就開始出現用戰爭獲取奴隸的行為。於是因此形成權力結構，國王開始以神之名進行神權政治。

人們在石器時代開始利用纖維。植物纖維由纖維素（Cellulose）這種分子組成。據說在石器時代，人類的祖先就已經開始利用纖維素的纖維，他們利用亞麻的植物纖維，織布來穿。

纖維素是植物細胞壁的主成分，字根是表示細胞的「Cell」這個字。化學式為$(C_6H_{10}O_5)_n$，是葡萄糖（Glucose）「$C_6H_{12}O_6$」被奪走一個水分子（H_2O）之後的結構，串連數千個甚至數萬個，

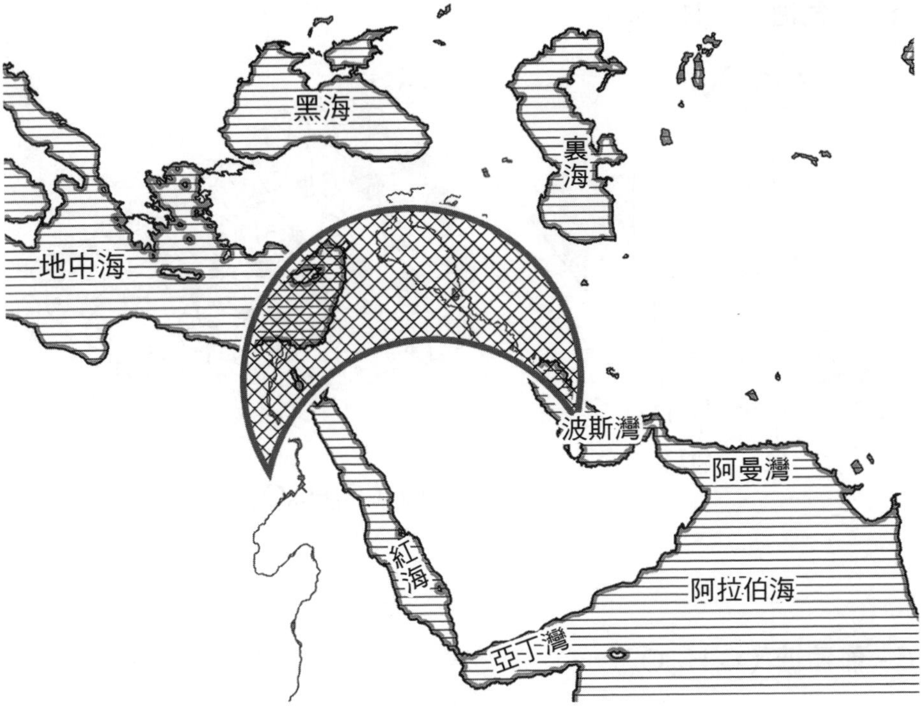

圖 2. 在肥沃的弦月地帶，人類終於開始農耕。

形成有如一根長棒的巨大分子。這種分子大量的聚集成束，就形成一根纖維。

一樣是葡萄糖的分子，因為其中一個地方——「羥基」（-OH）的方向不同，就被區分成α-葡萄糖與β-葡萄糖。其中α-葡萄糖聚集成束就是澱粉，而β-葡萄糖聚集成束就是纖維素。所以就分子來看，澱粉和纖維素其實是親戚呢。

就像電影和動畫中描述的一樣，在石器時代，人類以獸皮為衣。不過獸皮又臭又重、而且不透氣。**利用植物纖維製造織品，也可說是文明的第一步。**

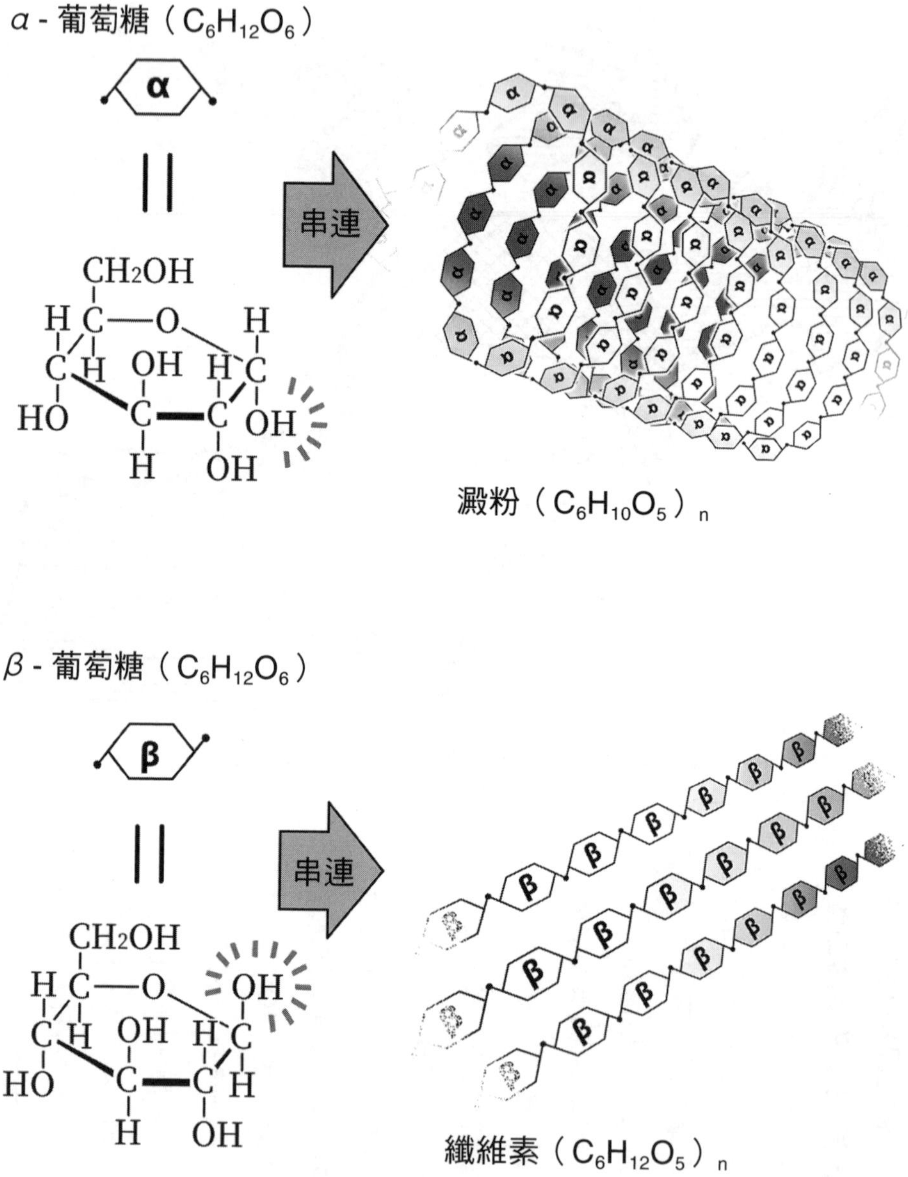

圖 3. 澱粉和纖維素的結構很相近。

亞麻又稱為胡麻、「linen」，語源是法文的「linière」（拉丁語為 linum）。可從亞麻的草取出品質優良的乾爽纖維，果實則可萃取亞麻籽油。現今床單等寢具類的英文也是「linen」，應該是因為過去躺在上面就寢而衍生出的用語。

亞麻線自古以來就被當成細繩，建造金字塔時也用來畫出直線。正因為是用亞麻線畫出筆直的直線，所以才會用「Line」這個字來表達直線。

在日本，木工們要在木材等材料上畫直線時，自古以來都使用墨斗。這種工具是用手指、去彈吸飽墨汁的麻線，以描繪出直線（現代會使用雷射等工具）。亞麻的「linen」最終衍生出直線的意思。光看現在手機 App「LINE」這個字，其實也擁有悠久的歷史。

亞麻之後換棉花登場。棉花在西元前六〇〇〇年左右的墨西哥，以及西元前五千年左右的印度河流域（現今的巴基斯坦）都曾出現。現在知道，於西元前三〇〇〇年左右起，人類就用棉花來織布，印度開始流行棉織品，不久之後這股流行熱潮還擴散到伊斯蘭、歐洲。棉花「cotton」這個字，就是源自阿拉伯語的「qutun」。

棉花指的是棉的果實四周的白色膨鬆纖維，由纖維素組成。亞麻和羊毛只能織出粗硬的布，棉花則可以取得更細緻、肌膚觸感更好的纖維。

第3章

從青銅到電解技術——掌握金屬就掌握權力

西元前一萬年左右，冰河期結束，氣溫持續上升。西元前六〇〇〇年左右，受惠於溫暖溼潤的氣候，世界各地開始出現種植大麥和小麥等的農耕文化。西元前五五〇〇年，在美索不達米亞南部的蘇美出現了城鎮。

然而，後來天氣開始趨向寒冷，西元前四〇〇〇年左右氣溫下降，地球開始沙漠化。因為這樣的氣候變動，過去一直住在高地的人們為了水源，開始移居至地勢較低的土地。而且必須建水路灌溉（從河川引水）以維持農業，因此也必須以集團居住、形成聚落。繼續發展之後，都市便應運而生，人類開始分工。

這些都市都是沿著大河而發達興盛，河川不僅將養分由山脈運至平地，形成肥沃的土地，而且在交通手段有限的古代，還可以利用船隻，更容易運送穀物等物資，這些都是沿著河流居住的優點。

人類在中近東栽培麥子，在亞洲栽培稗粟、小米，建立農耕社會，但田地裡總有動物為了食物而聚集。於是人類開始飼養這些動物，讓牠們繁殖，而開始從事畜牧。西元前三〇〇〇年左右，美索不達米亞地區文明繁盛，埃及也出現了統一國家。在西元前二六〇〇年左右的印度、西元前二〇〇〇年左右的中國，文明都十分繁榮，這就是所謂的四大古文明。

農業與畜牧業進一步發展，就開始需要專家管理物資與維持灌溉等基礎設施，以及神官來執掌農作所需要的曆法。於是人類社會開始階級分化，誕生了以神明為向心力、聚集農民的國家。

西元前四〇〇〇年左右開始利用金、銅

金屬的英語是「Metal」，語源是古希臘語的「Métallan」（意指「尋找」）（有多種說法）。可以想像得到，當時的人類在礦石和泥土到處翻找，才能取得金屬的模樣。

早期人類利用的金屬，包含了金光閃閃、容易被發現的金、銅，再者是隕石中的隕鐵（主成分為鐵的隕石）。從石器時代進入青銅器時代的過渡期，人類就已經開始使用銅，但因銅質地軟，不適合用來打造農具和武器。

有各式各樣含銅的礦物，如黃銅礦、孔雀石等，這些相對來說都比較容易取得。用原始爐具和木炭一起加熱這些礦物，就可以得到內含雜質的銅。

金屬銅就是十日圓硬幣的成分，顏色帶一點紅色。白金與黃金是以金屬原本的樣貌被挖掘出來，除此之外的金屬，都以原子失去電子的陽離子（帶正電的離子）形式存在，和其他陰離子（帶負電的離子）結合後，被包含在礦石中。

以銅為例，礦石內的銅幾乎都是「Cu^{2+}」的狀態。透過化學反應加上電子，還原成銅（Cu），才能製造出金屬銅。鐵和鋁等金屬也一樣，將電子加入礦石中的陽離子，才能成為金屬（關於金屬的內容，下接第三十五頁）。

麵包、啤酒的歷史，化學知道

似乎從新石器時代開始，人類就在肥沃的弦月地帶，將野生的小麥和大麥等磨成粉、製成麵包。用石臼將小麥、大麥、黑麥等果實磨成粉末，再加入水揉製，烘焙後就成為麵包。其後**在古埃及，很流行用天然酵母等附著而發酵的麵團，烘焙製成的發酵麵包**。

麵粉內含被稱為麩質的蛋白質成分。麩質是由兩種蛋白質分子組成，這些分子含水攪拌在一起，就會產生黏性，狀態就像多條電線交纏在一起一樣。烏龍麵和披薩的Q軟口感，以及麵包鬆軟的口感，都來自麩質。

蛋白質占比高的麵粉是高筋麵粉（用來製作披薩和麵包等），占比低的麵粉是低筋麵粉（用來製作蛋糕和餅乾等）。蛋白質是由高達二十種的α－胺基酸分子，依據特定的排列組成，是由數百、數千個連結在一起的分子。

由分解蛋白質麩質後的物質中，發現的胺基酸為麩胺酸。麩胺酸是鮮味成分之一。順帶一提，人類的舌頭擁有可感受鮮味、苦味、甜味、鹹味、酸味五種味道的受體。

麵粉加水揉製，再加入酵母（單細胞微生物）引起發酵反應，便產生酒精（乙醇）和二氧化碳。這個發酵過程和釀製啤酒一樣，所以才會有人說啤酒是液體麵包。製造麵包時產生的二氧化碳會形成氣泡，被封鎖在麩質造成的有黏性麵團中，所以才會變成鬆軟的麵團。

烘焙麵團後，醣類和胺基酸產生反應，形成醛類這種分子，也就是香氣的來源，烘焙出焦糖色後產生獨特的風味，這就稱為「梅納反應」（Maillard reaction）。梅納反應是烹調時十分重要的化學反應。所謂的香氣就是因此而來。

啤酒歷史悠久，西元前四〇〇〇年左右，就已在美索不達米亞為主的近東一帶，也就是肥沃的弦月地帶普及開來。這個地區穀物豐饒，人們以大量穀物為原料釀酒，啤酒因此誕生。

一般認為，一開始可能只是一個美麗的偶然。大概是人們將穀物煮成湯來食用時，發現大麥泡水放置後會產生甜味，再放置一段時間，運氣好的話，就會成為不停冒泡的啤酒。

美索不達米亞的蘇美人用大甕釀製啤酒，眾人用吸管啜飲表面浮著穀物顆粒和穀殼等雜質的啤酒。大家一起分享飲料的風格，例如從茶壺倒茶分給眾人、將一瓶葡萄酒倒在酒杯中一起乾杯分享。許多人分享同樣的液體，喝相同飲料的行為，有如一種表達歡迎款待和友情的傳統。順帶一提，在美索不達米亞和埃及，啤酒被當成薪資發給眾人。

大麥泡水後便開始發芽，此時酵素「澱粉酶」（diastase，多種澱粉分解酵素的總稱）活化，開始分解澱粉。所謂的酵素，就是蛋白質形成的分子，作用就是促進反應的觸媒。

澱粉是由數千個葡萄糖分子（$C_6H_{12}O_6$）相連而成的巨大分子。澱粉酶（澱粉分解酵素）就像是一把剪刀，分解這個巨大分子，成為兩個葡萄糖相連的分子——麥芽糖（Maltose）。「Malt」就是英語的「麥芽」。麥芽糖有甜味。做水飴（按：一種源自日本的糖漿）時，也是用源自麥芽的澱粉分解酵素分解澱粉、製作麥芽糖的反應。

產生麥芽糖後，酵母這種微生物中的其中一種，也就是酵母菌屬發揮作用，這種酵母所擁有的酵素群，會進一步分解麥芽糖、成為葡萄糖，然後引起酒精發酵的化學反應。酵母會瞬間繁殖，只要溫度的條件對了，酵母舒服了，就會大口吞食葡萄糖，排放出「尿液」，也就是乙醇。

古代的人類發現會產生美味啤酒的容器後，就會重覆利用該容器，讓住在容器內的相同酵母繼續發酵，逐步釀製出更高雅的啤酒。在現代，啤酒公司的研究機構會利用基因工程改良酵母，在基因的層級就不讓酵母生成雜味分子，打造出全新的酵母。

發酵時，有些酵母會在接觸空氣的發酵液表面發酵（上面發酵酵母），有些酵母則沉澱聚集在下面發酵（下面發酵酵母）。這兩種酵母分別被稱為艾爾酵母和拉格酵母。

艾爾酵母會同時生成各種稱為酯的分子作為副產物，因此有豐富的水果香風味。拉格酵母則不太產生副產物，會釀製出口感清新冷冽的啤酒。日本流通較多的啤酒是拉格啤酒。

腓尼基人發揚光大，羅馬人木桶熟成

葡萄酒在日本已經很普及了，各地超市都有葡萄酒賣場。很受歡迎的電視節目《一流藝人品鑑中》（芸能人格付けチェック）在品評葡萄酒時，也會使用高級葡萄酒。

然而，超市等店面陳列的葡萄酒，幾乎大半都是用化學工業手法大量生產的商品（記錄片《葡萄酒世界》〔*Mondovino*〕中也有詳盡描述）。葡萄酒的兩大生產國是義大利和法國，不過最近新世界（美國、智利、南非）等地的葡萄酒也廣受矚目。

新石器時代、西元前八〇〇〇年左右，在現今喬治亞（前「具琉耳」，**Gurujia**）、亞美尼亞、伊朗北部一帶就已經開始釀製葡萄酒。西元前四〇〇〇年左右，發明了用來生產與儲藏葡萄酒的陶器，開始用甕等器具正規的釀製葡萄酒。不久，腓尼基人將葡萄酒經中東傳入埃及，埃及也開

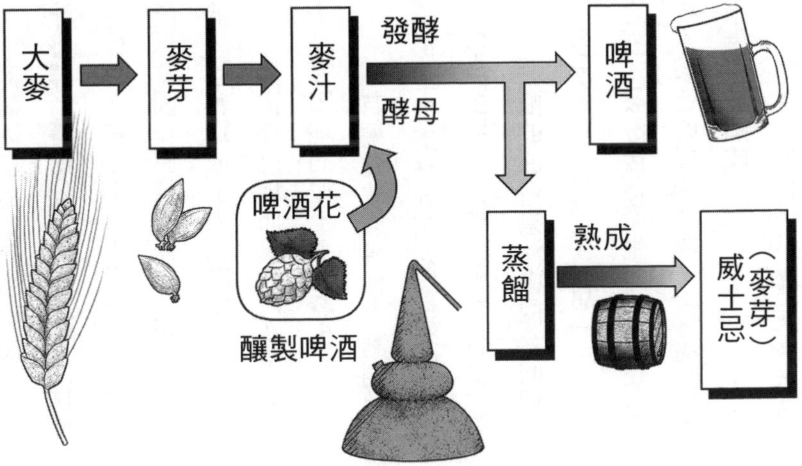

釀製啤酒、威士忌

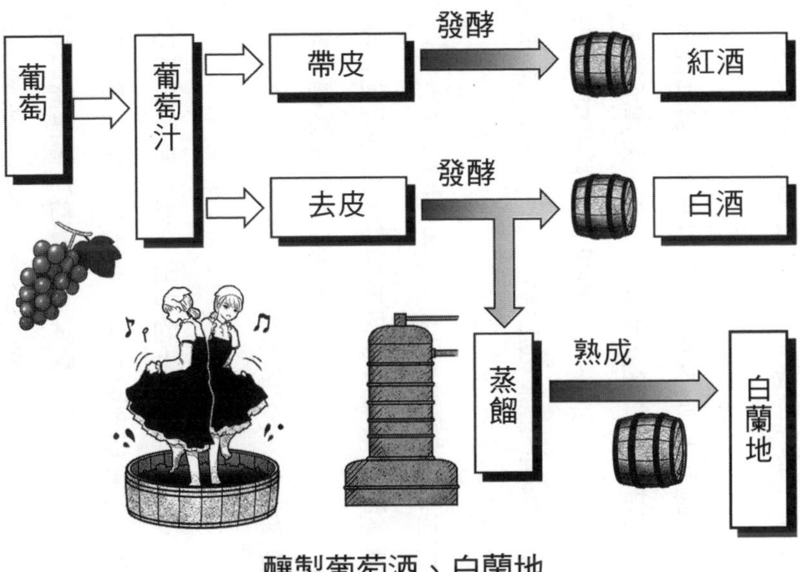

釀製葡萄酒、白蘭地

圖 4. 威士忌源自大麥，白蘭地源自葡萄。

始盛行釀製葡萄酒。葡萄酒的價格比啤酒高，也成為了國王和神官們的飲料。

葡萄酒是將葡萄搗碎後，讓葡萄果汁發酵所製成。原本附著在葡萄表皮上的天然酵母讓果汁發酵，將糖分轉變成乙醇。我想，一開始人類可能是榨葡萄取汁，試圖長期儲存汁液、作為果汁飲用，結果卻發現果汁發酵後變成酒。葡萄酒的製作方法很簡單，就是讓葡萄果汁發酵而已，所以會因為原料葡萄的性質、品質，大幅影響酒的風味與香氣。田地的土壤、日照量、雨量等差異，也會造成很大的影響。

像這種因地而異的口味差異，就稱為「風土條件」（Terroir），有些研究人員和侍酒師還會去品嘗田地的泥土。當發生寒害等狀況時，就會影響該年度的葡萄酒。

因為葡萄收成後會立刻開始釀酒，所以葡萄酒的釀製年分就會成為決定好壞的重要指標。酒標上會清楚載明葡萄的收成年，這就是「年分」（Vintage），這個字則是源自拉丁語的「vindemia」（按：葡萄收割之意）。

發酵的原料果汁中內含的糖，是葡萄糖和果糖（Fructose）。葡萄糖這個字源自古希臘語的「glykýs」（意思是「甜」），而果糖這個字則源自拉丁語「Fluctus」（表示「水果」）。除此之外，發酵後還產生各式各樣的風味分子，決定酒的風味。再者，發酵後的果汁會被放入陶器或橡木製造的桶中熟成。古希臘使用有兩隻把手的雙耳瓶（Amphora，Ampho 有「兩者」的意思）來儲存並熟成。

在古羅馬時代和羅馬軍作戰的高盧地區（現今法國）凱爾特人，作戰時會將木桶點火、朝敵軍滾動以作為武器。羅馬人將這種木桶用來讓葡萄酒熟成，結果發現酒桶的木頭成分分子會溶解到葡萄酒中，創造出不同的風味，於是有了「木桶熟成」的發明。

舉例來說，橡木桶會滲出帶有香草香氣與味道的成分分子「香草醛」（Vanillin），導致葡萄酒染上香草味。充分熟成的葡萄酒會產生有黏性的甘油（Glycerin）分子，所以當你傾斜酒杯時，就會有一層透明膜黏在酒杯上（酒的相關內容可接續第六十二頁）。

青銅器——古代世界的全球化

交易開始盛行之後，只能在特定地區採集的礦石，開始運輸到各地。交易的起源很早，公元前六五〇〇年左右，在現今的土耳其採集的黑曜石（敲開可製成銳利的刀子），就被運送至周邊地區。

銅（約九〇%）添加錫（約一〇%）製成合金（有各種比例）的話，強度會提升，也更容易加工。我想，一開始人們應該是在偶然之下發現這種合金的。

錫的礦藏侷限在某些地區，並非到處都有。可以大量採集到錫的地區，是英國的康瓦爾（Cornwall）地區和西班牙、法國西部。錫可隨著交易被運送到各地，讓青銅的生產更為興盛，最後為了尋求更多的錫，人類甚至由地中海航行到不列顛島（英國本島）。

銅是地中海內賽普勒斯島的特產，當地好像有許多冶煉銅的熔爐。賽普勒斯產的銅隨著交易運送到各地，各地都開始出現青銅加工。銅與錫的合金，也就是青銅，可說是推動古代世界經濟全球化的動力。青銅熔解的溫度低，化為液體後注入石雕的鑄模中，可輕鬆製造出農具和武器。

博物館等收藏的青銅，顏色常偏青，那是因為表面覆蓋著一層銅鏽（銅綠）顯現出來的顏色。打磨之後的青銅，會呈青銅像般的明亮色澤（金屬的相關內容可接續第三十九頁）。

玻璃，源自古代美索不達米亞文明

玻璃這種物質可說是文明的象徵。如果沒有玻璃，就沒有採光的窗戶，也沒有電燈泡，人們只能關在陰暗的房間裡。當然也不會有紅酒杯和雕花玻璃杯，甚至無法製造望遠鏡和顯微鏡，更不會出現地動說（Heliocentrism，認為太陽是宇宙的中心，而不是地球），甚至可能至今仍無法發現病原菌（鏈球菌、葡萄球菌等）。如果沒有玻璃，也無法發明相機，就不會留下著名戰地攝影記者羅伯特·卡帕（Robert Capa）和攝影記者尤金·史密斯（William Eugene Smith）的照片了。

據說玻璃起源自古代的美索不達米亞文明。一開始是作為寶石的仿製品，製造有如玻璃珠的東西，最終傳到埃及。

要製造玻璃，必須有矽砂（Silica Sand）這種矽的氧化物（海岸的砂等，容易取得），以及鹼性的物質。

所謂鹼性的物質，指的就是一般稱為蘇打的碳酸鈉和木灰（碳酸鉀）。蘇打可在乾枯的湖中取得結晶。另外還需要加熱稱為生石灰的石灰石、得到氧化鈣（CaO），以作為安定劑。

矽砂的成分二氧化矽，為矽和氧結合後形成的正四面體結構、交互相連而成立體結構，有如3D攀登架。這個硬邦邦的連結隨處切割後，分子呈現某種程度的可動狀態。透過化學反應切割這個連結，就是鹼性物質蘇打和木灰的任務。

在具流動性的狀態下急速冷卻，長鎖狀的玻璃分子，就會變成有如電線交纏的混亂狀態。這稱為非晶的、無定形的（Amorphous）。一般物質在高溫下變成液態後再冷卻，就會成長為粒子排列整齊的結晶狀態，小結晶群集成為固體。被光線照射時，遍布的結晶邊界面會讓光的前進方向發生改變的現象（散射），因而處於不透明的狀態。

然而，玻璃在融化狀態冷卻後，卻不會形成這種小結晶。分子呈隨機排列的狀態，所以光線可直接穿透，不會發生散射，所以才會呈現透明的情形。

大型帶狀分子隨機集結而成的固體稱為玻璃狀態，具有獨特的性質。透明塑膠袋和透明L型夾等，也都是巨大的塑膠分子集結的玻璃狀態。

添加的物質決定了玻璃的顏色。藍色玻璃添加了氧化鈷，綠色的是添加了氧化鉻，紅色的則是添加了硒和硫化鎘的混合物，靠著這些添加物才能改變玻璃顏色。一般的玻璃切口會呈綠色，這是受到鐵離子的影響。

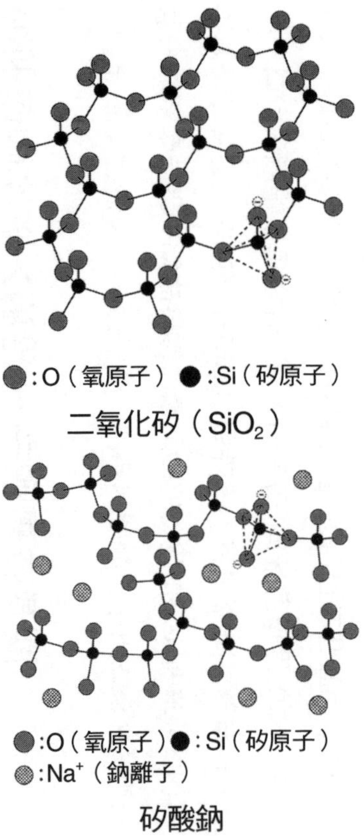

圖 5. 二氧化矽的結構像攀登架

金字塔是外星人建的？化學幫你解謎

古埃及的象徵——金字塔，完成於距今四千五百多年以前，也就是西元前二五〇〇年左右。其中規模最大的，就是位於吉薩（Giza）的古夫金字塔。至今金字塔仍是謎樣的存在，有人說是外星人所建的，各種都市傳說不勝枚舉。連建造方式都仍是一團謎。

首先，要蓋一座金字塔，必須使用巨大如車的石材。在沒有炸藥可以爆破，又沒有現代巨大怪手等重型機械的時代，當時的人們到底如何切割石材？

現在已知的方法如下，先用錐子在石材上開孔，然後用木棒插入孔中，再澆水讓木棒膨脹。依序在石材上開許多孔，插入許多木棒再澆水，石材就會沿著孔洞裂開。

用化學來說明，就是用水去稀釋殘留在乾燥木材內側各種成分的分子，讓水由表面滲透到內部的現象。此時水要流入內部所產生的壓力（滲透壓）非常龐大，只要數量夠多，就足以切割石材。

建造金字塔時動用了數萬人的勞動力，這些勞工的薪資就是啤酒。也就是說，建造金字塔的向心力就是啤酒。就像是夏天工作結束之後，我們會很想喝一杯啤酒一樣，數千年來人類的本質一直沒有改變。

建造金字塔時，也利用古代的水泥。**埃及的金字塔，在石材與石材的隙縫間，填入了熟石膏（加熱天然產出的石膏所製成）與黏土混合後的材料，這或許可說是古代的水泥**。這種材料用來「黏合」石材，所以現代的黏合劑在英語中也是「cement」。

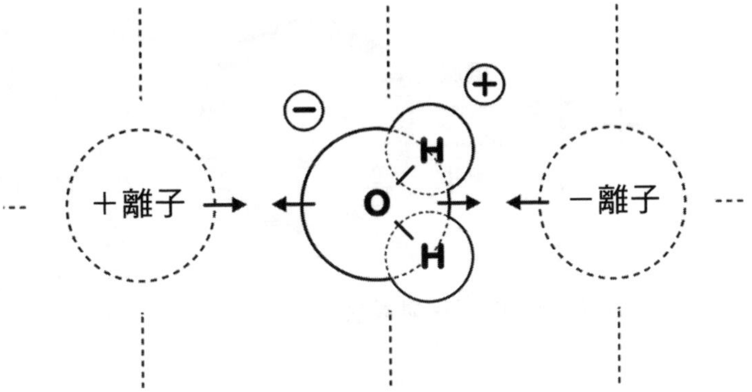

圖 6. 水泥因靜電的引力而變硬。

水泥粉末加水會凝固，除此之外日本自古以來的灰泥，也是加水使其反應後會硬化。站在化學的觀點來看，水分子的正電、負電很明顯的分開，因此產生出各式各樣的水性質。

水泥之所以會變硬，就是其中帶正電、負電的粒子（鈣的陽離子和氧的陰離子等）因靜電的關係，被水分子強力吸住，形成牢不可破的３Ｄ網絡結構。以化學處理的物質反應，大多數的性質都可以用這種分子的正電和負電，帶正電、負電的粒子——也就是離子互相吸引的性質來說明。

古代的美索不達米亞地區缺乏石材，因此建造金字形神塔和宮殿、城牆時，就會用產量豐富的天然瀝青黏合日晒磚和窯燒磚。瀝青就是原油中的揮發性成分（汽油等）蒸發後，所殘留的黑色黏性物質。現代則用來鋪設柏油路。

製造鐵器的民族稱霸世界

人類利用鐵，據說是起源於隕鐵（主成分為鐵的隕石）。似乎在公元前二〇〇〇年以前，就已經有初步的煉鐵工藝了。

煉鐵時必須從原料鐵砂（磁鐵礦）和鐵礦石等、鐵和氧結合的氧化物上，將氧原子剝離。鐵和氧的結合力很強，要剝離氧原子需要龐大的勞力。打個比方來說，就像是得要巨星強尼・戴普（Johnny Depp）出馬，才可能拆散一對感情很好的戀人一樣。

以專業的說法來說，在鐵離子（Fe^{3+}等）加上電子、以成為鐵的製程十分重要。加上電子（結果剝離了氧原子）的這種反應，就稱為還原反應。

為了要還原，就得要有會釋出電子的還原劑（給對方電子的投手）。木炭＝碳（C）會釋出電子，同時剝離和鐵結合的氧，生成一氧化碳（CO），甚至是二氧化碳（CO_2），可說是理想的還原劑。

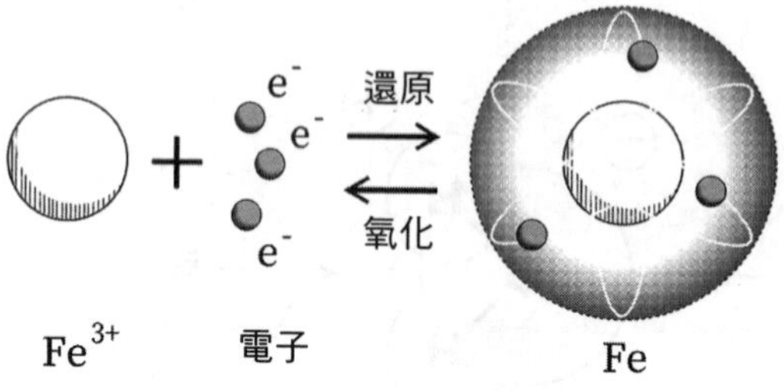

圖 7. 金屬的氧化與還原。

此外，要還原鐵的話，還必須有高溫。如何讓產生反應的爐達到高溫，就是關鍵所在。如果只是漫無目的的燃燒木炭，也無法得到所需的高溫。烤肉時，如果只是放好木炭點火，火勢也猛烈不起來，必須送入大量空氣（氧）才行。

因此人類發明了「風箱」，也就是腳踏有如手風琴的折疊部分，能噗噗的送入空氣的裝置。吉卜力電影《魔法公主》（もののけ姫）中，女性們拚命送入空氣的場景，用的就是風箱。

西元前一五〇〇年左右，開始定居在現今土耳其的西臺人，利用從鐵礦石煉製鐵的技術，用鐵製武器打敗青銅器武器，成立帝國。不過，當時煉鐵用的是原始的小型爐，無法到達太高的溫度，所以只能得到半固體狀態的鐵。從真正的鐵溶液煉鐵，是在之後的時代才有的技術。

此外，當時得到的鐵當中含有許多雜質，必須花功夫才能讓鐵變硬。從爐中取出半固體的鐵，必須再經過烤、敲擊，燒除表面的雜質，或是燒烤敲擊等鍛造作業。

亞述人從西臺人手中取得鐵器，獲得強大武力，征服了巴比倫尼亞（西元前七二九年），在東方成立了人類第一個世界帝國。這也是因為人類有了鐵器等強大的技術能力。

人類利用金屬的歷史，可以用遊離傾向（ionization tendency）來說明。所謂的遊離傾向，指的就是金屬有多容易釋出電子、成為陽離子的傾向。這個傾向由大到小依序是鋁（Al）＞鐵（Fe）＞銅（Cu）＞金（Au）。

除了黃金和白金以外，幾乎所有金屬都是以原子失去幾個電子的陽離子狀態，存在於礦物等物質之中。要煉製金屬，就必須在這些陽離子上加上電子。黃金的遊離傾向太小，所以不是以陽離子的狀態，而是以原子的狀態集中成金屬的黃金狀態，人類只要發掘並採集即可，因此黃金自古以來廣為人類利用。

遊離傾向小的金屬陽離子會立刻接受電子，因此容易還原成金屬，只要透過加熱，或使用會釋出電子的木炭等加熱等簡單的操作，即可由銀離子和銅離子得到銀和銅（青銅器時代）。

如果是鐵離子，就必須有更高的溫度才能還原成金屬，因此需要利用風箱以達到高溫的技術（鐵器時代）。

到了二十世紀、進入了鋁的時代，人類發明出電解技術，將電子強加在遊離傾向大的鋁離子上。

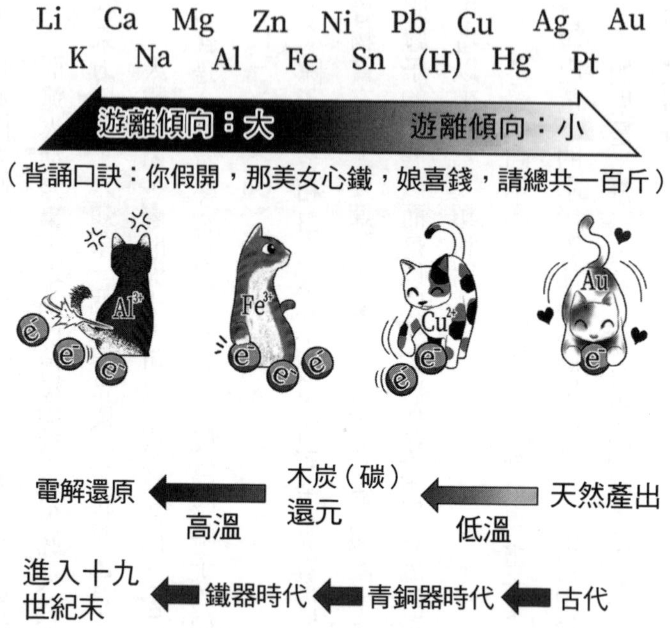

圖 8. 追溯游離傾向，締造各個金屬時代

人類利用金屬，花費數千年追溯游離傾向，從金到銅，再由鐵到鋁（相關內容可接續第四十七頁）。

第4章

引爆革命與戰爭的火種——納離子（鹽）

腓尼基人乘船航行、四處交易，在各地建立城鎮，和希臘人爭奪霸權，創造地中海世界。此時相當於日本的繩文時代，古希臘地區就已經因為地中海的葡萄酒和橄欖等交易，孕育出一批富裕階級，文化十分發達。

一開始是平等的社群，因鐵器普及、農產增加後，就出現了土地的強權者，再加上商業盛行，造就出一批富裕階級，貴族和平民的階級社會因而成形。這種以貴族為主的城邦（Polis），在西元前八世紀左右誕生。此外，義大利半島和西西里島也建設了許多希臘的殖民都市，靠著釀製葡萄酒、生產橄欖和交易累積財富。

城邦之間的抗爭和戰亂，讓人類被迫正視現實主義後，人類開始思考很多事。在這個過程中，思考大自然與生存方式的哲學登場了。從泰利斯到蘇格拉底（Socrates）、柏拉圖（Plato）、亞里斯多德等哲學家陸續出現，他們思考宇宙與物質的根源，元素和原子等概念也登場了。

特別是亞里斯多德的哲學、宇宙、物質感，影響了之後基督教時代的基督教，成為教義。這些觀念雖然錯誤百出，如「重的東西會比輕的東西先落下」、「宇宙沒有真空」等，但這些觀念在近兩千年期間，可是被視為「常識」，君臨天下。

古希臘時代土木建築發達，為了打仗，必須開發並使用各式各樣的兵器，計算距離和角度，於是數學因此發達。西元前六世紀，數學領域的畢達哥拉斯（Pythagoras）活躍在克羅頓（義大利半島南端）；西元前三世紀，阿基米德（Archimedes）則活躍在西西里島的敘拉古（Syracuse）。

城邦之間的戰事不斷，再加上與波斯的戰爭，在這樣的日常生活中，馬其頓的亞歷山大大帝終於掌握古希臘霸權，將領土擴張至印度。古希臘文化就這樣隨著亞歷山大大帝遠征東方，和東方原有的各種文化融合，孕育出希臘主義（Hellenism）文化。古希臘人自稱「Hellenes」，可見得希臘主義就是「Hellenes」，也就是希臘風的意思。

可惜因為亞歷山大大帝早逝，帝國喪失向心力而分崩離析。不久後，地中海世界又出現了新的霸主，就是住在義大利半島鄉村城邦的羅馬人。羅馬人吸收古希臘文化，建立強大的帝國。

「紫」是帝王色，出自某分子結構

腓尼基人是因地中海貿易而興盛的民族，我們使用的英文字母，也是以他們發明的文字為根源。A就是顛倒的牛臉，B則是房間隔間圖等，他們用這種方式創造文字，記錄交易往來。

當時也很流行鹽醃鹹魚的交易，生產大量的鹽漬水產魚貝類。他們在製造女巫骨螺這種地中海常見貝類的鹽醃漬品時，發現可以從這種貝中取得紫色染料，因此該染料成為推羅（Tyrus，現在黎巴嫩共和國的蘇爾）這座城鎮的主要產業之一，「推羅紫」名聞遐邇。公元前一六〇〇年左右的文書，就已經有這種染料的相關記錄。

紫色染料極其珍貴，平均一萬兩千個女巫骨螺，才能萃取出一．五公克，鮮豔的紫色染料擄獲人心。腓尼基亡於古羅馬帝國、被羅馬掠奪後，羅馬人充分利用這種染料和女巫骨螺的料理。尤利烏斯．凱撒（Julius Caesar）規定只有身為皇帝的自己和家人，才有資格穿著以這種紫色染出的寬外袍（Toga，古羅馬貴族的外袍，形如袈裟）。克麗奧佩脫拉七世（埃及豔后）則用紫色船帆裝飾自己專用的軍艦。**紫色因此成為表示身分高貴的象徵色。**

珍貴的紫色染料由中、近東傳到印度，再傳到中國，紫色被視為高貴色的文化也隨之傳入東方。紫禁城和紫宸殿等名詞也用到「紫」這個字。日本聖德太子於六〇三年制定的冠位十二階也以紫色為首。日本的紫色染料，是由紫根這種植物萃取而出。

等了約三千五百年，女巫骨螺染料的分子結構，才終於在一九〇九年由德國化學家保羅・弗里德蘭德（Paul Friedlander）揭開其神祕面紗。女巫骨螺的分泌物一開始呈淡黃綠色，接觸到空氣後氧化、結構改變，成為「6,6'-二溴靛藍」的分子。這就是鮮豔紫色的來源。

「6,6'-二溴靛藍」和人類長久以來利用的染料，也就是藍染的藍、其分子靛藍，有著相同結構，只是靛藍分子多了二個溴原子而已。海水中的溴，以離子（溴化物離子 Br-）型態存在，

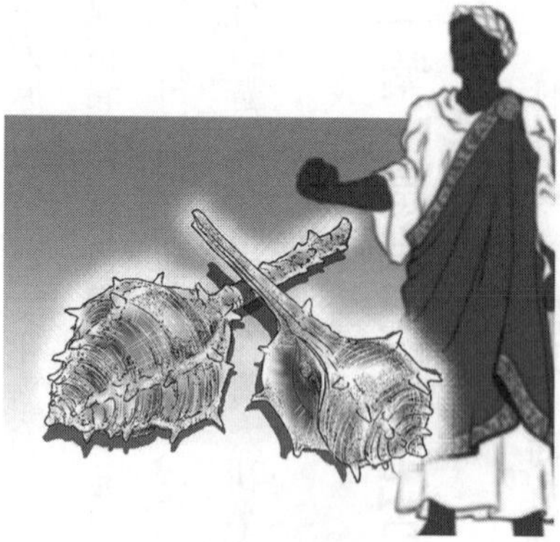

女巫骨螺

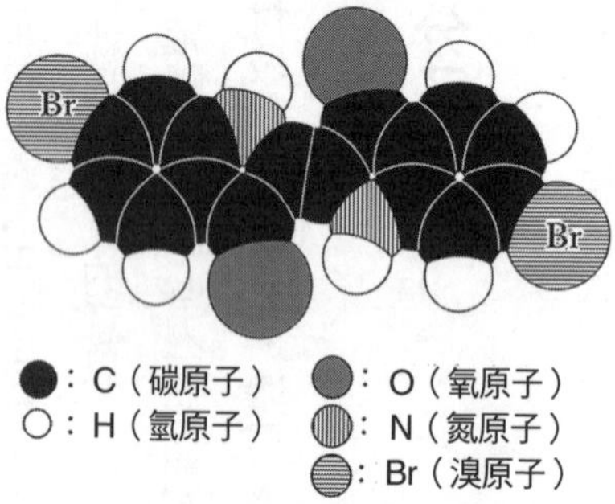

6,6'- 二溴靛藍（$C_{16}H_8Br_2N_2O_2$）

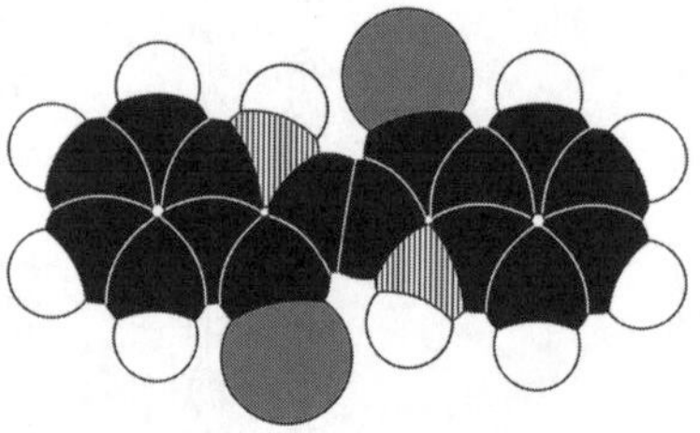

靛藍（$C_{16}H_8Br_2N_2O_2$）

圖 9. 女巫骨螺的分泌物，是紫色染料的來源之一。

比陸地上多，所以成為結合了溴原子的分子。

從植物和軟體動物的貝類這兩種截然不同的生物，竟可生產出類似的分子，真可謂是進化的不可思議之處（染料相關內容的後續接第一一一頁）。

人類自古就拜倒在黃金的魅力

圖坦卡門王和阿摩尼亞其實有相同語源。古埃及為多神教，其中最重要的神祇就是太陽神阿蒙（Amen）。以黃金面具聞名於世的圖坦卡門國王，正確來說是「Tutankhamen」（意指阿蒙活著的形象）。西元前一三三二年，他於九歲登基，之後在位僅僅九年，就在西元前一三二三年逝世。

阿摩尼亞的語源也是阿蒙（Amen）。當時的沙漠居民常把駱駝糞當成珍貴的燃料，但在寺院中燃燒駱駝糞便的話，牆壁和天花板會出現白色結晶。這種結晶就是後來所謂的鹵砂（Sal Ammoniac，阿蒙的鹽），成分為氯化銨（NH_4Cl）。人類從這種結晶發出的氣體中發現阿摩尼亞，是在之後的時代了。

說段軼事給大家聽。古希臘時代有一位神明安曼（Ammon），頭上長有羊角，因為海螺螺旋的造型很像安曼神頭上的羊角，所以海螺的化石就被稱為菊石（ammonite）。「-ite 結尾的字」就是「……石」的意思，是用來表示礦石或硬物形象的字尾，例如石青（Azurite）、矽藻土炸藥（Dynamite）等。

圖坦卡門國王的面具材料——黃金，元素符號是「Au」，來自拉丁語「黃金」（Aurum，閃閃發光的東西）。黃金是最不容易生鏽的金屬之一。

簡單來說，金屬的性質就是原子容易釋出電子而成為陽離子。金屬原子聚集在一起，會一起釋放出許多電子成為陽離子；大量被釋出的電子一起朝著相同方向移動，就會產生電流。

此外，當照到光線時，被釋出而聚集在金屬表面的無數電子會相互作用，因而產生光澤。而當空氣中和水中的氧（O_2）奪走這些釋出的電子，金屬就會生鏽。

黃金的原子釋出電子的傾向（遊離傾向）小，所以是永遠不會生鏽、有價值的貴金屬。白金（Pt）也因為相同理由，一樣是不易生鏽的金屬。這些金屬永遠都閃閃發光，所以具備貴金屬的價值。

其他金屬的電子被奪走而成為陽離子，和其他陰離子結合形成化合物，成為礦物。所以要取出金屬，就必須利用化學反應，為陽離子加上電子（相關內容後續請接第一一九頁）。

橄欖油是支撐古希臘的分子

橄欖油曾是交易的主力商品。古希臘從西元前七〇〇年左右開始，就很流行栽培橄欖、生產並交易橄欖油。古希臘城邦的繁榮有兩大支柱，就是橄欖（油）和葡萄（酒）。

壓榨橄欖果實，就可以得到橄欖油。橄欖油的拉丁語是「油」（Oleum），也是英語的「oil」（油）的語源。橄欖油等油脂就化學來說，就是甘油這種分子連著三條脂肪酸形成的分子，橄欖油中富含三個脂肪酸分子相連（三油酸甘油酯，Triolein）而形成的油酸（Oleic Acid）。

泰利斯（Thales）之所以出名，是因為他是人類有史以來第一位哲學家，他有一個關於橄欖油的趣聞。有人取笑泰利斯：「老是研究哲學，也無法成為有錢人啦。」他為了還以顏色，讓他們知道哲學家要是認真起來，想賺多少錢都有，所以做了下面這件事。

有一年，他利用擅長的天文觀測，預知橄欖可望大豐收，所以他在離收成還很久之前付了預約金，可在橄欖收成期，用很低的價格租借壓榨橄欖果實的機械（榨油機），然後到了橄欖收成期，他轉手高價出租機械，賺到一大筆財富。這種買賣未來交易權利的手法，就是現今所謂的「選擇權交易」，泰利斯可說是這方面的先驅。

古希臘以橄欖油為特產，作為出口交易的主力商品。而且他們還在橄欖油中加入各式各樣的香料，塗抹在肌膚上。

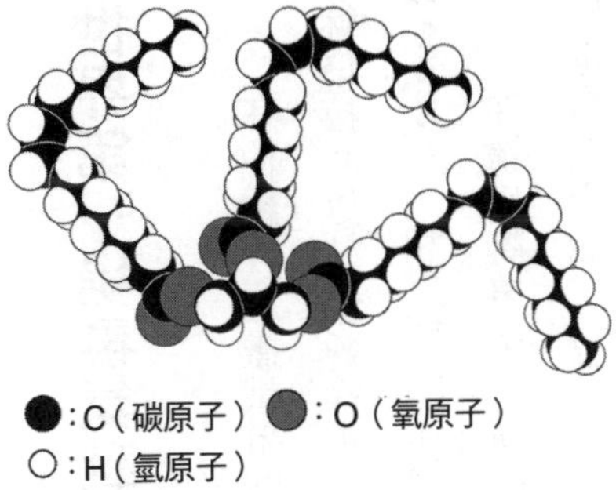

三油酸甘油酯（橄欖油）

甘油（$C_3H_8O_3$）

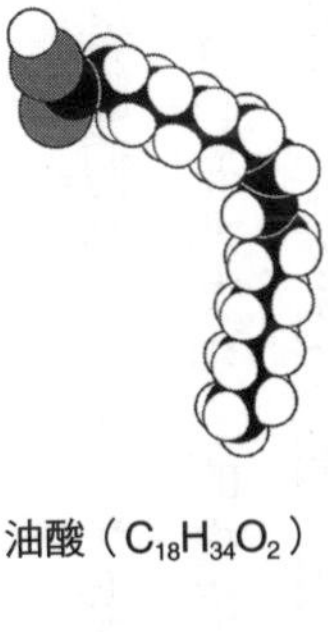

油酸（$C_{18}H_{34}O_2$）

圖 10. 三油酸甘油酯是由一個甘油分子與三個油酸分子構成。

世界第一場毒氣戰——伯羅奔尼撒戰爭

在伯羅奔尼撒戰爭時代，人們就已經使用毒氣了。古希臘的城邦之間常發生戰爭，哲學家蘇格拉底以前也曾從軍、參加伯羅奔尼撒戰爭。這是發生在以雅典為中心的提洛聯盟（Delian League），和以斯巴達為中心的伯羅奔尼撒聯盟（Peloponnesian League）之間的戰爭。

在這場戰爭中，斯巴達軍隊進攻雅典軍要塞時，從城牆的缺口朝城內投入石油、松脂、硫磺混合的東西，這就是人類史上第一次利用化學武器進行的毒氣戰。

硫磺燃燒後，會產生二氧化硫（SO_2）（氣體）刺激呼吸道，使人呼吸困難。點煙火時會產生獨特的刺激臭味，這就是二氧化硫的氣味。在古希臘時代，人類藉由經驗得知，從原料礦石取出鉛等金屬的製程（煉製）中，會產生有毒氣體（二氧化硫），所以他們就利用了這種氣體。

過去日本發生的「四日市哮喘」，也是因為工廠燃燒用於熱源的鍋爐所使用的重油時，重油內含的硫化物轉變成二氧化硫，造成空氣汙染，讓當地居民深受支氣管炎和哮喘之苦（化學武器相關內容後續，接第二六六頁）。

德謨克利泰斯的原子論——宇宙萬物源自原子

原子論最早誕生自古希臘。現今連小學生都知道「物質是由原子組成」，但這成為常識，其實也不過才一百年左右。

二十世紀初，連當時知名的諾貝爾獎得主等科學家們，都還有很多人否定原子的存在，認為「原子不過是幻想罷了」。不過，其實形成萬物的粒子，也就是原子的概念，可追溯至古希臘時代。

西元前四〇〇年左右，希臘城鎮阿布德拉（Abdera）出現了一位開朗的哲學家德謨克利泰斯（Democritus）。有一天，他和老師留基伯（Leucippus）看到海邊的海砂而得到靈感：「萬物就是由像砂一樣的物質相連而成，終極的粒子也就是無法再細分的粒子——原子，這種不可分的粒子形成萬物。」

而且他將這種不可分的粒子命名為原子（Atom）。這個單字來自古希臘語的接頭詞「a」（不可……，表示否定）和「tomos」（表示「切分」）合組而成的「atomos」（表示「無法再進一步切分」）。

有一次，德謨克利泰斯聞到遠方的起士味道。據說他說明這個現象是「起士的原子飛過來撞到我的身體」，並表示：「把這塊起士切開再切開，不停的反覆切，最後就會變成再也無法切分的東西，這就是原子。」、「除了原子和虛空之外，沒有其他存在的東西，有的只是意見。」德謨克利泰斯建立了現實主義的原子世界概念。

哲學家伊比鳩魯（Epicurus）承繼了德謨克利泰斯的概念，主張現實主義。伊比鳩魯的哲學雖然被翻譯成快樂主義（Hedonism）等，很容易被人誤解為「花錢，享用美食，好快樂」這種墮落大人的生活風格，但其實他所謂的快樂，指的是「沒有痛苦和恐懼」。

簡單來說，他的思想是：「世間萬物都由原子組成，沒有更多也沒有更少。人類也一樣。因為都只是原子，死了就沒了。所以必須要努力活在當下！」充滿現實主義的訊息。

伊比鳩魯認為，事物只不過是原子集合離散的偶然與必然，但古希臘哲學家們追求的是目的、真實與美，無法接受這種現實主義，所以他反而成為大家嘲笑的對象（原子論相關內容後續，接第六十一頁）。

亞歷山大大帝遠征東方的理由——追尋香料

知名的亞歷山大大帝，花了十年建立起大帝國。西元前三四三年，在希臘北方的小國古馬其頓王國，國王腓力二世（Philip II of Macedon）之子，也就是十三歲的亞歷山大拜號稱最具知性的亞里斯多德為師，學習古希臘的科學。

這位具備科學性思考能力的年輕人，後來成為人類第一位征服者亞歷山大大帝。他征服了波斯和埃及，在西元前三二七年甚至進軍印度，用了僅僅十年的時間就建立大帝國。亞歷山大大帝征服的速度驚人的快，這都要歸功於波斯阿契美尼德王朝（Achaemenid Empire，又稱波斯帝國）為了貿易而興建的道路。有了這些道路，大軍方便移動，他才得以迅速征服主要都市和街道。

亞歷山大遠征東方的理由之一，有一種說法是和香料有關。據說少年時的他將大量乳香（在中東、亞洲、非洲採集的樹脂，是一種香料）堆在神明祭壇上，正高興時，家庭教師告訴他：「你最好先征服栽種香料的部族比較好。那樣的話，你想用多少珍貴的香料，就有多少。」

亞歷山大大帝遠征東方，最遠到達印度，遭遇許多亞洲原產的物品，這是異文化的接觸。他們因此取得肉桂、沒藥（myrrh，是從沒藥樹採取的芳香樹脂，古埃及用來製作木乃伊）、玫瑰水、番紅花、乳香、香草之一的馬鬱蘭和葫蘆巴等，也開始調香。據說亞歷山大大帝的軍隊每次在野外紮營時，都會燃燒芳香的樹脂，享受甘甜的香氣。

亞歷山大大帝是戰略、戰術方面的天才，當他大破波斯軍隊時，還留下這樣一件軼聞。他們用西洋茜草中提煉出的茜素（Alizarin）作為紅色染料，在士兵軍服上染上紅色斑點，假裝是一支充滿傷兵的部隊。波斯軍隊看到這種景象，就以為對方是一支弱小的軍隊而鬆懈大意。亞歷山大大帝利用這一點，帶領數量上占劣勢的自家軍隊，打一場以少勝多的勝仗。

古希臘的染色技術已相當先進。茜素的色素無法直接附著在纖維上，所以無法作為染料，必須利用媒染劑（Mordant），也就是扮演接著劑的功能，讓色素和纖維結合的金屬離子。許多天然纖維的染色，都必須使用媒染劑，改變金屬離子即可改變顏色。

以茜素為例，媒染時所用的金屬離子，用鋁離子（Al^{3+}）時會變成紅色，用鉻離子（Cr^{3+}）時會變成帶茶色的堇紫色，用鋁離子和鈣離子（Ca^{2+}）時會變成鮮豔的紅色。

當時的染色工人們會將茜草根乾燥後磨成粉，再憑經驗加入包含各式各樣離子的礦物和土，製成染料。在現代，草木染已經成為一種興趣，仍頗受人們歡迎，有不少愛好者。

古代女性的美白與危險只有一線之隔。

在古希臘，人們會在名產橄欖油中，加入各式各樣的香料，大量製造香油。在希臘和地中海的殖民都市中，居民為了保護肌膚不被地中海強烈的陽光晒傷，會塗抹香油和乳霜。有古希臘醫學之父之稱的希波克拉底斯（Hippocrates），也推薦大家植物芳香有益身心健康，具有藥效。

亞里斯多德的朋友狄奧法都（Theophrastus），同時也是亞里斯多德任教的萊西姆（Lyceum）學院的校長，他寫了一套共九卷的植物學書籍《植物誌》（*Historia Plantarum*），其中登載了約五百種的阿拉伯香料，包含香料、辛香料植物、造船和土木使用的木材到藥學植物，是一套植物的實用書籍，並介紹了將玫瑰、薄荷、肉桂、杏仁油等，各種花和葉等植物成分，溶入橄欖油後塗抹的治療法等。

狄奧法都也發現了鉛的化合物，也就是白色粉末狀的鉛白，鉛白因此作為化妝品而廣泛使用，掀起女性的美白熱潮。但鉛的化合物可是有毒物質，當時的人們當然不可能知道這一點。所以管理物質的化學知識，真的很重要（相關內容後續，接第一一四頁）。

在希臘化時代，亞歷山卓曾盛極一時。

亞歷山大大帝死後，帝國分裂，三位繼承人爭權奪位。亞歷山大大帝孩提時代的朋友，也是他的臣子托勒密（Ptolemy I Soter）將軍因為曾擔任埃及總督，在西元前三〇四年建立埃及托勒密王朝，成為國王。

希臘化時代的都市中，盛極一時的亞歷山卓是由亞歷山大大帝下令建設，他甚至親自參與城鎮街道設計。然而，他死後由托勒密接手建設計畫，在既是良港、也因貿易而繁華的亞歷山卓建設繆斯之家（Musaeum），內有實驗所、天文臺、動物園和植物園、藏書五十萬冊的圖書館。他的目的是要彙集全球知識，所以會有公務員來到港口的船舶，要求船長提供船內所有的書籍文件，編製複本後收藏。

關於托勒密，也有一件軼事。據說他詢問移居至亞歷山卓的數學家歐幾里得（Euclid）：「學習幾何學有沒有捷徑？」結果歐幾里得毫不留情的回答：「陛下，學習幾何學沒有捷徑。」

在累積了財富的亞歷山卓，富裕階層開始對金、銀、奢侈品產生欲望，形成五十萬人口的龐大消費社會。在人類欲望橫行的都市中，用鉛和銅等金屬煉製黃金的鍊金術也開始興盛（相關內容後續，接第六十五頁）。

西元前二二一年，秦始皇統一中國——鹽改變了世界歷史

鹽是人類維持生命的必要物質，也是唯一的鹹味來源。人類的神經系統是讓離子進出細胞內外，產生電以傳遞信號，所以必須有鹽的鈉離子（Na^+）、氯離子（Cl^-）。鹽之所以在味覺上扮演如此重要的角色（鹹味），應該就是為了維持這個系統的運作。

甜味分子是果糖和蔗糖分子，有能夠替代的人工甘味料分子。但除了鹽以外，就沒有其他的鹹味來源。**鹹味的原因物質是鈉離子（Na^+），因為它是簡單的離子，反而沒有替代品。**

正因為鹽是必需品，在世界史上也扮演著重要角色。北歐用岩鹽和北海的鯡魚製成鹽漬鯡魚，十三世紀開始發展出漢撒同盟等商業地區。古今東西的主政者都對鹽設置專賣制，徵收高額稅金，也因此發生了好幾次民眾叛亂。

看看由私鹽商人引發、最終導致唐朝滅亡的黃巢之亂，還有對法國鹽稅（Gabelle）不滿而爆發的法國大革命等，**鹽可真是改變歷史的物質。**順帶一提，法國大革命爆發後，已於西元一七

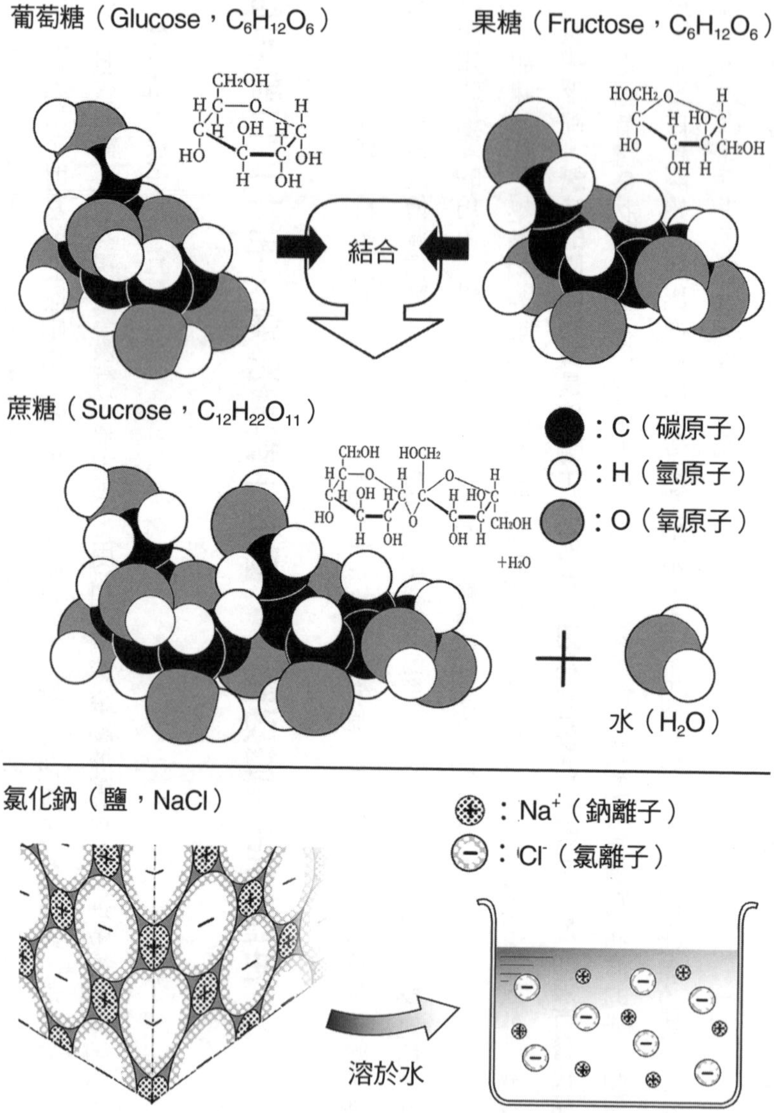

圖 11. 想吃甜，來源很多；想吃鹹，只能靠鹽。

九〇年廢除鹽稅制度，但是後來拿破崙征戰歐洲時因為戰爭經費不足，所以一八〇五年拿破崙又恢復徵收鹽稅，一直到一九四五年為止。

鹽有多重要？看看我們身邊有多少單字和鹽有關就知道了。「Salaryman」（上班族）這個和製英語的由來——字首「薪資」（Salary），就來自拉丁語「Salarium」（用來買鹽的銀幣）。沙拉（salad）、臘腸（拉丁語「salsicus」）、義大利臘腸（Salami）也都來自拉丁語「Sal」（表示「鹽」）。

生存的必要物質——鹽，寫下了交易史，也成為革命和戰爭的火種。但現今社會中沒人在意它的存在，被認為是隨時可得的平凡物質。不僅如此，鹽還被當成是帶來高血壓等現代文明病的禍首，成為公敵。人類甚至用最尖端的技術和龐大的勞力，致力於減少食品中的鹽分。

中國在春秋時代之後，進入戰國時代，一直持續著弱肉強食的歷史。西元前二四七年，小國秦國的趙政在十三歲即位，開始統治，接著他陸續征服周遭國家，最終統一中國。這段歷史有如大受歡迎的日本漫畫《王者天下》（キングダム）的故事一樣。

趙政率軍攻打鄰國韓國後不過九年，也就是在西元前二二一年，成功統一中國，成為中國第一位皇帝，自稱始皇帝，也就是開始的皇帝。從這一刻開始，一直到一九一二年末代皇帝溥儀退位為止，中國一直由皇帝統治。

秦王朝特徵之一，就是建設規模大到難以想像的公共事業，如建造萬里長城和兵馬俑等。這麼做必須有龐大的財源，其中之一據說就是鹽和鐵的專賣制。

所謂的專賣制，就是由國家來管理生產、流通、銷售的系統。國家用便宜的價格買進生活必需品，再高價轉售民眾，得到龐大的收入。這種最古老的鹽專賣制，不久後就普及到全世界。日本在一九〇五年至一九九七年，鹽一直都採用專賣制。

第5章

羅馬帝國時代——水泥和石灰築成的帝國

古羅馬始於拉丁人的羅馬建國（西元前八世紀左右），原本是一個小型的城邦。當時腓尼基人因為在地中海交易，活動範圍越來越廣，不久就開始屢屢和希臘人對立，希臘因此向羅馬請求援軍。腓尼基人的殖民城邦迦太基（Carthage，現今突尼西亞附近）的將軍漢尼拔（Hannibal Barca）擅長戰術、戰略，曾率軍攻入義大利半島，但迦太基最終還是被羅馬滅亡。羅馬因此掌握地中海經濟圈。

當初羅馬採共和制，但是在政治一片混亂之下，武將凱撒開始了獨裁政治。凱撒被暗殺後群雄爭霸，最後奧古斯都（Augustus）成為羅馬帝國首任皇帝，開始帝政。

羅馬帝國繼承了古希臘，也吸收其技術，輸水道、隧道、大教堂、羅馬競技場、橋梁、鋪馬路等土木技術發達。羅馬主要都市都有完善的上下水道設施，民眾熱衷於皇帝賜予的麵包與曲藝雜耍。就像電影《羅馬浴場》（テルマエ・ロマエ）描繪的場景一樣，有些部分很接近現代的生活。

都市居民在工作之後，會去公共浴場泡澡，就像是現代人去運動中心運動後泡澡一樣，飲用葡萄酒佐起士、蔬果，有時也會上居酒屋小酌一番。羅馬帝國擁有壓倒性的強大軍事力量，北從不列顛群島、南到北非、埃及，都是他們的領土。數學家阿基米德就是被入侵西西里島的羅馬士兵殺害。

羅馬帝國讓不同文化的民族產生向心力，靠的就是羅馬文化和麵包。最好的象徵就是位於法國亞爾（Arles）近郊的巴貝加爾（Barbegal）麵粉廠，利用沿著斜坡流下的水流轉動十六個水車，藉以轉動巨大石臼，將小麥磨成粉，真可謂是羅馬時代的「工業區」。然而，羅馬帝國基本上是奴隸社會，因此機械發明和改良等科學技術，並未獲得進一步的發展。

羅馬帝國創造不少潮流和現代史有關。與居住於現今以色列附近的猶太教信徒（猶太人）對戰時迫害猶太人，迫使猶太人散居世界。此外將倫敦、巴黎、維也納建設成殖民都市，奠定現代歐洲的基礎。

西元前五五年左右的盧克萊修長詩——代表古羅馬的文學與哲學

西元前七三年的斯巴達克斯（Spartacus）起義，古羅馬傳統的共和政治體制崩解，羅馬進入混亂時期。

凱撒、克拉蘇（Marcus Licinius Crassus）、龐培（Gnaeus Pompeius Magnus）的三頭政治開始時，盧克萊修（Lucretius）（西元前九九年左右至西元前五五年左右）在《物性論》（*De Rerum Natura*）這本七千四百行的拉丁語長詩中，提倡伊比鳩魯的主張，亦即宇宙萬物由原子組成的原子論。當時的日本差不多是彌生時代（按：中國則是西漢時期）。

他的主張是宇宙森羅萬象都是各種原子的集合離散，我們的味覺和戀愛感情也只不過都是原子的運動，當權者和宗教將恐怖深植人心，讓人們不明究理的發動戰爭，並盲目迷信。為了不被這些因素迷惑，我們應該站在宇宙與萬物皆由原子組成的現實主義觀點。

他還舉例證明原子論，例如石梯之所以會磨損、銅像被摸久了表面會減少，這都是因為其由肉眼不可見的原子顆粒組成等，非常詳細的提倡原子論。另一方面，他還表示由親吻到擁抱等性的行為也都是原子的作用。這首詩在現代已經成為古羅馬的代表，以文學來說也獲得了極高的評價。

之後進入亞里斯多德的主張和基督教連結的時代，盧克萊修的原子論不再受到世人關注。盧克萊修和他的著作都被世人遺忘、埋葬了。

不過，有幾本抄本奇蹟般的留存下來。不久後這些抄本被人發現，盧克萊修的哲學因而復活，對社會帶來極大的影響，進入一個新的時代（化學史相關內容的後續接第六十五頁）。

平定高盧——凱撒大帝普及了葡萄酒

羅馬勢力向西方拓展，最出名的一戰，就是凱撒率領的羅馬軍隊入侵現今法國（高盧，Gallia）的高盧戰爭。凱撒本人的文學造詣很好，從他的著作《高盧戰記》（*Commentarii de Bello Gallico*）即可窺知一二。

長達八年的高盧戰爭，也終於在西元前五一年畫下休止符，高盧完全臣服於羅馬，成為羅馬的行省。

而後羅馬文化因此深入西方，其中之一就是釀製葡萄酒。古羅馬大規模的繼承了在古希臘開花結果的葡萄酒文化，隨著凱撒揮軍深入法國內陸，隆河谷（Côtes du Rhône）、薄酒萊（Beaujolais）、勃艮第（Bourgogne）、阿爾薩斯（Alsace）、香檳區（Champagne），釀製葡萄酒的地區越來越多，最終催生出今日的葡萄酒王國法國。

現今知名的法國葡萄酒產地，應該就是大西洋岸的波爾多（Bordeaux）和巴黎東南的勃艮第（Burgundy），這兩大產地孕育出全球知名的葡萄酒。

波爾多到處有稱為城堡酒莊（Château）的釀造點，從葡萄栽種到釀酒裝瓶為止，採一貫作業釀製。著名的波爾多葡萄酒「瑪歌酒莊」（Château Margaux）（最高等級，一瓶約十萬日圓以上），現在仍年產十二萬瓶。

另一方面，勃艮第葡萄酒，則是在過去的勃艮第公國（Duchy of Burgundy）首都第戎（Dijon）開始向南延伸的細長丘陵地帶上，散落著許多小規模的田地，有如拼貼圖般，總共有三千五百家以上的釀造者。

其中從被稱為特級園（Grand Cru）所生產，名為羅曼尼康帝（Romanée-conti）和李奇堡（Richebourg）、香貝丹（Chambertin）（以上皆為葡萄園名稱）的葡萄酒，一瓶要價十萬至兩百萬日圓的也不在少數。因為田地面積小，全年產量各只有數百至數千瓶而已，所以在全球愛酒人士之間總是掀起爭奪戰（酒的相關內容的後續接第一五一頁）。

玻璃製造技術革新——羅馬帝國推廣了玻璃文化

不只是杯子、瓶子，羅馬還開始製造窗玻璃。我想很多人都在電視上看過玻璃工房的玻璃工人，用力吹管子前端被高溫熔化的紅色玻璃液體，使其膨脹。這種宙吹技法，是西元前五〇年左右古敘利亞發明的。即使到了二十一世紀，吹製仍是玻璃製造的主流方法，已經有兩千年以上的傳統。一八二〇年代，人類發明了機械化的宙吹技法，原理相同。

古羅馬的玻璃工業興盛，製造出杯子、瓶子等各式各樣的玻璃容器。

葡萄酒最早由義大利傳入高盧，不久後釀製葡萄酒就成為高盧的主要產業之一。葡萄酒接著出口到羅馬各地都市，因此也開始大量生產葡萄酒瓶和酒杯。

高盧主要都市都蓋了玻璃工廠，利用將玻璃壓在平板上吹製的方法，也開始生產小型平面窗玻璃。因為缺乏現今生產大型平面玻璃的技術，吹製出的平面玻璃較小，所以用具有H型剖面的鉛框，來連接小型平面玻璃。

這種連接小型平面玻璃的手法，不久就發展成連接許多彩色小型玻璃，形成紋樣和圖案的技術（彩繪玻璃），不過這是更後面的時代的事了（九世紀左右）。

此外在「colonia」（現今的德國科隆）有一個大型的玻璃製造中心。拉丁語的「colonia」意指殖民地，也是英語「殖民地」（Colony）的語源。科隆的地名也源自於「colonia」，後來演變成科隆（Cologne）。法國和西班牙、不列顛尼亞（Britannia，英國本島）的玻璃工業也很發達，真可說是羅馬帝國普及了玻璃文化。

玻璃後來在寒冷的歐洲普及。北歐也有許多羅馬軍的營地，但是當時的歐洲正面臨嚴寒時期，冰河發達，海平面也比現在低二·五公尺左右。為了讓當時的羅馬軍人也能在寒冷地區生活，他們的住宅使用了暖房系統和窗玻璃。玻璃的原料是蘇打（碳酸鈉）、矽砂（二氧化矽）和石灰石（碳酸鈣）。蘇打是羅馬帝國屬地埃及的特產，由埃及的亞歷山卓裝船運到地中海，甚至沿多瑙河、隆河而上，一直運送至歐洲內陸。

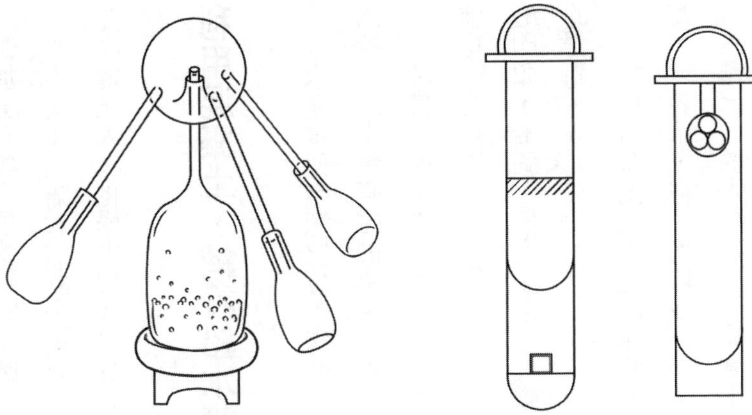

圖 12. 鍊金術師瑪麗亞留下的三臂蒸餾器和分餾皿。

鍊金術，在亞歷山卓蓬勃發展

埃及托勒密王朝後期出現的女王，就是有「埃及豔后」之稱的絕世美女克麗奧佩脫拉（七世）。當時在尼羅河河口三角洲西側成形的港灣都市亞歷山卓，已經成為地中海的文化、學問中心。

在古代美索不達米亞和古埃及，有許多女性化學家參與製造香料和化妝品等，可能是因為這個關係，也有許多女性活躍在鍊金術界，初期的鍊金術甚至還被稱作是女性的工作。

亞歷山卓有位極出名的女性鍊金術師瑪麗亞。她雖留下了著作（*Maria Practica*），但幾乎皆已散佚，只剩下斷篇殘卷（據說是西元一世紀至三世紀左右）。

瑪麗亞進行了蒸餾和昇華等化學實驗，而且還發明了多種實驗方法和儀器，如隔水間接加熱、三臂蒸餾器（tribikos，tri 表示「三」，bikos 則是「水瓶、壺」）以及分餾皿（kero-takis）。分餾皿就是為了冷卻水銀和硫磺的蒸氣並還原，而在圓筒一側加上有如屋頂蓋子的反應裝置（現代稱作回流冷凝器）。

不久後，隨著亞歷山卓沒落，這些鍊金術的實驗化學也隨之失傳，但有部分被伊斯蘭繼承並發揚光大（化學史相關內容的後續接第七十九頁）。

利用混凝土，鋪設鉛水管、沖水馬桶

水泥這個字源自拉丁語的「caementum」（「碎石、粗礫石」的意思）。作為羅馬官方語言的拉丁語中也有這個單字，表示在古羅馬時代，這項技術就已經開花結果了。

順帶一提，水泥粉末加入水和砂礫變成混凝土，這個字則來自拉丁語的「Concretus」（「濃、硬化」的意思）。「Con」是一起的意思，而「Cretus」則是成長的意思。「Cretus」有越來越大的印象，漸強（crescendo，「越來越大」的音樂術語」）、弦月（Crescent）這些字也都有一樣的語源。

根據古羅馬代表性的建築家維特魯威（Marcus Vitruvius Pollio）長達十本的紀錄（《建築十書》）表示，在「維蘇威火山（Vesuvio）火山灰中產生的凝灰岩（以矽的氧化物和鋁的氧化物為主體），混入熟石灰（氫氧化鈣）後，就可製造出優良的水泥」。

羅馬人從大自然取得天然水泥，用來鋪路、建造水道橋、築港口等的護岸和堤防、蓋卡拉卡拉浴場（Baths of Caracalla）和萬神殿等，發展出高水準的土木技術。古羅馬許多建築物都是用混凝土建造，也就是用天然水泥去黏著並硬化石塊、浮石、磚頭碎屑等，表面再用石頭或磚頭裝飾。古羅馬可說是用水泥和混凝土築成的帝國。

羅馬自古以來就是多神教，神殿是用來在一個地方祭祀眾神，所以才被稱為「萬神殿」（Pantheon）。拉丁語中「Pan」表示所有之意，而「Theos」則是神的意思。默劇（Pantomime，「模仿一切」之意）、泛美（Pan American，意指「美洲大陸全部」）等字中的「Pan」也有相同的意含。

萬神殿的一部分由大理石構成，但主結構用的是天然混凝土。現今的萬神殿是西元一二八年，由哈德良（Hadrian）皇帝重建，即使之後已經過了一千八百年以上，至今仍保存完整。古代建築物可長期保存的耐久性，現代鋼筋混凝土高樓、超高層公寓大廈完全無法望其項背。或許很多人以為：「比起古代的混凝土建築，鋼筋混凝土的耐久度不是應該更好嗎？」其實還真不是如此（相關內容的後續接第二一〇頁）。

古羅馬包含混凝土在內，以壓倒性的土木技術傲視當時，最具象徵性的便是鋪設了總長八萬公里的幹線道路網等。凱撒原本也很重視工兵隊，工兵會在前線花數天築橋。西元前五二年高盧的阿萊西亞（Alesia）之戰中，工兵挖掘龐大土石，為羅馬軍帶來勝利。

古羅馬人充分活用混凝土，證明已有高水準的文明。不僅如此，羅馬帝國還鋪設了鉛水管，甚至還有沖水馬桶。支撐如此多元的文明，關鍵就在於羅馬人活用的豐富素材。

現今已成環境問題而蔚為話題的石棉（Asbestos），當時的人們也已經在利用了。石棉是以矽和氧為主體的化合物，是由微細纖維組成的礦物，在顯微鏡下可以看到粗約毛髮的千分之一，如針尖般的微細纖維。石棉由古希臘語的接頭詞「a」（「沒有……」之意，表示否定）和「sbestos」（表示「滅亡」）組成，意思就是「不滅」，這是因為石棉即使在火焰中，也不會起火燃燒。

由石棉礦石中取出纖維，編織後就像是一塊布。古羅馬時代除了把這種布用作燈芯，也用來在火葬時包裹遺體，以免柴火灰燼和遺體的骨灰混雜在一起。

第6章

伊斯蘭崛起——超級武器希臘之火

羅馬帝國慢慢失去向心力，君士坦丁大帝發動了可謂革命的大改革。對於在民眾之間日益普及的基督教，也由原本的鎮壓立場轉變為承認，試圖利用宗教整合民眾，而且還將首都由羅馬遷都至君士坦丁堡（現今的伊斯坦堡）。

之後在西元三九五年，羅馬帝國分裂，西元四七六年西羅馬帝國滅亡。將包含非洲在內的地中海全域納入領土的羅馬帝國時代就此告終。

西元六一〇年左右，穆罕默德（Muhammad）在洞窟接受神諭，伊斯蘭教因此誕生。穆罕默德死後（西元六三二年），信徒勢力越來越大，很快的普及到阿拉伯半島全域。

之後伊斯蘭勢力陸續擊敗拜占庭帝國（Byzantine Empire，東羅馬帝國）、薩珊王朝（Sassanid Empire，波斯第三帝國），征服敘利亞、伊拉克、伊朗、埃及等地，不到三十年的時間就建立了阿拉伯人的龐大帝國，伊斯蘭勢力成為地中海世界的霸主。

過去的古羅馬文化是由地中海開始，朝更寒冷的地方、亦即阿爾卑斯北側、西側，也就是現今德、法的日耳曼民族所在的歐洲移動。

羅馬帝國滅亡，也就表示在歐洲，喪失了對舊時代的向心力。接著基督教成為新的權威，宗教權力開始擁有龐大的支配力，支配時代的變成了基督教教會。

如何遵照《聖經》指示，以進入天國為目標，成為人生和社會中最重要的核心。在這樣的時代，當然很難引發科學進一步的發展。以科學的歷史來說，目的就成了更深入了解古希臘的亞里斯多德所提倡、以神的存在為基礎的宇宙觀和物質觀。

在歐洲，關於科學的知識見解累積，也因此停滯不前。時代的中心逐漸移轉至西元六一〇年左右，穆罕默德接受神諭後誕生的伊斯蘭教勢力，也就是新興的伊斯蘭地區。

生絲的祕密——工業間諜促使養蠶在歐洲普及

西羅馬帝國滅亡後，殘存的東羅馬帝國以首都君士坦丁堡為中心繼續發展。君士坦丁堡舊名拜占庭（Byzantium），因此東羅馬帝國又被稱為拜占庭帝國。這裡可謂是東洋和西洋的重要交會點，因交易而繁榮。拜占庭也和羅馬教會分道揚鑣，成為新的基督教教派——「東正教會」的聖地。

拜占庭帝國用高價購買當時經由絲路、由中國運來的生絲。中國在西元前三〇〇〇年左右就已經開始生產絲，但當時的生產方法是機密，拜占庭帝國和西歐的人們，只能照商人的報價購買生絲。不過**染色、織布的技術已經在君士坦丁堡落地生根了。**

西元五五二年，與波斯的戰爭導致絲的供應不穩定，同時也為了解決價格高昂的問題，拜占庭帝國的查士丁尼大帝（Justinian I）於是祭出高額獎金，慫恿修道士們去揭開生產絲的祕密。由蠶繭引發了東西方的情報戰。

於是兩位基督教異端派的修道士，由中國走私蠶繭到西方，回國後發現蠶繭會孵化出蠶蛾（Silkworm Moth），因此揭開了生產絲的機制。用現代的話來說，這兩位修道士就是工業間諜。

後來拜占庭帝國皇帝就賦予國營絲工廠獨占權，正式開始生產生絲。絲產量激增，終於進入連西歐也開始生產絲的時代了。不久後養蠶業還普及到歐洲，特別是義大利和法國。

絲就是蠶蛾幼蟲——蠶所吐出的繭的纖維，由蛋白質組成，質輕且具有光澤。一個蠶繭可採集到的纖維長度，竟然可達約一千公尺。其主要原料是名為絲蛋白的蛋白質，四周包覆著有黏性的絲膠蛋白（sericin）。

長期以來養蠶都是中國的獨占事業，絲綢成為中國繁榮的支柱。日本也在全國農村養蠶，明治時代由橫濱、神戶出口絲到全世界，為日本近代化賺取外匯。

希臘之火——拜占庭帝國的超級兵器擊退伊斯蘭

西元六二七年，拜占庭帝國大敗羅馬帝國時代的東側宿敵，也就是超大國薩珊王朝的波斯軍隊。當大家都以為羅馬帝國即將重獲榮光時，阿拉伯半島卻出現了全新的勢力。

西元六三二年，跨出阿拉伯半島的伊斯蘭教徒阿拉伯人，打敗已孱弱不堪的薩珊王朝波斯軍隊，建立伊斯蘭國家倭瑪亞王朝（Umayyad Caliphate）。他們向西擴張領土，最終甚至逼近拜占庭帝國首都君士坦丁堡。

西元六七三年，阿拉伯軍大艦隊逼進君士坦丁堡的海面，當時每個人都以為君士坦丁堡被攻陷是遲早的事。

在被阿拉伯軍包圍前，敘利亞人、建築家卡連尼庫斯（Callinicus）受僱於拜占庭、開發新武器。原本君士坦丁堡就是希臘殖民地，承繼了希臘科學的傳統，而新武器就是原本古希臘使用的燃燒兵器的進階型。

圖 13. 對阿拉伯海軍使用的「希臘火」，守護了君士坦丁堡。

這個新兵器以石油為主，把在水上也能燃燒的燃料放入罐中，然後用手壓式幫浦從獸皮管發射燃料，並有噴嘴可以發出火花點火。總之，就是把有如火焰噴射器的裝置，安裝在小型槳帆船上。

這種船隻體積雖小卻很靈巧，逼近阿拉伯艦隊後發射出最長四十五公尺左右的火焰，讓阿拉伯的木造船隻陷入一片火海中，幾乎全軍覆沒。

這種兵器的威力驚人，被稱為「希臘火」，守護了君士坦丁堡。「超級武器」的威名一下子就傳開，有效嚇阻欲進攻拜占庭的敵人。

為了避免這種終極武器的技術散失或外流，拜占庭帝國完全隱匿一切有關武器製造、使用的事。使用者不知道製造方法，而製造時也特意將製程分割，每個製程的工人，完全不知道其他的製程與操作方式。

然而拜占庭帝國因為有了這種超級武器而

得意忘形，不久後就被科技進化後的伊斯蘭，用壓倒性兵器滅亡了（火藥歷史相關內容的後續，接第七十七頁）。

第7章

火藥普及——蒙古帝國的誕生

西羅馬帝國滅亡後，歐洲進入混亂期，日耳曼人成立了各種部族國家各自為政。當中法蘭克王國（Kingdom of the Franks）的國王查理曼大帝（Charlemagne）開疆闢土，羅馬教宗為了對抗拜占庭，加冕查理曼為羅馬人的皇帝（西元八〇〇年）。

查理曼是日耳曼人，他跟羅馬之間沒有任何淵源，不過他讓輝煌的羅馬帝國「概念」重生，之後因為對偉大羅馬帝國的憧憬，歐洲陸續出現大大小小國家模仿羅馬帝國，其中最大的國家就是日後的神聖羅馬帝國。

另一方面，在歐亞大陸，騎馬民族蒙古人的勢力擴大，伊斯蘭勢力則稱霸了地中海世界。原因主要包括阿拉伯人在嚴酷的大自然中培養出強韌的精神，全新宗教擁有初生之犢不怕虎的氣勢，習慣透過馬和駱駝在沙漠地帶補給，伊斯蘭軍隊軍紀嚴明，對占領地的民眾很寬容等。

因為伊斯蘭勢力遍布地中海世界，歐洲勢力被迫向北退。蒙古勢力和伊斯蘭勢力成為時代的寵兒，中世紀的歐洲從極盡繁華的地中海世界來看，就是又寒冷、又老土的鄉下地區。

伊斯蘭教的帝國由阿拉伯人轉移到伊朗人手中，最終又轉移到土耳其人手中。一五一七年，終於迎來鄂圖曼帝國（Ottoman Empire）的時代。

伊斯蘭是當時的先進國家。現代的小學生不用「IV × XII」，而是寫成「4 × 12」簡單計算；在書店要找英國作家喬治．歐威爾（George Orwell）的小說，不用找「MCMLXXXIV」，只要用「1984」一下就能找到，這都受惠於印度的數字經由伊斯蘭普及開來，阿拉伯數字的系統（只由零到九組合而成）得以傳入歐洲。

在以沙漠為主的嚴酷大自然環境中，由河川抽水以及灌溉所需的水車和幫浦等優良機械、土木技術等逐漸發展，更重要的是作為交易中心地區累積巨額財富，文化因此在東洋和西洋交會處大幅進化。

此外，古希臘時代發達的哲學、數學、水力學等，都以抄本的形式，成為圖書館館藏，擔負起繼承並保存古希臘文化的重責大任。最終這些知識，都會被西歐人士重新發現。

一場偶然的爆炸，大大顛覆世界史

我想，在夏天夜晚，欣賞點亮夜空的煙火大會而興奮不已，是每個人都有的經驗吧。由小小的煙火球噴出火焰和火光，交織成華麗的煙火，讓小孩子們沉醉其中。煙火所使用的火藥幾乎和中國在八〇〇年代初期（日本的平安時代）發明的火藥一樣，已經有一千兩百年以上的歷史。

中國的秦始皇（西元前二五九年至西元前二一〇年）為了追求長生不老藥，命令臣子尋求草藥和礦物等，調製長生不老藥，因此確立了煉丹術的領域。

追求不老不死、長生不老藥的方術，連結到古代中國的思想——道教（Taoism）。道教是擷取老子思想等的民族性宗教，是在現世追求實際利益的思想，追求不老不死和金錢富裕。

數百年來的煉丹術，嘗試了各式各樣的物質組合。九世紀開始，道教的煉丹師用木炭（C）、硫磺（S）、硝石（硝酸鉀，KNO_3）的黑色混合物製成藥物，偶然間不小心著火了，結果這種混合物竟然噴出火焰，伴隨著巨響而爆炸。

西元八五〇年左右編纂的道教經典中，也有這樣一段有趣的紀錄：「有人混合了硫磺、雄黃（realgar，硫化砷，AsS_2）、硝石、蜂蜜後，不僅自己燙傷了，連房子都燒了。」這種火藥因為內含木炭，為黑色粉末，所以被稱為黑色火藥。

點燃黑色火藥，碳、硫黃、硝酸鉀這三種物質中的原子會重組，也就是發生化學反應。固體分解產生二氧化碳、一氧化碳、氮等氣體分子和氣體，伴隨著反應生熱而成為熱膨脹的氣體。

液化石油氣和汽油要爆炸，需要空氣中的氧氣；但黑色火藥的爆炸是火藥成分之間的化學反應，所以不仰賴空氣（中的氧氣）。火器傳入日本時，當時的火繩槍用的也是黑色火藥。

從化學談硝石——與煉丹術有關的礦石

硝石的英文是「Niter」。氮的元素名稱「Nitrogen」是法文，但這個字的語源是古希臘語的「Nitron」（意指硝石）。「-gen」源自古希臘語，意思是「生出……，或……之源」，也用在膠原蛋白（Collagen）、基因組（Genome）、發電機（Generator）等字中。

只有乾燥地帶才能開採到硝石。硝石成分中的硝酸鉀易溶於水，會被雨水沖走，因此在氣候溫暖潮溼的日本，幾乎不出產硝石的天然礦石。硝石只產在中國內陸的乾燥地帶、西班牙、義大利、印度、伊朗等沙漠地方。

煉丹師區分硝石時，會讓硝石靠近火焰，看會不會變成紫色來確認。這就是現代說的焰色試驗，當成分中含鉀離子（K^+）時，火焰會呈紅紫色。**高中化學時被強迫背下來的焰色試驗，其實和煉丹術有關。連教科書裡的化學，都是記錄人類數千年努力成果的一大羅曼史。**

硝酸鉀是國中理科和高中化學常見的物質，常常出現在計算問題中，如：「攝氏六十度、兩百公克的水，可以溶解幾公克的硝酸鉀？」

以硝酸鉀為主要成分的黑色火藥，在人類近千年的歷史中，在世界各地的許多戰爭中破壞城牆，炸毀長弓隊和騎馬隊，大大改變人類歷史。在現代，許多學生在全世界名為考試的戰場上，也苦於硝酸鉀溶液和析出（溶液中的溶質成分以固體形態出現）的計算問題……。

在異民族精銳的騎馬軍團中，一開始製造出如煙火般的東西，不久後就開始使用所謂「火箭」這種類似沖天炮的武器。人們大量使用這種武器，以巨大的發射聲驚嚇馬匹，似乎創造了不少戰果。

一一〇〇年左右（日本的平安末期），宋朝在對異民族的實戰中，投入許多現代武器的前身，包含有如火焰噴射器的兵器和燒夷彈、使用火藥的毒氣彈、水雷和地雷、多管火箭炮等。但當時歐洲戰事仍以劍和弓為主要武器（相關內容的後續接第八十八頁）。

伊斯蘭的鍊金術——藥品之間的化學反應

古希臘人在埃及亞歷山卓盛極一時的鍊金術，之所以和現代化學扯上關係，就不能不提伊斯蘭的鍊金術。

特別是賈比爾（Jabir ibn Hayyan，拉丁語名 Geber）這位鍊金術師（西元七二一年左右至西元八一五年左右），他留下了媲美化學家的業績，影響後世深遠。賈比爾原本以藥草醫師營生，但他的成就遍及化學、哲學、天文學，是位有如達文西般博學的人物。

化學研究中，用酸去溶解礦物和金屬等的反應很重要。在他之前的時代，只有味道刺鼻如醋的醋酸，這是一種弱酸性的酸。賈比爾等伊斯蘭鍊金術師們，發明了從礦石中製造出鹽酸、硫酸、硝酸等強酸的方法，而且還發明了效率良好的蒸餾方法和器具。

賈比爾用阿拉伯語寫成的著作《黑色大地之書》（*Kitab al-Kimya*）就像是一本和金屬相關、集化學大成的著作，十二世紀時被翻譯成拉丁語，對歐洲帶來重大影響。「黑色大地」指的就是埃及，所以這本著作指的就是埃及的鍊金術（有各種說法）。而「kimya」就成為鍊金術「Alchemy」和化學「Chemistry」的語源。

鍊金術開創近代化學的黎明期

之後，在巴格達（Baghdad）擁有實驗室的醫師兼鍊金術師拉齊（Abu Bakr al-Razi，拉丁語名為 Rhazes），承繼了賈比爾對物質的探求。他誕生於西元八六五年，一直到西元九二五年過世為止，除了探求物質外，還以醫師身分留下了眼科、小兒科、腦神經科的重要研究。

他會做實驗並記錄，有系統的整理礦物等物質的性質。他的學問與其說是鍊金術，不如說極為接近現代化學。伊斯蘭鍊金術已經達到可稱之為化學的境地。這是因為過去的鍊金術，主要是經由加熱追求物質的變化，但伊斯蘭鍊金術可是真正追求藥品之間的化學反應。

現代我們使用的單字也受其影響。例如酒精（Alcohol）的語源，就是阿拉伯語「al-khwl」。

其中「al」是定冠詞，表示「the」，「khwl」則指塗抹在眼瞼上的乾爽粉末，也就是精製後的銻粉末，這是古埃及傳統用來遏止蒼蠅產卵在眼瞼上的藥品。由「khwl」（表示「精製後的東西」）衍生用來指蒸餾精製後的酒精（乙醇）。

「al-qily」則是「the木灰」的意思。木和炭的灰裡含碳酸鉀（K_2CO_3），呈鹼性。蒸餾器則被稱為「Alembic」，來自古希臘語中用來指蒸餾用壺的「Ambix」。順帶一提，蓋達組織的「Al-Qaeda」則是「the基地」的意思。

賈比爾和伊斯蘭鍊金術師們透過蒸餾葡萄酒，得到酒精濃度更高的液體。蒸餾葡萄酒時最先沸騰的是乙醇，把這些蒸氣冷卻後成為液體，乙醇濃度就會變高。

經由蒸餾，乙醇濃度變高，也就是濃縮了。這種蒸餾技術不久後就孕育出改變歷史的飲料，也就是被稱為蒸餾酒的威士忌和蘭姆酒等（化學史相關內容的後續接第一二五頁）。

白色肥皂誕生——揭開文藝復興序幕

西元七一〇年，北非的伊斯蘭勢力倭瑪亞王朝，越過摩洛哥和西班牙之間的直布羅陀海峽，入侵伊比利半島。之後很長一段時間，伊比利半島都由伊斯蘭勢力占領。慢慢的卡斯提亞王國（Kingdom of Castile）和萊昂王國（Kingdom of León）的天主教勢力，就從伊斯蘭教勢力（此時為穆拉比特王朝，Almoravid dynasty）的手中奪回領土。這段歷史則是被稱為收復失地運動（Reconquista）。

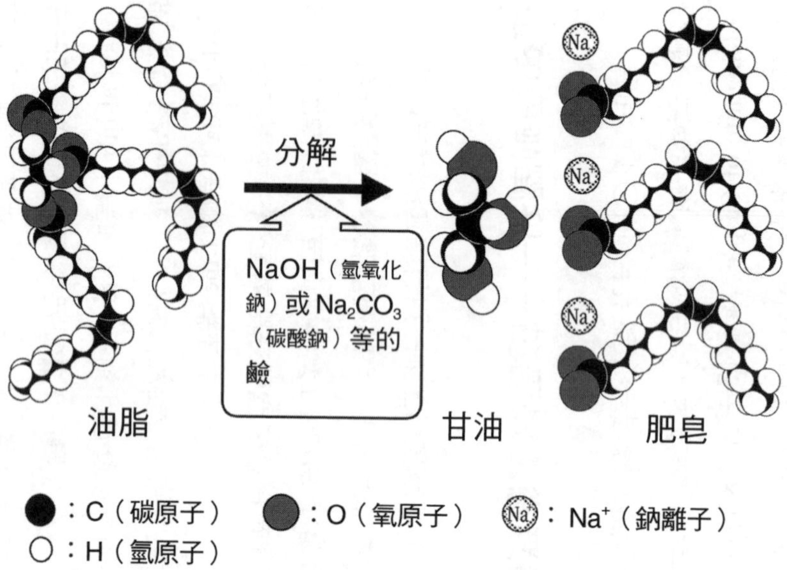

圖 14. 由油脂製成肥皂，過程中少不了鹼。

卡斯提亞王國這個名稱，其實也是甜點長崎蛋糕（Castella）的語源。為了對抗伊斯蘭勢力，這個王國築了許多城堡作為前線基地，因此表示城堡的拉丁語「castrum」（英語「castle」的語源）就直接成為王國的名稱了。

過去歐洲只能用獸脂為原料，製成又黑又臭的肥皂，而卡斯提亞王國**卻用橄欖油為基底，製成並普及推廣現代風的白色肥皂。**不久後，製造肥皂也普及到法國馬賽甚至是義大利威尼斯（圖十四）。

統治這些王國的阿方索六世（Alfonso VI），於一〇八五年攻克西班牙托雷多（Toledo）。當時他禁止占領軍略奪和破壞，試圖吸收伊斯蘭的各種技術與風土文物。

阿方索六世攻克托雷多的這個事

件，在世界史上的衝擊力，可是遠超過之後西班牙人發現新大陸。

當時奪回的托雷多（Toledo）城鎮，到處可見華麗的衣飾、豪華的料理全餐、算盤、航海用的星座觀測器具（星盤，Astrolabe）、理容店、獨特的音樂等，看在當時的歐洲人眼中，就是一個極其先進的國家的模樣。

其中歐洲人最大的發現，就是收藏在伊斯蘭的圖書館中，老早被西洋人棄之不顧的古希臘智慧財產、科學的抄本。西歐的人們終於得以接觸到柏拉圖、亞里斯多德、阿基米德、畢達哥拉斯、歐幾里得等人的龐大著作。

阿方索十世將這些反向進口的文獻翻譯成拉丁語，並有組織的製作抄本。這些古希臘文化與科學的再發現，最終帶來了文藝復興。

此外，羅馬帝國滅亡後，西歐人只能透過「基督教」這片濾鏡去理解世界，經過這個事件後，他們終於得以接觸到古希臘時代，也就是基督教誕生以前的現實主義、哲學、科學，孕育出與今日的科學相關、一般所謂的科學革命。

十字軍東征，卻遭到燒夷火器反擊

十一世紀，伊斯蘭的塞爾柱王朝（Seljuk dynasty）勢力擴大，占領了基督教聖地耶路撒冷。而後威脅到東羅馬帝國（拜占庭帝國）後，拜占庭帝國皇帝（東正教領袖）顧不得尊嚴，拉下臉來向對立的天主教會羅馬教宗求援。

羅馬教宗烏爾班二世（Urbanus II）一方面想炫耀自身權力，另一方面也認為這是一個讓西歐團結一致的大好機會，不再陷入各地諸侯爭執不休，甚至引發類似內戰的小型競爭，於是熱情的呼籲臣民們奪回聖地耶路撒冷：「讓一切爭辨和傾軋休止，為了神奉獻你們的劍吧！」

於是一〇九六年，由歐洲諸侯和騎士組成的十字軍（Crusader）開始東征。信奉基督教的諸侯、國王、民眾們，紛紛在奪回聖地耶路撒冷的冠冕堂皇名義下，狂熱的出擊。

烏爾班二世成功撼動全西歐，從這個角度來看，他應該可說是人類史上第一位成功實行政治宣傳的當權者。所謂的政治宣傳（propaganda）是來自拉丁語的「propagare」（「播種、使繁殖」的意思），也就是指操弄資訊煽動大眾。

第一次十字軍東征由法國貴族、騎士、南義大利的諾曼人（Normands）組成一隻精銳部隊，狂熱士氣高漲，所到之處所向披靡，因為內亂而孱弱的伊斯蘭軍節節敗退。然而，出征時雖高達七千名兵士，卻只有一千兩百名到達耶路撒冷。

一〇九九年七月，他們攻入耶路撒冷城牆內大肆殺戮與掠奪，建立了耶路撒冷王國。之後伊斯蘭勢力再度壯大，建立阿尤布王朝（Ayyubid dynasty）的庫德人猛將薩拉丁（Salah al-Din Yusuf ibn Ayyub），於一一八七年消滅了耶路撒冷王國（以日本來說，剛好是平家滅亡的兩年後）（按：南宋的宋高宗在這一年駕崩）。

西歐軍隊原本自認為對異民族有壓倒性的優勢，沒想到卻被伊斯蘭軍用燒夷火器壓制。只要十字軍的攻城櫓接近城寨，伊斯蘭軍就用弩炮（ballista，像投石機一樣，可將箭射至遠方的攻城用兵器），發射裝有火藥和石油的火焰瓶（被稱為伊拉克壺的燒夷彈）。

每當這種兵器從高空中飛來時，十字軍士兵就會陷入恐慌，自知必死無疑，當時這種武器和現今的原子彈一樣恐怖。伊斯蘭的工兵隊很有組織，他們被訓練到能在戰場立刻組裝好投石機，以發射燒夷兵器。在無法像中東一樣利用石油的馬格里布地區（非洲西北的突尼西亞和摩洛哥等地），一二〇〇年代末期，也已經開始使用原始的火炮。

在地中海，因為十字軍的海上運輸，以及歐洲與伊斯蘭圈繁榮的交易，以船隻為主體的交易大為盛行。

一一〇四年，散落在威尼斯各地的民間造船所由國家所統一，成為國營造船廠威尼斯軍械庫（Arsenale，海軍工廠。原本是阿拉伯語）。現今足球界赫赫有名的英格蘭「兵工廠足球俱樂部」（Arsenal Football Club），隊名的意思是軍方的「工廠、武器庫」，因最早的球員都是在皇家兵工廠工作的人。其實我們日常使用的各式各樣單字，不少都深受阿拉伯語的影響。

總而言之，威尼斯共和國（Republic of Venice）在地中海海運的地位，越來越不容小覷。

到了一二〇二年開始的第四次十字軍東征，威尼斯盤算著要奪取商場上的死對頭——拜占庭帝國的君士坦丁堡。而為了攻擊占領耶路撒冷的埃及阿尤布王朝，十字軍再次集結，卻因為資金不足而無法組成艦隊，所以向威尼斯借款，代價是和威尼斯軍隊一起攻占君士坦丁堡，建立拉丁帝國（Latin Empire）。

走到這一步，十字軍東征的目的，明顯已不再是奪回基督教聖地，而是赤裸裸的商業爭權奪利。在冠冕堂皇的以十字軍名義為藉口賺錢時，許多單純的士兵們被迫離鄉背井，命喪異地，其中也包含了少年十字軍。十字軍和教宗的信用從此一蹶不振。

六世紀起，君士坦丁堡就很盛行養蠶、生產生絲，然後染色、織布。而這些養蠶的知識技術，隨著十字軍東征被帶回歐洲。歐洲自此進入絲的時代。

威尼斯和佛羅倫斯自不待言，連法國國王路易十一都獎勵生產絲。特別是法國里昂養蠶和絲織品極為興盛，不久後就發展成為世界第一的絹絲產地。之後在絕對王權的時代，絲綢的華麗時尚就點綴了當時的宮廷。

一個人在苦難和困難中，或是遇到新環境時，就會有所成長。同理可證，從各種意義上來看，收復失地運動和十字軍東征，也為西歐帶來精神層面的成長。西歐人士接觸到的伊斯蘭都市文化，遠遠凌駕在西歐的水準之上。

象徵性的文化之一，就是伊斯蘭教勢力範圍內的醫院。西元七〇七年，大馬士革（現在的敘利亞阿拉伯共和國首都）建設了最古老的醫院，成為現代醫院的前身。之後以此為契機，中東全域都蓋了「Bimaristan」（醫院，波斯語的意思是「病人所在的地方」）。

大型的「Bimaristan」可容納八千位患者，裡面有內科醫師、外科醫師、護理師、藥師，職員採輪班制，二十四小時看診，可說是大型醫療中心。而且還為睡不著的患者，準備了演奏背景音樂的音樂職員和講述者。

西歐諸侯和十字軍士兵的故鄉北歐，吃的是鹽漬紅蘿蔔、根莖類、燒烤快腐爛的肉類和魚等。可是在異國之地，還有能享受用餐時光的餐廳，飲食時還會加入奇妙的粉末烹調。十字軍的諸侯和士兵們把胡椒、番紅花、砂糖、肉桂、薑、丁香等全新的粉末，帶回他們的故鄉。

這造就出一個契機。西歐人士為了取得辛香料，揭開大航海時代的序幕，貿易因此更為活絡，商業也加速發展。西歐也開始深受伊斯蘭的音樂、染料製成的華服等流行風格影響。

這一切也許就像是我中學時參加學校辦的校外教學，有生以來第一次到澀谷時所受到的文化衝擊一樣吧。

大馬士革刀就是鐵合金，伊斯蘭軍的利器

和伊斯蘭軍激烈交鋒的十字軍，遇到了西歐士兵從未見過，且非常銳利的刀。說到無堅不摧的刀劍，大家可能會聯想到動畫《魯邦三世》（ルパン三世）中，石川五右衛門的「斬鐵劍」。而當時的西歐士兵可能也受到同等的衝擊。

這種刀就稱為「大馬士革刀」，是商隊從印度運來「烏茲鋼」（烏茲就是「鋼」的意思）這種鋼材，在大馬士革（現今敘利亞）加工製成刀劍。

印度有豐富的鐵礦，自古以來就盛行煉鐵，烏茲鋼就是特產品，製法絕不外傳，至今我們仍無法得知當時的製造方法。到了一七〇〇年代後，大馬士革刀也因為無法再取得優良的材料而不再打造。

由烏茲鋼製成的大馬士革刀，表面有非常美麗的圖案。只有日本刀和大馬士革刀的刀身上有美麗刀紋（刀身上出現的波紋圖案），可說是將刀這種武器提升到藝術品的層次。

據說第三次十字軍東征，阿尤布王朝猛將薩拉丁，和交戰對手十字軍的獅心王理查（Richard the Lionheart，英格蘭國王）於一一九二年簽訂停戰協定時，雙方都互相炫耀了自己愛刀的鋒利，

結果薩拉丁的大馬士革刀獲得壓倒性勝利。十字軍諸侯們因此將此刀視為寶物，大肆蒐集。

大馬士革刀的祕密，一直到數百年後仍是個謎。進入十九世紀，煉鐵開始盛行，陸續有挑戰者試圖用化學分析的方式，闡明大馬士革刀的組成。著名科學家法拉第（Michael Faraday）也是其中之一，但依舊未能找出能生產相同刀劍的祕密製法。

製造烏茲鋼時，要在坩鍋中冷卻鐵。此時鐵中碳成分較多而變硬的部分，和碳成分較少而變韌的部分，會像馬賽克鑲嵌一樣形成組織，出現硬、韌二種相反的性質（金屬過硬就會變脆）。此外，開採烏茲鋼原料，也就是印度某地方的鐵礦，內含微量的元素釩，在鐵中加入釩便會出現韌性。

二十世紀時，因為研究烏茲鋼而衍生出的鐵合金，其中一種就是不鏽鋼，也就是不會生鏽的鐵。

火藥普及——蒙古成立橫跨東西、海陸的龐大帝國

住在蒙古高原的遊牧民族，居住環境之嚴酷不下於阿拉伯，還因為支配者金人（女真）推波助瀾，部族間對立日趨激烈。

一二〇六年，身經百戰、歷經苦難的鐵木真，在部族首長聚會中被推舉為大汗（王）後，開始自稱為成吉思汗（世界之王）。而後為了建立蒙古人的統一國家，在十三世紀前半溫暖潮溼的氣候中，開始揮軍歐亞大陸。

游牧騎馬民族從小就在馬背上長大，會騎馬是天經地義的事。他們擅長的不只是立體高速機動，而是騎乘高速移動加上用武器作戰，農暇時才打仗的農民兵，當然不是他們的對手。用現在的說法來說，就如同從小玩戰鬥機和戰車長大的民族大舉入侵一樣。

成吉思汗派遣貿易使節團，前往土耳其人的新國家花剌子模王朝，但使節團正使卻被殘忍殺害，因此開始侵略、消滅了花剌子模。第二代大汗窩闊台甚至將軍隊推進到俄羅斯與東歐，占領原受金國支配的中國北部。

第四代大汗蒙哥於一二五七年攻下伊斯蘭阿拔斯帝國（Abbasid Caliphate）首都巴格達，阿拔斯帝國因此滅亡。這場大戰中，雙方都使用了宛如大型沖天炮般的火藥兵器，表示當時火藥已經傳入伊斯蘭世界。

第五代大汗忽必烈滅了中國南部的南宋，改制元朝，納入蒙古帝國支配。之後寫下《馬可·波羅遊記》（*The Travels of Marco Polo*）的馬可·波羅，由義大利熱那亞（Genova）經陸路來到元朝，受聘為忽必烈的官員。

元朝也曾經襲擊日本九州，留下兩次元寇襲擊日本的紀錄。當時有名的故事就是，一二七四年和一二八一年的蒙古襲擊時，直徑二十公分左右的炸彈「鐵炮」（陶器製，火藥爆炸後鐵片四處飛散），讓鎌倉武士苦不堪言。

蒙古騎馬民族成立了一個橫跨歐亞大陸、由東到西的龐大帝國，將歐亞大陸由伊斯蘭時代帶入蒙古時代，以草原道路與絲路將東亞、中東甚至是西歐連接起來。甚至還用船隻連結中國港口和荷莫茲海峽（Strait of Hormuz），交織出一張巨大的經濟網路，貿易日趨活絡。

這可說是十三世紀的全球化誕生。

在這種全球相連的狀態下，配備火藥兵器的伊斯蘭軍隊攻入西歐，自然也不需要花太多時間。火藥也因此傳入歐洲。在一二四二年，博學多聞的英格蘭神職人員羅傑・培根（Roger Bacon），留下有關黑色火藥的記載。這是歐洲首次有關火藥的紀錄。

構成黑色火藥的硝石、碳、硫磺發生化學反應，就會急速產生一氧化碳、二氧化碳、氮等氣體的分子，再加上反應產生的高熱，就會成為受熱膨脹的氣體。讓這種氣體在圓筒中朝單一方向膨脹，就可以推動炮彈，同時加速發射。

大炮和火箭需要火藥燃燒速度慢的物質，不然萬一燒得太快，瞬間大爆炸，反而會炸壞炮身，所以燃燒速度的控制很重要。

這種火炮（使用火藥的大炮）撼動了世界歷史。想必讀者們都知道，因為鐵炮傳入日本，使得日本歷史因此大幅改變。火炮帶給人類史的衝擊，和人類開始用火一樣龐大。

大炮轟炸歐洲——買不起大炮的城邦退出歷史

到了一三〇〇年代，大炮在歐洲登場。歐洲現存紀錄中最古老的火炮，描繪在一三二七年的抄本上，形狀有如巨大的花瓶，這種武器是將黑色火藥點燃後，就會將箭射出。

這種火炮發射時要引爆火藥，因此常常發生意外，連火炮本身都炸掉，炮手可說是賭命的工作，是很荒謬的兵器。不久後，進入一三〇〇年代後半，就出現射石炮（Bombard），可以發射石球。

鄂圖曼帝國憑藉豐富的財力，向義大利購入這種大炮，還雇用相關技術人員，建立起強大的火炮帝國。一三八九年的科索沃戰役（Battle of Kosovo）中，鄂圖曼帝國和以塞爾維亞為主的基督教聯軍對戰，這場戰爭是伊斯蘭和歐洲之間，史上第一次使用火炮的作戰。

歐洲最初的大炮結構有如木桶，是將金屬板配置成筒狀，用外環固定，這是因為製造者就是木桶師傅。現今炮筒仍被稱為 Barrel（桶），就是因此而來。這種方式製成的大炮強度不高，當如果火藥量一多，連炮身本身都會被炸掉。

當大家苦於如何增強炮身強度時，有人提出了新的點子。這次雀屏中選的人是教會的鑄鐘

十四世紀　火炮

十五世紀　射石機

十九世紀初期　拿破崙時代的炮

圖 15. 火炮的演進，威力和機動性都顯著提升。

師傅，他們過去數個世紀，打造的都是象徵和平的教會的鐘。

根據鑄造教會的鐘的要領，混合銅（Cu）和錫（Sn）製成的合金，也就是青銅製的大炮終於登場。它的形狀有如搗麻糬的石臼，又像是圓圓矮矮胖胖的木桶，日本稱之為臼炮。

使用時，先從炮口填入黑色火藥粉末，上方再放上石球，點燃導火線後火藥爆炸，燃燒的氣體讓石球飛出。這種大炮體積太大、難以移動，所以是定置型大炮。然而，光是把這種大炮放在城堡前，就會讓城堡內的人心生恐懼而投降。

隨著火藥改良，人類也為大炮加上輪子以便移動。甚至後來還可以發射鐵球，破壞力強大，連用石塊築成的巨大城堡也不堪一擊。領主們爭相購買這種全新的大炮，因此戰爭的費用便十分龐大。

無法籌措到足夠資金、買不起大炮的城邦陸續被淘汰，黯然離開歷史舞台。一五〇〇年左右，歐洲大小城邦一共超過五百個，但從戰爭開始使用火炮後不過四百年，就只剩下二十五個近代國家了（相關內容的後續接第九十五頁）。

第8章

文藝復興——因印刷而興起，因火炮劃下句點

文藝復興（Renaissance，重生之意）是以義大利為中心的全新時代脈動，人們不透過基督教的濾鏡和先入為主的偏見，而是像基督教以前的古希臘時代一樣，直接觀察大自然和人類。這可說是人類又踏上成為「大人」的階段。

歐洲早已遺忘的遠古希臘時代各種哲學，與知識探求等抄本，都在伊斯蘭保留了下來。當十字軍東征、和東方的伊斯蘭交流後，人們重新在歐洲再次發現這些知識。文藝復興其實就是擴大探求知性探求與創作，也是引發大航海時代與科學革命的萌芽時期。

一四六九年，原奉行共和政治的城邦佛羅倫斯，當梅迪奇家族的羅倫佐（Lorenzo de' Medici）開始掌握實權後，就成為藝術家們的贊助人，支援藝術創作。羅倫佐視波提切利（Sandro Botticelli）、達文西、年輕時的米開朗基羅（Michelangelo）如同家人，並照顧有加。

支持文藝復興及其後的宗教改革，打破基督教（天主教）支配勢力的超級武器，也在此時問世，那就是印刷機。許多人因此得以接觸到，過去部分權力人士和神職人員獨占的知識。

葡萄牙、西班牙收復了遭伊斯蘭占領的國土（收復失地運動），並開始向外擴張領土。葡萄牙恩里克王子（Infante Dom Henrique）利用面臨大西洋的地利之便，一邊發展船隻和航海技術，一邊沿著非洲西部海岸線拓展葡萄牙勢力。

葡萄牙勢力不久後從印度洋再延伸至亞洲，在澳門建立殖民都市。巴西也成為葡萄牙屬地，葡萄牙船隻甚至到達日本，也將鐵炮傳入。西班牙則到達北美、南美大陸，再延伸到太平洋。

火炮戰爭大眾化，騎士時代終結

英格蘭的約翰・威克理夫（John Wycliffe）批判十四世紀後半墮落的教會，並主張「聖經才是信仰的最高權威」，開始著手將聖經翻譯成英語。天主教總部之前一直禁止將聖經翻譯為各國母語。

當時只有教會權力人士和祭司等精英，才會使用拉丁語，一般民眾當然無法閱讀聖經。因此在只有拉丁語版聖經的時代，接受過高等教育、懂拉丁語，就成了神職人員的權力保證。

將聖經翻譯成一般民眾可閱讀的母語版本，就表示教會關係人士喪失權力。用現代的說法來說，真可謂是「民主化」。當時在神聖羅馬帝國領地波希米亞王國（Kingdom of Bohemia，現今捷克西部、鄰近德國），有位位高權重的神職人員揚・胡斯（Jan Hus），對威克理夫引領的運動產生共鳴，也加入行列、批判教會墮落。

此時羅馬的天主教會正在出售贖罪券吸金。胡斯大力批判教會利用贖罪券吸金的行為，甚至在大學和講道時也會用捷克語說明，成為新教（Protestant）運動和捷克獨立運動的先驅。

為了解決當時天主教會的分離危機，一四一五年教會當權人士齊聚一堂，召開了康士坦斯大公會議（Council of Constance），會中認定胡斯為異端，決定將他活活燒死。直至今日，世人仍記得胡斯的名言，布拉格舊城廣場的胡斯雕像底座上，還刻著「熱愛真理、訴說真理、堅持真理」。而捷克總統府的旗幟上，也寫著格言「真理必勝」（捷克語「Pravda vítězí」）。

崇拜胡斯的胡斯派後來發展成一股龐大的勢力，引發波希米亞獨立運動和農民叛亂。羅馬教宗馬丁五世（Pope Martin V）召集十字軍，和胡斯派中的激進派塔博（Taborites）派進入全面戰爭狀態。

一四一九年展開的胡斯戰爭，是第一場在野戰中，使用各式各樣火炮的戰爭。所謂野戰，指的就是雙方部隊不是在軍隊據點的城堡交戰，而是在荒郊野外交戰。中世紀戰爭是攻城戰，大都是包圍並攻擊被城牆圍住的都市和城堡，野戰一詞是相對於攻城戰。

塔博黨的領袖揚・傑士卡（Jan Žižka），是極具領袖魅力的軍人。他將使用黑色火藥的手製筒型槍，和放在臺車上、提升機動力的大炮等武器，提供給包含女性和兒童在內的農民軍，讓他們配備當時最先進的武器，培育出接受過充分訓練、接受統御領導的武裝軍隊。

一四二一年十二月二十一日，一萬農民軍和以條頓騎士團（Teutonic Order）為主的神聖羅馬帝國十萬名十字軍，在庫特納霍拉（Kutná Hora，布拉格以東約六十公里）對峙，怎麼看都不認為農民軍有勝算。

揚・傑士卡的軍隊巧妙運用新兵器，集中火炮火力，消毀滅了進攻的神聖羅馬帝國十字軍騎士軍團。這支最強的名門專業軍隊——條頓騎士團，竟然敗給擁有最新火炮，經過武裝訓練的門外漢農民軍。這場戰役也成為現代大眾化戰爭的起源。

這場戰役也成了分水嶺，代表傳統的騎士時代告終，人類歷史開始邁入火炮時代。據說當時使用的槍隻，捷克語為「Pistala」（原意為笛子），後來就成為手槍（Pistol）的語源（火藥相關內容的後續接第一〇〇頁）。

發明活字印刷，《聖經》使印刷術普及

雕刻出一個個的單字製成活字，然後排列組合活字後印刷，這就是活字印刷術。活字印刷術的發明人是中國宋朝（十一世紀中期）的畢昇，他當時是用膠泥製造活字，再用火燒，使其堅固、硬化。

活字印刷術隨後也流傳到朝鮮，但並未普及，這是因為活字種類包含漢字與其他常用符號在內，有兩萬種以上，多到無法準備。此外，這也牽涉到宮廷和官僚系統的政治盤算，因為文字書寫的內容極具隱匿性，必須在大眾還沒看到前處理掉。

因此，活字印刷並未普及開來。不過中國的漢字超過兩萬六千字以上，但英文字母只有大寫、小寫各二十三字（以前的字母不是二十六個），另外再加上幾個符號而已。所以當活字印刷術傳入歐洲，一下子就普及開來了，這其實也可說是理所當然。

現代的電腦程式支援零和一的字串，優先支援以英文字母為主的記號排列，這也是可以理解的。如果要支援超過兩萬個字的漢字，電腦會因為資訊量太大而過熱當機，程式設計師也會成為沒人想從事的職業吧。

朝鮮從十三世紀開始用銅製作金屬活字，進行活字印刷，但像中國一樣未能大受歡迎且停滯不前。獨占先進科技的當權者，覺得沒必要和民眾分享資訊，應該也是原因之一。

不論誕生的科技多麼優異，只要不符合社會需求，自然不會普及。就算只是把智慧型手機交給石器時代的人們，應該也不會改變時代吧。歐洲不同於中國和朝鮮，因為他們有重要的書必

須普及到社會大眾，那就是《聖經》。

十二世紀時造紙技術由伊斯蘭傳入歐洲。相較於過去主流的羊皮紙，紙張可以大量生產且原料豐富，因此立刻成為主流。然而，要在一片木板上刻上一整頁的文字再印刷，這種木版印刷實在是曠日費時，缺乏效率，光要製造模板就要花費龐大的時間和精力，價格當然居高不下。

此外，用筆直接抄寫原書的手抄本原本也很普及，但因鼠疫橫行，可讀、會抄寫的人銳減，抄本的手續費也爆增。所以大家都很期待抄本能機械化、大量生產。就在這種社會和時代的需求高漲之下，新科技符合了這些需求，於是這項科技就像是大霹靂一樣，迅速炸開了。

古騰堡用鉛錫銻合金，讓活字印刷實用化

德國萊茵河沿岸的港灣都市美茵茲（Mainz），有位寶石鑲嵌師傅約翰尼斯・根斯弗萊施（Johannes Gutenberg），他採用母親的姓氏，自稱為古騰堡。古騰堡發明將每一個字母分別刻在金屬上製成活字，之後只要排列這些單字的活字，就可以成為文章，也可輕鬆的大量印刷。

古騰堡活用彫金的金屬加工知識，在鉛中加入少量錫製成合金（後來又加入銻）。他發現這種合金的融點低，容易熔化，而且硬度和吸墨程度都恰到好處。他將熔化的鉛與錫（後來還有銻）合金流入鑄模中，製成金屬活字。

一般金屬硬化時體積會縮小，所以製成的活字會帶一點圓弧，不是那麼貼合鑄模。不過銻反而是硬化時會膨脹，所以將合金液體流入鑄模的各個角落後，當合金硬化時就會確實留下銳

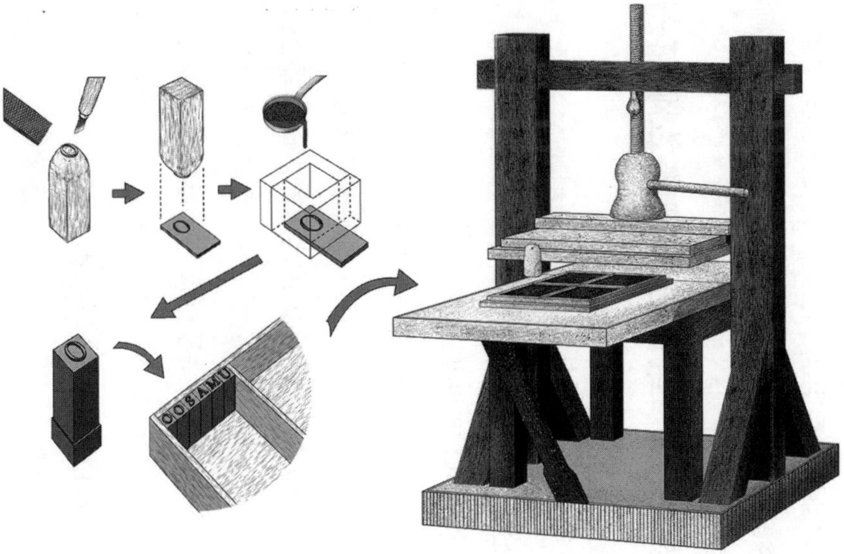

圖 16. 古騰堡的印刷機，採用活字印刷。

角，製成乾淨俐落的活字。想到一直到二十世紀都還在使用這三種成分組成的合金，就可以想見光是找到這種合金，就是一個多麼偉大的發明。

他也將製造葡萄酒用的葡萄榨汁機改造成沖床，在排列金屬活字後製成的模板上，塗上將油煙或木炭粉的黑色成分溶於亞麻籽油（亞麻科植物，由亞麻的種子亞麻籽萃取出來的油）所製成的油性墨水後，用沖床將紙壓在塗上墨水的模板上來印刷。這就是古騰堡在一四四〇年左右發明的「活版印刷法」系統。

一四五五年，用這種活版印刷法，印製了約一百八十本的四十二行《聖經》，極為出名。《聖經》的材質是羊皮紙和紙張，每頁有四十二行、分成雙欄左右排列，共一千兩百八十二頁。

之後，活版印刷術就在歐洲迅速普

及，因為這個資訊化革命，來到書籍一本本製造出來的時代，知識也以無法想像的速度傳播開來。據說當時印製的古騰堡《聖經》，仍有四十八本留存至今。

一四六二年，美茵茲的平民百姓反抗大主教的高壓統治，內亂不斷，導致古騰堡的印刷廠失火。失業的印刷工人散落歐洲各地，讓活版印刷術普及開來。不過，古騰堡則是負債累累，受美茵茲大主教的資助度過餘生，於一四六八年孤零零的離世。

活版印刷的發明，激發出所有知識的大爆炸。社會大眾終於得以接觸到過去由部分神職人員和特權階級獨占的知識財產，人類進入新的時代。

只要經濟過得去，任何人都可以取得印刷店、也就是書店中陳列的書籍知識。

哥倫布（Christopher Columbus）年輕時，也是因為父親買給他的活版印刷地理書，才對航海產生憧憬。馬丁・路德（Martin Luther）的著作《九十五條論綱》（*Ninety-five Theses*）等，三年內就印製了三十萬本，為基督新教勢力的拓展助了一臂之力。批判贖罪券的文書，不久後就成為催生出報紙等媒體的要因之一。

不接受科學與技術革新，勢必滅亡

在發明印刷機這項空前的歷史事件前後，英法百年戰爭一直斷斷續續進行。被英格蘭長弓隊橫掃的法國軍隊，利用一四四四年起兩年的停戰期間，果斷推行大改革。

過去的歐洲戰爭，是每次作戰時，就募集傭兵上戰場。然而為了杜絕傳統傭兵部隊趁戰亂打劫、施暴等惡劣行為，各國開始整頓常備軍，並著手改良大炮，培養炮兵部隊。

後來成為絕對王權基礎的常備軍，就是在這個時代創建。英格蘭皇室的發源地是諾曼地，法國為了從英格蘭手中奪回，軍隊便帶著準備充分的新武器上戰場。

一四五〇年，在北法的福爾米尼（Formigny），英格蘭軍隊在戰績輝煌的長弓部隊帶領下向前推進。包圍英格蘭軍的法國軍隊完全沒有出手攻擊，英格蘭軍以充滿不屑的眼光看著法軍。

法軍當時正拚命的將黑色粉末，裝填到有如教會大鐘的裝置中，粉末中混著石塊，然後點火。英格蘭軍看得目瞪口呆、不禁失笑出聲，誰知巨大爆炸聲響突然此起彼落，空中出現無數的石塊朝著英格蘭軍落下。

幾分鐘後，英格蘭軍自豪的四千五百位長弓兵之中，有三千七百七十四人一箭未射，就丟了性命。法軍靠著大炮的力量，將英格蘭軍趕出海，法國大勝，百年戰爭終於結束。

這些戰爭讓各國國王體悟到一個重大的現實，就是不接受科學與技術革新的國家勢必滅亡。

烏爾班大炮攻陷君士坦丁堡，東羅馬帝國告終

十四世紀，在逐漸沒落的拜占庭帝國邊境，鄂圖曼帝國原本只是安那托利亞（Anatolia）半島上一個小國，此時開始快速壯大。支持他們壯大的主因，就是運貨馬車和船隻載運的火炮。

君士坦丁堡自三三〇年建設以來，就因為地處亞洲和歐洲交會地的地利之便，貿易興盛，成為全世界憧憬的都市。以現在來說，就像是紐約加上巴黎、東京一樣。

雖然君士坦丁堡也遭受周遭民族的攻擊，但二十公里以上的複雜城牆，在長達千年以上的時光中，一次也未被異族攻破，真的是一座難以攻陷的要塞。

君士坦丁堡多次平安度過鄂圖曼帝國的包圍戰，但在一四五一年蘇丹穆罕默德二世（Mehmed II）即位後，狀況就不同了。鄂圖曼帝國大量配備優良的改良型火繩槍，甚至還以高於拜占庭帝國的報酬，成功挖角拜占庭帝國的大炮技術顧問，也就是匈牙利技師烏爾班（Orban），開發出重型巨炮「烏爾班大炮」。

當時的一流軍事技術家其實也是最尖端的科學家，他們會尋找出資較多的國家落腳。這些科學家可說是二十世紀火箭之父華納．馮．布朗（Wernher von Braun）、與蘇聯解體後各國爭相爭奪的科學家們的先驅。

穆罕默德二世就像「作戰必須出奇制勝」（《孫子兵法》和電視劇版《天龍特攻隊》（*The A-Team*）都常提到）的實踐者，作戰完全不照套路來。舉例來說，針對君士坦丁堡守備較薄弱的背面港口，他從陸地運來大量的軍艦封鎖港口。這是壓倒性的人海戰術。

相較於鄂圖曼帝國八萬士兵，拜占庭帝國守軍只有區區七千人，被大炮一輪猛攻後便潰不成軍。穆罕默德二世的精銳奴隸部隊新軍（Janissary）長驅直入，最後的拜占庭皇帝死時手中還拿著劍。年僅二十一歲的穆罕默德二世進入聖索菲亞大教堂，正式宣告拜占庭帝國滅亡。

此地成為鄂圖曼帝國首都之後，土耳其人聽到希臘裔居民稱此地為「Istinpolin」（前往城鎮），就將此地稱為伊斯坦堡（istanbul）。

君士坦丁堡失陷，宣告東羅馬帝國（拜占庭帝國）滅亡，由古羅馬時代開始、持續約兩千兩百年榮景的羅馬直系帝國於焉告終。

然而，有人就利用這個時機，跳出來自稱是羅馬帝國直系。那就是以東羅馬帝國（拜占庭帝國）東正教為骨幹的俄羅斯。莫斯科大公國伊凡四世（Ivan IV）自稱為東羅馬帝國的正統繼承人，將拉丁語稱號凱撒（Caesar）翻譯成俄語「царь」（沙皇，表示「皇帝」），突顯自己的權威。

順帶一提俄語「царь」與德語「der Kaiser」（表示皇帝）的語源都是凱撒。

印刷術催生文藝復興，火炮則為它劃下句點

一四五七年，印刷廠只有古騰堡在美茵茲經營的一家。但二十三年後，歐洲一百一十個都市都成立了印刷廠。

一四九五年，在威尼斯有一位極具商業頭腦的天才阿爾杜思（Aldus Manutius），他不印製曠日費時的高級《聖經》等，而是大量生產方便攜帶的廉價版口袋書，建立了現今將書帶著走的文化。

君士坦丁堡陷落、終結了拜占庭帝國，四散的大量希臘難民就成為印刷廠的僱員。阿爾杜思讓他們翻譯難懂的希臘語，印製希臘古典文學書籍。古希臘的哲學和科學因此得以重見天日，催生出文藝復興。

由一四〇〇年代末期開始，大炮性能提升，可以發射很重的鐵球（鐵彈，Cannonball）後，

擁有高聳的城牆和有天守閣的城堡變得不堪一擊。因此新式城堡問世，也就是具備低斜外牆，呈星形配置的幾何學「星形要塞」。

一四九〇年代法國侵略義大利，法軍用大炮摧毀了義大利一個又一個的城邦。大炮也強行為義大利的文藝復興劃下句點。

於是，星形要塞首先出現在義大利，這種設計又被稱為義式築城術。這種要塞在多角形的角落裡配置了大炮，還運用高度幾何學知識，活用數學設計，讓步槍射擊時不會有死角。

這種源自義大利的稜堡式城堡，一下子就在歐洲普及開來，數學家和建築師競相追求終極造型設計。在日本，在遲了三百年之後，終於在函館建造了稜堡——五稜郭。

文藝復興最具代表性的藝術家達文西和米開朗基羅，對於數學幾何圖形設計的築城術也頗有研究。據說米開朗基羅還曾經對贊助人自薦：「我不太懂繪畫和雕刻，但我有很多築城術的相關經驗。」

世人對於達文西的印象，大都來自他的名畫《蒙娜麗莎》、《最後的晚餐》等，認為他是一位藝術家，不過他可是領先時代潮流四百年，設計出機關槍、戰車、火箭炮、汽車、直升機、飛機等的軍事技術天才。羅馬教宗之子切薩雷・波吉亞（Cesare Borgia），試圖以權謀術數統一義大利，達文西也曾經擔任他的軍事顧問，一起行動過一段時間（火炮相關內容的後續接第一一一頁）。

第9章

銀礦引發宗教改革，西班牙稱霸世界

過去的船員們深信如果前往赤道，會因為太熱被烤死；也相信海洋有盡頭，到了盡頭後就會像瀑布一樣，直接掉入地獄。

恩里克王子和迪亞士（Bartolomeu Dias）、達伽馬（Vasco da Gama）、哥倫布、麥哲倫（Ferdinand Magellan）……以及投資航海事業的王公貴族們洋溢的熱情，終於消除了這種迷信，歐洲人開始狂熱追求亞洲和印度的香料、辛香料、砂糖等奢侈品。

一四八八年，在葡萄牙國王若昂二世（João II）的命令下，迪亞士以印度洋為目標出航，到達好望角。一四九八年，達伽馬繞過好望角，開啟了印度航路。

葡萄牙於一五〇九年，在印度洋擊敗伊斯蘭勢力的馬穆陸克蘇丹國（Mamluk Sultanate）艦隊，到達亞洲、甚至澳門。而一四九二年在西班牙援助下，哥倫布也到達美洲新大陸。西班牙朝著大西洋，將領土拓展到新大陸。

太陽光帶來的熱能引起大氣對流，掀起貿易風，葡萄牙和西班牙乘風揮軍世界。他們將砂糖、咖啡、柑橘、小麥等帶進美洲新大陸，又從新大陸將辣椒、玉米、蕃茄帶回歐洲，對飲食文化帶來深遠的影響。

英格蘭亨利八世對於葡萄牙和西班牙揮軍世界覺得不痛快，將從天主教會沒收來的財產投入技術開發，開發出船身側面排列著大炮的新型船艦，然後挑戰葡萄牙、西班牙。一五八八年，亨利八世之女、伊莉莎白女王一世時，終於打敗西班牙的無敵艦隊，取代西班牙稱霸，開啟了大英帝國盛世之路。

原本封閉的歐洲進軍世界後，建立了橫跨大陸的巨大經濟圈。這些經濟活動的發展累積了財富，成為資本主義萌芽的土壤。

大航海時代環繞地球一周，有如上太空

航海家哥倫布出生於義大利的海運城邦熱那亞，看到根據佛羅倫斯地理學家托斯卡內利（Paolo dal Pozzo Toscanelli）的地球球體說（地球是圓的，可以繞地球一周的學說），所繪製的亞洲海域海圖，想到一個生意機會，也就是由歐洲向西一路航行，就可以到馬可．波羅（Marco Polo）發現的黃金之國吉班（Zipangu），取得大量黃金。

在西班牙的援助下，他率領以聖瑪利亞號為首的三艘船隻出航，於一四九二年登陸巴哈馬群島（佛羅里達半島和古巴之間的群島）。他們誤以為這裡是印度，所以就給這些群島取名為西印度群島，將當地原住民稱為印第安人。看在現代人眼中，這真是個令人後悔莫及的錯誤，但這些名稱就這樣定下來了。

哥倫布的第二次航海，在歷史上意義重大。一四九三年，他們發現印第安人拿著橡膠球在玩遊戲，歐洲人第一次知道橡膠這種東西。哥倫布又將甘蔗帶進加勒比海的伊斯巴紐拉島（Hispaniola），開始在島上種植甘蔗。

不久後，甘蔗種植就從加勒比海延伸入北美、南美，出現許多大規模農園栽種的農業。

大航海時代以前的船隻結構無法抵抗外海的巨浪，只能沿著海岸航行，而且航行距離有限，必須經常靠岸，因此得以採購新鮮食材。

然而進入大航海時代後，船員們在船上一待可能就是好幾個月。比起浩瀚的大西洋和太平洋，地中海就像是個小水塘。對當時的人來說，大航海時代的遠洋航海，甚至是繞行地球一周，就像是現代我們要上太空一樣。

一五一九年至一五二二年，麥哲倫雖然成功航海繞行地球一周，但起初有五艘船出發，回到出發地時只剩一艘船，只有十八位船員生還，連麥哲倫本人都在菲律賓被當地人殺害。而離世的船員幾乎都死於壞血病。

橫跨大洋的船上生活時間長了，就吃不到新鮮的食物，過了一個月左右，船員就會開始牙齦出血、牙齒脫落，全身出現斑點、動彈不得，到處出血，最後死於傳染病等。這就是壞血病。

許多船員都受到壞血病侵襲，嚴重時一整艘船的船員都死於壞血病，結果船隻就變成幽靈船了。一直要到很久之後，人們才知道壞血病的原因（相關內容的後續接第一五一頁）。

種植甘蔗，大西洋上的巨大三角貿易圈成形

甘蔗是砂糖的原料，是原產於新幾內亞（New Guinea）的植物，不久就傳到南太平洋、印度甚至是中近東。種植甘蔗需要大量的水，伊斯蘭教勢力圈就利用先進的灌溉設施，像是地下水道、螺旋抽水機等種植甘蔗。

甘蔗不能當成主食，大規模種植這種單一作物，是作為商業用，這可說是為人類的農業史帶來新的舞臺，也可說是後來的「大規模農園種植」這種農業型態的原點。

在十字軍時代，砂糖傳入歐洲，西班牙等地也開始種植甘蔗。葡萄牙自一四四〇年代起，就在馬德拉島（Madeira）、亞速群島（Azores）、加那利群島（Canarias）等大西洋的海島上，利用非洲帶來的黑人奴隸開始種植甘蔗。

哥倫布發現西印度群島，第二次航海時帶來加那利群島的甘蔗，開始在西印度群島種植。一五一六年，由西印度群島種植的甘蔗所製成的砂糖，首度被運到歐洲。

這些地方也因為哥倫布等征服者帶來的天花、流行性感冒等疾病，導致原住民大量死亡。為了彌補勞動力缺口，他們又從非洲西海岸帶進大量黑人奴隸。

砂糖的大規模農園種植栽培，就這樣在西印度群島和古巴等加勒比海島嶼普及開來。而非洲奴隸也被送往加勒比海和美洲，從加勒比海出口砂糖到歐洲，而歐洲則出口火器和日用品，甚至是葡萄酒和白蘭地給非洲的奴隸商人，形成一個巨大的三角經濟圈。

就這樣，創造了大西洋上的巨大三角貿易圈。貿易累積的巨額財富，與巨大的生產、交易、消費的市場經濟發達，經由貨幣買賣人和物越來越盛行，於是便孕育出資本主義這種全新的社會系統。

此外，在美洲殖民地的人，則進口由法國領地種植的甘蔗、製糖後的副產品——糖蜜，並發酵後製成蘭姆酒，再賣給非洲的奴隸商人。

美洲殖民地購買法國領地的糖蜜，英國則對美洲殖民地徵稅（糖蜜稅），試圖干擾交易，但美洲殖民地的人根本公然無視英國，這成為美國獨立的第一步，也是美國獨立的契機。**蘭姆酒對英國來說，就是反對英國體制的美國象徵。**

資本主義的胎動——銀礦山引發了宗教改革

十五世紀末，鼠疫（黑死病）流行也告一段落，眾人越來越熱衷於尋找黃金。一五一六年，在捷克北部（曾一直被稱為波希米亞）的亞希莫夫（德語「Sankt Joachimsthal」，「聖若亞敬之谷」的意思）山谷發現銀礦，數千人蜂擁而至，只為了分礦山榮景的一杯羹。

這座礦山年產八十五噸銀，生產大量直徑約四公分左右的大銀幣。這種銀幣被稱為亞阿西姆斯塔爾銀幣（Joachimsthaler），流通到世界各地。不久後名稱演變成塔勒（Thaler），進而演變成「Dollar」，也就是現今的美元。

波希米亞和德國周遭的礦山被大量開發，以南德奧格斯堡（Augsburg）為根據地的富格爾家族（Fugger），大富豪雅各布·富格爾（Jakob Fugger）不但借款給主教、諸侯，甚至還是西班牙國王卡洛斯一世（Carlos I，之後即位成為神聖羅馬帝國皇帝查理五世）的債主，支配著金融與貿易。

就在歷史由受限於土地的封建制度時代，快速轉換方向到資本主義時代時，各地城邦陸續出現的大富豪們逐漸成為支配者（亞希莫夫相關內容的後續接第二三八頁）。

富格爾家族在歷史上扮演著舉足輕重的地位，同時也成為了宗教改革的導火線。一說到義大利梅迪奇家族、德國富格爾家族，現代人可能會聯想到日本隨處可見的「橫濱家系拉麵」，其實他們可都是大財閥。

當時的羅馬教宗良十世出身自梅迪奇家族，是撒錢坐上教宗寶座的人。明明是教宗，卻追求比王公貴族更奢侈的生活，向富格爾家族借了很多錢。

萊茵河沿岸都市美因茲的大主教亞勒伯特（Albrecht of Brandenburg）也是花了巨資，向良十世和羅馬教會買來大主教的地位，也欠了富格爾家族一屁股債。教宗良十世想錢想瘋了，於是就用籌措改建聖彼得大教堂費用的名義，在富格爾家族的仲介之下，開始銷售贖罪券（一五一五年）。

富格爾家族和亞勒伯特利用德國沒有主權國家，諸侯各自為政、亂成一團的情勢，大量銷售贖罪券（在法國和英國等主權國家，無法見縫插針，所以無法在這些地方賣贖罪券），富格爾家族也靠賣贖罪券的手續費（大概是銷售金額的一半），謀取暴利。

對於這種「教會事業」，德國威登堡大學（University of Wittenberg）神學教授馬丁・路德撰寫了《九十五條論綱》以示抗議，並貼在教堂大門口，成為宗教改革運動的導火線。不起眼的銀礦山，最終引發宗教改革的社會運動浪潮。

昆蟲染料為西班牙帶來巨富

一五一一年，和哥倫布一同前往新大陸的迪戈・貝拉斯克斯（Diego Velázquez de Cuéllar）征服古巴，成為古巴總督。他英勇果斷的部下柯提茲（Hernán Cortés）為了征服位於現今墨西哥的美洲原住民國家，也就是龐大帝國——阿茲提克帝國（Aztecs），於一五一九年自古巴的哈瓦那出航。

他在現今墨西哥灣的塔巴斯科（Tabasco）地方的海岸登陸，拉攏那些不滿於隸屬阿茲提克帝國的原住民部族發動攻擊，以將阿茲提克帝國皇帝蒙特蘇馬二世（Moctezuma II）拉下寶座。首都特諾奇提特蘭（Tenochtitlan，現今的墨西哥市）是一個建在湖中小島的水上都市，原本是個易守難攻之地。

不過柯提茲反其道而行，他利用水上都市這個特點，在反阿茲提克的部族幫助下，將搭載大炮的輕巧船隻運到湖上，用壓倒性火力擊潰了特諾奇提特蘭的阿茲提克戰士們。

僵化的神權政治長久以來不見任何進步。一五二一年，特諾奇提特蘭淪陷。

之後這裡就被西班牙人征服，成為西班牙人支配的地區。西班牙人帶來的天花、麻疹、流行性感冒，又在完全不具免疫力的阿茲提克人群中蔓延開來，傳染一發不可收拾、無藥可救，數萬人因此死亡。這可說是生物武器等級的大流行（火炮相關內容的後續接第一四五頁）。

西班牙人藉著柯提茲攻占阿茲提克帝國，原本是來搶奪金銀財寶和礦山的。隨著軍隊朝著內陸進擊，柯提茲發現阿茲提克的村莊市鎮在交易天然染料，讓他大受衝擊。因為比起母國西班牙的絲綢市場，這裡的絲線色彩更為豐富多變。

其中還有一種從胭脂蟲（Cochineal）萃取而出的紅色染料胭脂紅（cochineal extract）。胭脂蟲群聚在仙人掌上，有如蚜蟲（蚜總科昆蟲）。而胭脂紅染出的紅色，是過去歐洲從未見過的鮮豔紅色。

順帶一提，這種紅色色素的分子是胭脂紅酸（Carminic acid），也是一種合格的食品添加物。

偏紅色的火腿等食品，成分表中都可以看到胭脂紅酸。對昆蟲有恐懼感的人，吃過這些食品後，最好不要去網路上搜尋胭脂蟲的放大照片比較好。

西班牙征服阿茲提克帝國後，大肆生產並出口這種紅色染料，因此累積了巨額財富。胭脂蟲在歐洲裝點了王公貴族的華麗紅色洋裝，也成為油畫顏料，孕育出雷諾瓦（Renoir）、高登（Paul Gauguin）、梵谷（Vincent van Gogh）的藝術（染料相關內容的後續接第一三五頁）。

阿茲提克帝國的皇帝和宮廷貴族，將名為「Xocolatl」的春藥當成飲料，大概就是像現今的提神飲料。當時他們應該是把可可樹的種子可可豆磨碎後，製成濃稠的飲料飲用。當然這種飲料中帶有苦味。柯提茲好像也讓部下飲用這種飲料，以提振士氣。可可和 Xocolatl 傳入西班牙，不久後就普及到歐洲全域。

巧克力的刺激成分是可可鹼（theobromine）。巧克力的原料可可樹的名稱，是來自「Theobroma Cacao」，而「Theobroma」這個字的意思就是「神明」（Theo）的飲料，化學式為「$C_7H_8N_4O_2$」。

Xocolatl 又苦又難喝，不過在一八二八年，荷蘭的梵豪登（Van Houten）卻從可可豆中萃取出可可脂（脂肪）成分，發明了可可粉。到了一八四七年，片狀的可食用巧克力也問世了。之後在許多人，如亨利・雀巢（Henri Nestlé）、魯道夫・蓮（Rudolf Lindt）等人的努力下，完成了技術革新，有了現代的巧克力。

柯提茲征服阿茲提克帝國的十二年後，西班牙人法蘭西斯科・皮薩羅（Francisco Pizarro）重演柯提茲的野心進擊，僅僅帶領了一百六十八名西班牙人，就征服了秘魯的龐大帝國——印加帝國。

西班牙人將秘魯當成殖民地壓榨，但一五四五年，當地原住民在波多西（Potosí）發現銀礦床，於是開始了大規模的銀山開發。西班牙利用波多西銀山生產大量的銀幣，在歐洲各地流通，但因貨幣量過多導致通貨膨脹，歐洲物價因而漲了兩至三倍。

相同時期，日本也在石見銀山（島根縣）擴大銀的產量，結果當時全世界的銀，幾乎都來自波多西銀山和石見銀山。

醫學界的馬丁．路德，主張毒和藥的差別在於量

一四九三年左右，帕拉賽瑟斯（Paracelsus）於瑞士蘇黎世附近出生。他的名字（Paracelsus）的意思就是「超越凱爾蘇斯」（Aulus Cornelius Celsus）的人。凱爾蘇斯是古羅馬時代的醫學家。

帕拉賽瑟斯雖然醉心於鍊金術，但他也主張「化學真正的目的不在於鍊金，而在於製藥」，除了過去以藥草為主的植物藥學外，他也嘗試利用礦物等製藥。來自礦物的物質不論是水銀也好，銻也罷，很多都是作用強烈但具毒性的物質，他主張「給藥量決定了是毒還是藥」，已經具有毒與藥的差別在於量的近代藥學概念。

據說他擔任巴塞爾大學（University of Basel）醫學院教授時，講課時的開場白都是古代蓋倫（Claudius Galenus）的醫學書，以及阿拉伯時代的阿威森那（Avicenna）的著作等被扔入火中焚毀這件事。順帶一提，他的行為和馬丁．路德很像，所以又被稱為「醫學界的路德」。

帕拉賽瑟斯重視實際觀察和實驗，他認為直接的經驗勝過所有權威，然後就被趕出大學，開啟了古怪的流浪生涯。他畢生致力於打破古老的權威主義，試圖帶來全新的文藝復興藥學，可惜於一五四一年（米開朗基羅完成西斯汀禮拜堂壁畫《最後的審判》同一年）去世。帕拉賽瑟斯離世後，他的方法在醫學化學界帶來一陣旋風（藥的相關內容的後續接第二四〇頁）。

從化學談咖啡，全球第一家咖啡廳在伊斯坦堡問世

現在在我們的生活中，咖啡已經扮演著不可或缺的角色。早上起床後，為了提神醒腦先喝一杯，下午和人約在星巴克等咖啡廳聊天談事。如果是咖啡達人的話，可能還會買咖啡豆回家。但其實自古以來，咖啡就被當成藥物使用。

咖啡據說源自衣索比亞高原。有關咖啡的發現，有一則很出名的傳說。相傳有一位牧羊少年加爾第（Kaldi），他發現羊群嚼食一種寶石般的紅色果實後，整晚興奮的騷動，他自己試吃後，也情不自禁手舞足蹈，又唱又跳。附近的修道僧侶吃了之後，發現可以提神醒腦、專注於修行。

拉齊（Abu Bakr al-Razi）是西元九〇〇年左右的伊斯蘭醫師，同時也是鍊金術師，從他的文獻得知，當時的人已經將咖啡當成藥物使用。伊斯蘭地區烘焙咖啡豆後磨碎，再煮成飲料飲用的習慣也已經普及。當時這種飲料就有如現今的提神飲料。

一五五四年，土耳其的伊斯坦堡開了兩家咖啡廳。咖啡廳的裝潢和用品極度豪華，有如社交場所、沙龍，之後這種店面傳入歐洲，孕育出咖啡沙龍文化。

當咖啡逐漸深入歐洲人生活時，一開始還有人說它是「伊斯蘭教徒的飲料，是惡魔的飲料」等。一六〇五年的某一天，終於有神職人員向教宗克萊蒙八世（Pope Clement VIII）進言，要求禁止咖啡。

然而，教宗試喝之後，就愛上咖啡了，他公開呼籲：「只讓異教徒享用這種飲料，真是太浪費了！我們應該透過洗禮，讓它變成基督教徒的飲料。」於是在歐洲，咖啡成為可以自由飲用的飲料了。

一六〇〇年代中期開始，威尼斯、倫敦、巴黎、維也納都出現了咖啡廳，倫敦周遭更是在十年間開了兩千家咖啡廳。牛頓不共戴天的競爭對手羅伯特・虎克（Robert Hooke）和愛德蒙・哈雷（Edmond Halley，發現哈雷彗星的科學家）等人，就在倫敦的咖啡廳高談闊論。

巴哈在一七三二年作了一首曲子〈咖啡清唱劇〉（*Coffee Cantata*）。據說貝多芬堅持沖泡一杯咖啡要用六十粒咖啡豆。此外高舉理性與自由大旗，畢生挑戰封建制度、專制政治的法國啟蒙思想家伏爾泰（Voltaire），聽說還留下一天喝七十二杯咖啡的紀錄。美國獨立戰爭和法國大革命的領導人們，大家都曾在咖啡廳議事。

以海運保險出名的英國勞埃德保險市場（Lloyd's of London，勞合社）也是在咖啡廳誕生。一六八〇年代末期，愛德華・勞埃德（Edward Lloyd）開了一家咖啡廳勞埃德（Lloyd's），當時許多投資人、船長、船東會聚集在這家咖啡廳，分享哪艘船有什麼樣的裝備、航海是否安全等船舶資訊，逐步發展出之後的船舶保險。

另外像是倫敦的銀行、報紙、雜誌、證券交易所等，也都有類似的發展歷程，孕育出許多業態。最終，倫敦終於因此得以取代過去荷蘭阿姆斯特丹的地位，成為新的世界金融中心。

資本主義和金融的聖經《國富論》（*The Wealth of Nations*），也是作者亞當·斯密（Adam Smith）在蘇格蘭人群集的倫敦咖啡廳裡寫出來的。可以說，科學與金融都是在倫敦的咖啡廳開花結果。

隨著咖啡需求高漲，咖啡成為國際貿易商品，在奴隸勞動的基礎上發展開來。在帝國主義籠罩下，歐美擴大在殖民地的咖啡大規模栽培與大農園。這些地方因此無法再耕作傳統自給自足的作物，理想咖啡栽培地的斜坡居民被迫搬遷，並成為農園的勞動力。

即使到了現在，在巨大多國籍企業支配下的咖啡豆生產，仍有童工等壓搾的問題。為了對抗這個現狀，市場上也開始出現標榜公平交易的咖啡。

咖啡中最知名的成分就是咖啡因。咖啡因是咖啡豆、茶葉中常見的生物鹼（植物體中的有機化合物）之一，會刺激大腦皮質，阻斷合成抑制神經興奮、引起睡意的原因的分子誘導體。因為這種作用，人喝了咖啡後不會有睡意，感覺十分清醒。而龐大數量的分子成為風味，刺激我們的嗅覺，讓人感到快樂。

巧克力的可可豆成分——可可鹼和咖啡因，在結構上只有些微差異，就只差在有沒有—CH_3（甲基）而已。然而構造上些微的差異，在人體內卻產生了截然不同的影響。

現代咖啡豆和可可豆的生產、流通都已國際化，牽扯到龐大的金錢，孕育出支撐政變和軍事政權的財源與奴隸勞動。這些問題的起源，就是我們腦中的受體層級想要咖啡、巧克力的生物鹼等主宰快樂的分子。

在咖啡普及前，人們從早上就開始喝的飲料是啤酒。現在人可能很難想像，當時的男女老幼甚至是兒童，真的從早上就開始喝啤酒。

這麼做是有理由的。當時因為上水道尚未完備，飲用水的品質很糟。因此當時的人認為酒精飲料相對安全，為了補充水分，便一早就開始飲用啤酒。咖啡可說是讓人類從這麼不健全的生活型態，轉變為正常的社會。如果一大早開始就泡在酒精裡，應該也不會有後來的工業革命了。

只有一個例外的人，從早到晚泡在酒精裡，仍做出一番偉大的事業。那個人就是二十世紀的英國首相溫斯頓・邱吉爾（Winston Churchill）。他一大早就喝威士忌兌蘇打水，中午喝香檳，晚上喝葡萄酒，然後利用沒喝酒的時間拯救英國脫離絕境。在我看來，實在是讓人羨慕得不得了。

●：C（碳原子）　●：O（氧原子）
○：H（氫原子）　◍：N（氮原子）

咖啡因（$C_8H_{10}N_4O_2$）

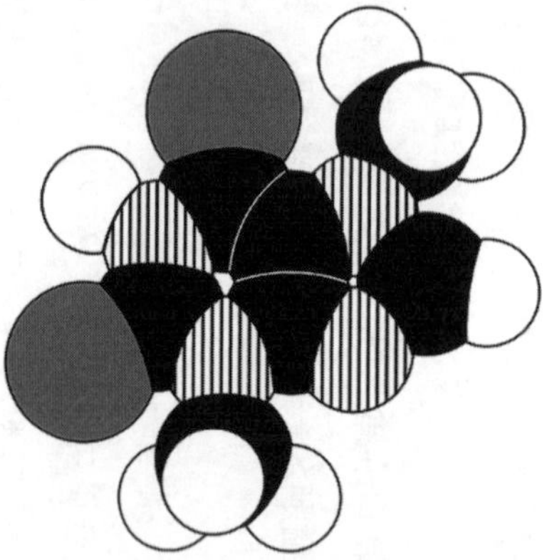

可可鹼（$C_7H_8N_4O_2$）

圖 17. 咖啡因和可可鹼，在結構上只差有沒有甲基。

《論礦冶》出版——讓礦山開發進一步發展

一五二七年，有位三十三歲的男性醫師喬格．包耳（Georg Bauer）前往亞希莫夫的礦山小鎮上任。

喬格．包耳一開始是在德國從事希臘語講師等工作，三十歲赴義大利留學，學習醫學、化學、語言學、印刷技術等。不過他是一位科學好奇心極為旺盛的醫師，不知道是不是被礦山的魅力所吸引，三年後他就辭掉小鎮醫師的工作，全心投入礦山行業。

包耳作為醫師不斷學習、累積經驗時，就很崇拜文藝復興時期代表性的醫師安德雷亞斯．維薩里（Andreas Vesalius）。他承繼了維薩里「我只重視實際的解剖結果，而非紙上談兵」的文藝復興精神，鉅細靡遺的觀察並研究礦山的各種工程與技術。

他寫了一套共十二卷的巨著，從尋找礦脈的方法，到金屬分析、開採道具與機械、開鑿、湧水的對策、分離法與精鍊方法為止，內含詳細的木版畫插圖多達兩百八十九幅。

喬格．包耳以拉丁語名阿格里科拉（Georgius Agricola）為筆名（德語「Bauer」意指「農夫」，拉丁語為「Agricola」），他給自己的著作命名為《論礦冶》（*De re metallica*，拉丁語「關於金屬」的意思），很像是現代搖滾樂團會用的名稱。

《論礦冶》全盤否定鍊金術，是徹底堅持現實主義、體現文藝復興時期精神的著作，在包耳去世四個月後的一五五六年才出版。但受惠於古騰堡發明的活版印刷術，立刻就普及開來，促進了全球礦山的開發，也對金屬利用、鐵生產等帶來深遠的影響。

說到二十世紀，美國第三十一任總統胡佛（Herbert Clark Hoover）自幼貧苦，苦學進入史丹佛大學礦山系學習。他的夫人是同系的學妹，兩人在學校相識後結為連理，當胡佛擔任礦山技師時，夫婦兩人聯手將《論礦冶》翻譯成英語後出版（一九一二年），讓這套著作更廣為人知（金屬相關內容的後續接第一三六頁）。

第10章

化學與鍊金術分道揚鑣

自文藝復興時代起，人類看待大自然，就從神的標準轉變為人類的標準了。

一五四三年，尼古拉・哥白尼（Nicolaus Copernicus）的《天體運行論》（*De revolutionibus orbium coelestium*）付梓出版（鐵炮傳入日本的同一年）。接著在克卜勒（Johannes Kepler）、伽利略（Galileo Galilei）等人接力下，終於闡明了地球不是宇宙的中心。

波以耳根據實驗提倡化學，牛頓則於一六八七年出版了著作《自然哲學的數學原理》（*Philosophiæ Naturalis Principia Mathematica*），建立物理學概念，讓科學從基督教獨立。

另一方面，因為這些科學上的見解不容於基督教會，教會因此嚴格取締異端。一六〇〇年提倡地動說的修道士喬爾丹諾・布魯諾（Giordano Bruno）甚至因此被判火刑，公開活活燒死。

進入大航海時代後世界越來越廣。一六〇七年，英格蘭在北美建立最早的殖民地（維吉尼亞殖民地），之後也陸續在北美拓展殖民地。

馬丁・路德等人的宗教改革，讓新教勢力向北歐拓展，最終引發天主教與新教的大規模宗教戰爭（三十年戰爭）。

在一六四八年的《西發利亞和約》（*Peace of Westphalia*）下，瑞士和荷蘭等國獨立，有如現代獨立主權國家的時代來臨。教宗權力低落，封建領主也孱弱凋零，原本存在感薄弱的國王成為超級明星，挺身而出開啟了「絕對王權」的道路。

在絕對王權下，為了形成巨大的中央集權國家，就必須有官僚制度和常備軍隊，而支撐這些龐大支出的財政來源就是重商主義。隨著商業貿易盛行，國王讓有力的特定商人享有排他性優惠，甚至獨占生意，然後收取高額稅賦作為報酬，就像是「特權」系統。

在這樣的系統之下，法國路易王朝創造前所未見的巨富，迎來絕對王權的黃金時期。英國和荷蘭也透過東印度公司等獨占的貿易商，藉由經營殖民地累積財富，不久人類社會就走上邁向資本主義的道路。

碳、氫、氧結合，促使資本主義成形

煤炭是十八世紀開始的英國工業革命的推手。在此之前，十七世紀時，人類就已經開始進入煤炭時代。

煤炭是在三億五千年前的石炭紀時代覆蓋地表的森林遺產，是碳、氫、氧結合成結構複雜的化合物。不列顛群島豐富的煤礦礦床，則位於容易開採的地方。

燃燒煤炭或多或少會產生二氧化硫等有毒氣體，當然這也受到煤炭的產地和品質影響。過去在英格蘭國王愛德華一世的時代（在位期間為一二七二年至一三〇七年），甚至有人因為燃燒煤炭、產生有毒氣體的罪名，而被處以死刑。

玻璃製造和煉鐵業會消耗大量木炭。因此在歐洲，人們過度採伐森林，導致木材不足。木材一旦不足，還會影響到當時的木造船隻，特別是建造軍艦。

英格蘭進入十六世紀後，隨著工業擴大，木材的需求也水漲船高，導致森林砍伐盛行，嚴重破壞森林資源。

站在保護森林資源的觀點，一六一五年（正值日本江戶時代，同年爆發大坂夏之陣）（按：

明朝萬曆四十三年）英格蘭國王詹姆士一世（James I）下令禁止採伐森林用木材製成木炭，相對的獎勵使用煤炭。

煤炭和木炭等硬如石塊的固體，之所以可以劇烈燃燒，是因為內含鉀離子（K^+），鉀離子會促進燃燒反應。火柴也是一樣的原理，一旦受潮，鉀離子就會溶入水中、無法燃燒起來。火繩槍等所使用的導火線火繩，也是將繩子浸在含鉀離子的木炭（富含碳酸鉀）水溶液而製成。

近世以來紅磚普及，家庭中開始有暖爐後，人們在歐洲寒冬時節的生活獲得改善，不再像過去一樣，從縫隙中鑽入刺骨寒風，室內變得溫暖舒適。這麼一來，人們就可以在室內寫帳本之類的文書、讀書，新時代因此默默到來。

這些知性生產活動發展的結果，使得資本主義成形，也培育出近代精神。而且我們經常在聖誕老人從煙囪進來的故事中，所聯想到有煙囪和暖爐的房子也出現了。

當大房子中有多個暖爐後，原本大家必須聚集在單一暖爐前的生活風格也因此改變，每個人可依照身分，在個別的房間內居住、活動。

於是貴族豪宅和有錢有勢的富農家中，就出現許多房間，隨著煙囪和暖爐的普及，也需要大量的柴薪。此外，居住風格也改變了，白天為了儘量讓陽光進入室內，玻璃窗也開始普及。

這種社會潮流，導致英格蘭和蘇格蘭廣大的森林陸續遭到砍伐，等到連造船所需的木材都出現短缺的危機後，煤炭時代就到來了。煤田開始在各地出現，不久後甚至出現連四歲小孩都被迫成為童工的情況。

燃燒煤炭帶來的大量熱量，成為蒸汽機的動力來源，進而改變了煉鐵的歷史。十九世紀也是由煤炭製造出醫藥品和合成染料的時代。煤炭驅動蒸汽機，推動了工業革命發展，打造出大英帝國。

如果沒有煤炭，可以說鐵路、工廠、勞工、工業化都市、資本主義這一切都不會存在了（相關內容的後續接第一三六頁）。

波以耳的功績——使化學和奇怪的鍊金術分道揚鑣

物質的探求，也就是現在所謂的化學，先是鍊金術在古希臘人建立的亞歷山卓開花，然後傳入伊斯蘭地區，再由伊斯蘭地區傳入歐洲，一脈相承。

然而，當時的人們雖有處理物質、使其變化的氣魄，但在歐洲，這些探求卻和宗教觀與神祕主義連結，變得有如魔術一般。有許多心術不正、自稱鍊金術師的人，其實目的只在於追求黃金。即使到了二十一世紀的現在，也還有許多詭異的健康水、能量石、量子波動等商品充斥大街小巷。

導正方向，作為以實驗為本的科學，追求合理的物質探求，不再流於神祕主義，提出這個主張的人，便是愛爾蘭科學家羅伯•波以耳。他身為貴族、擁有財產，自費打造實驗器具並實驗，結果發現了著名的氣體壓力法則「波以耳定律」（Boyle's law，氣體體積和壓縮的壓力成反比），道破傳統的四元素說等都是迷信。

舉例來說，他讓硝石變化成為碳酸鉀，然後在碳酸鉀中加入硝酸，看看會不會變回硝石。

他進行這些實驗，說明這種物質的相互變換其實是「粒子重組」，在當時就已經掌握化學反應的本質。一六六一年，他的著作《懷疑派化學家》（*The Sceptical Chymist*）出版，提出物質的行為本質是粒子的運動，主張讓化學和奇怪的鍊金術分道揚鑣。

波以耳的弟子羅伯特・虎克是一位才華洋溢又手巧的學者。他製造出高性能幫浦，讓人們可以進行氣體實驗。虎克還發現了物理學的彈簧定律和彈性力學的「虎克定律」，也是牛頓的競爭敵手。

一五九〇年，他用荷蘭發明的顯微鏡，首次發現軟木塞是由宛如小房間的組織所形成，用拉丁語「Cella」（意思是修道士隱居的房間）來形容這種結構，後來就變成「細胞」（Cell）的語源。此外，他也詳細觀察小跳蚤等，出版了畫冊《顯微圖誌》（*Micrographia*），讓世人知道微小世界的存在。

顯微鏡和一六〇八年發明的望遠鏡，都不過是玻璃組合而成的裝置，但這些裝置導致重大的知識產生，改變了世界。

發現香料群島——香料的分子孕育東印度公司

在我們的現代生活中，香料已經是不可或缺的烹調材料。除了理所當然的胡椒之外，愛好烹調的人還會用到薑黃、肉桂、奧勒岡、番紅花，而喜歡咖哩的人還會用到印度什香粉（Garam Masala）等，種類不勝枚舉。

有些世界史的書籍中提到「胡椒讓人們為之狂熱，大航海時代因此持續……」，看在現代的我們眼裡，可能會覺得：「有需要狂熱成這樣嗎？」但只要嚐嚐原本的胡椒，就可以了解原因了。在柬埔寨和印尼等地精心培育的原產胡椒，具有大量生產的工業品胡椒所欠缺的美味衝擊。讀到本章時，請大家利用網購買來品嚐看看。

自古以來就為人所重視的香料，包含肉豆蔻（Nutmeg）和丁香（Clove）。

肉豆蔻樹（Myristica fragrans）可採收到兩種香料，分別是肉豆蔻和豆蔻乾皮（Mace）。肉豆蔻是將杏形的果實種子搗碎而成，而豆蔻乾皮則是將包覆種子的紅色外皮乾燥而成。這些香料被用來當成治療風溼、胃痛、腹痛等的醫藥品，以及春藥、催眠藥、除蟲劑。此外，鼠疫橫行時，這些香料還被放入小袋中隨身攜帶，當成驅除鼠疫的護身符。

丁香的日文漢字為「丁子」，丁是用來表示釘的漢字。自古羅馬時代起，丁香就是人們愛用的香料，它具有強力殺菌作用，被認為有減緩牙痛和預防口臭的效果。

肉豆蔻和丁香十分珍貴，過去只生長在印尼摩鹿加群島（Malucca Islands，位於新幾內亞附近）的火山群島班達群島（Banda Islands）上。當時大家只知道，丁香樹是生長在群島中兩個相鄰的島上。

熱帶地區的植物中，之所以會發現這種具有獨特香氣的物質，其來有自。草食動物和黴菌、爬在葉子上吸取汁液及啃食葉子的昆蟲等，牠們無法逃離熱帶兇猛的外敵，只能製造自我防衛的分子才得以存活。這也是人類可以從熱帶植物中，發現多數珍貴醫藥成分的理由。

丁香的香氣來自丁香酚（Eugenol），也是丁香油的香氣成分。月桂油中也有相同的成分。

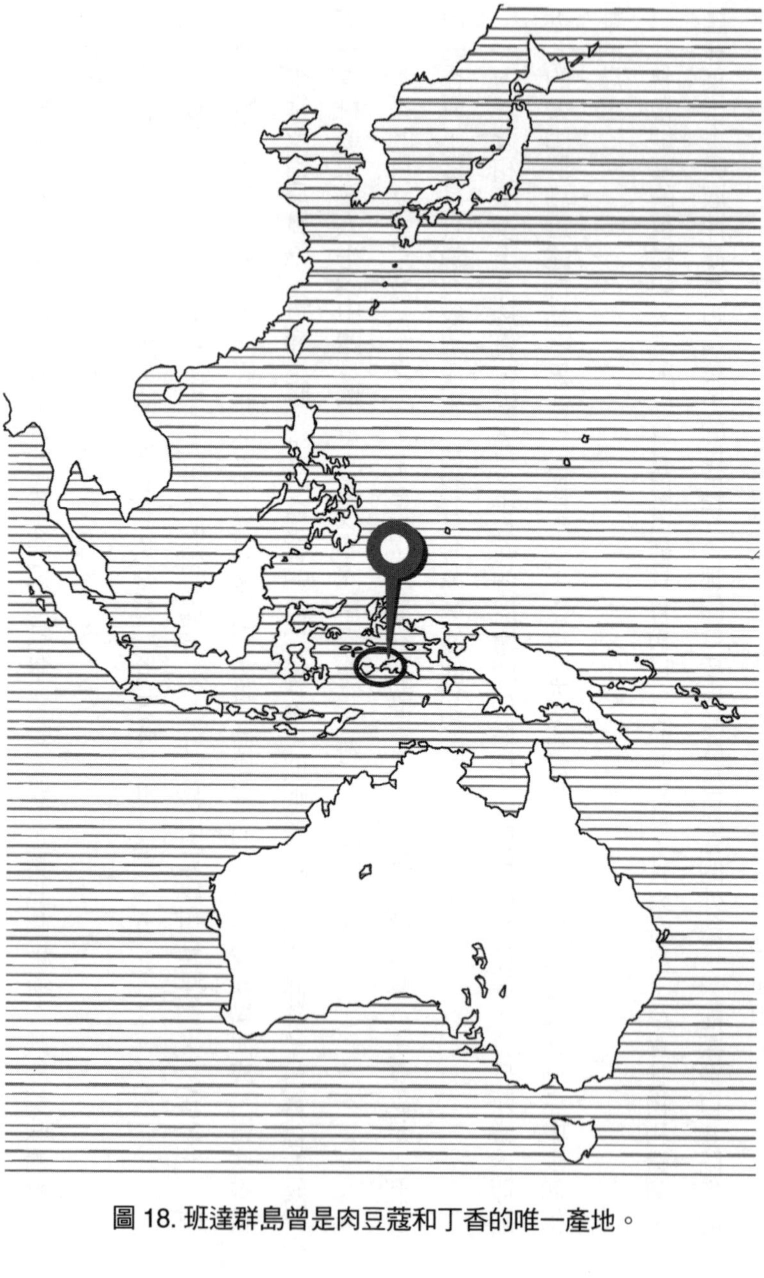

圖 18. 班達群島曾是肉豆蔻和丁香的唯一產地。

肉豆蔻的香氣成分則為異丁香酚（Isoeugenol），分子結構和丁香酚極為類似。「Iso」來自古希臘語的「Isos」（意思是「相同」）。異丁香酚是跳蚤等小蟲討厭的物質，很有可能可以驅除媒介鼠疫桿菌的跳蚤。

肉豆蔻和丁香在這些小島上收成後，會經過海路與陸路等許多人之手，每經一手價格就翻倍，所以送到歐洲消費者手中時，已經是天價了。

亞洲人和阿拉伯人的商人們，原本隱藏了這些香料的原產地，所以歐洲人一無所知，但進入大航海時代後，首先葡萄牙在印度果阿（Goa）和馬來半島的馬六甲（Malacca）建設殖民都市，到處搜尋產香料的島嶼。

一五一一年，葡萄牙人終於發現了香料的黃金窟，亦即摩鹿加群島的香料群島。

英格蘭和荷蘭為了阻止葡萄牙人壟斷香料交易，進入一六〇〇年後，先後成立了背後由政府支持的貿易公司，先是在倫敦成立東印度公司，兩年後又成立了荷蘭東印度公司（VOC）。把東印度公司的名稱多唸幾遍，很容易讓人聯想到咖哩店，但這兩家公司可是貨真價實的貿易公司。與其說是公司，不如說是一個小型國家，因為為了經營殖民地，他們也可以調動軍隊。

葡萄牙、荷蘭、西班牙為了香料貿易，在世界各地引發軍事衝突，抗爭連連。一六二一年，荷蘭為了肉豆蔻和丁香，甚至出兵占領班達群島。

之後，荷蘭和英格蘭為了爭奪海上霸主寶座，陷入戰爭狀態，一六六七年才在荷蘭布雷達（Breda）簽訂議和條約。當時荷蘭透過條約，逼英格蘭承認香料群島、亦即班達群島由荷蘭支配，但也將荷蘭原本作為殖民地要塞，也就是北美大陸的小島新阿姆斯特丹（New Amsterdam）讓給

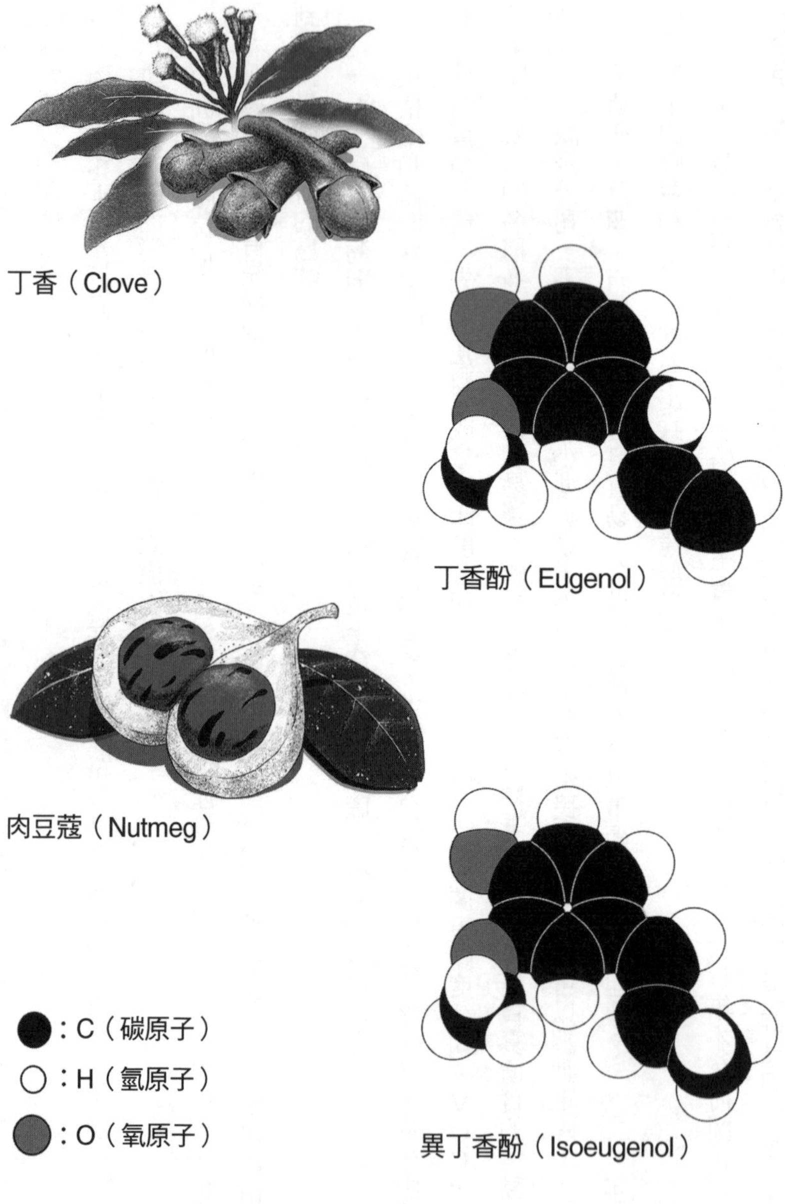

圖 19. 肉豆蔻和丁香香氣成分的分子結構極為相似。

英格蘭。

英格蘭將這個小島的名稱，從荷蘭語改成英語。最終這個島成為全球經濟中心，是君臨世界的帝國象徵。這個島的名字就是曼哈頓島，而英格蘭人為它取的名稱就是……紐約（New York）。

第11章

工業革命——焦煤煉鐵奠定基礎

一七一〇年左右，湯瑪斯・紐科門（Thomas Newcomen）發明了紐科門蒸汽機，一七三三年約翰・凱（John Kay）改良了織布機，英國出現工業革命。工業革命由綿工業開始，原本是工匠的小規模生產，隨著導入機械使用而擴大生產規模。

不久後，瓦特（James Watt）改良蒸汽機、提升性能，原本仰賴水車、牛、馬為動力的生產活動，也轉為利用機械為動力，引發規模超乎想像的生產力提升。生產力的提升也讓資本主義更發達。小型的自給自足地區社會，也就是封建社會的本質，是依附土地實行農業生產，等於是為人和物套上枷鎖，阻礙流動。要打破這種現狀，建立容易流通的社會，就得要有更大規模的統一國家。

過去小國林立的時代，商人光是經過每個國家，都要被徵收關稅。舉例來說，在東京甜點店購買一千日圓的「美味棒」（按：日本平價零食）組合包，經過一百個人接力運送，半年後到達宮古島，售價就要再加上運費六萬日圓以及各地的關稅合計六萬日圓，總計近十二萬日圓，這樣的時代一直持續，從古代腓尼基人的貿易到絲路的時代，狀況都一樣。

在絕對王權下，勾結國王、簽訂獨占契約的商人們，形成銅牆鐵壁式的排他系統（重商主義），對新興資本家來說就像是被套上枷鎖，是一種落伍的系統。絕對王權體系越是堅持重商主義，以排他系統追求利益，課徵各式各樣的稅賦，就越和追求自由經濟活動的新興資本家對立，最後只能自取滅亡。最後，有實力的資本家（市民階級）親手埋葬落伍的王權系統，市民革命帶領社會進入新時代。

美國原本是英國殖民地，沒有自己的國王等，所以沒有國王的國民主權國家便藉由獨立戰爭應運而生。而其理念也影響了可謂美國獨立之母的存在，也就是絕對王權之下的法國，成為法國市民革命的導火線。法國隨後立刻爆發法國大革命，時代終於進入國民主權國家的時代，持續至今。

含鐵離子的結晶——讓北齋和梵谷為之傾倒的普魯士藍

一七〇四年，也就是日本赤穗浪人襲擊吉良宅邸，最後被迫切腹自殺的隔年（按：約相當於康熙四十三年），柏林染料業者狄耶巴赫（Johann Jacob Diesbach）發明了紺青色的染料——普魯士藍（Prussian blue），意思是「普魯士的青色」。這是含鐵離子的結晶，一開始是用動物血液等為原料製成。

在日本，名稱由「柏林藍」（Berlin Blue）轉變成「Bero Blue」，葛飾北齋和安藤廣重等浮世繪畫家都積極使用這種染料，影響對象甚至遍及梵谷等全球藝術家。浮世繪《富嶽三十六景》和《東海道五十三次》，也是因為有了這種化合物才得以問世。

說到藝術的關聯，當時也是任職神聖羅馬帝國（現今德國）、擔任宮廷鋼琴師的巴哈（Johann Sebastian Bach），在年僅二十歲時寫出〈巴哈D小調觸技曲與賦格曲〉（BWV-565）的時代。要說這首曲子是現代的電子合成音樂，應該也不會有人覺得奇怪，當中管風琴的嘹亮旋律，給人耳目一新的感覺（日本創作歌手嘉門達夫還將曲子一開頭的旋律，改編成滑稽歌曲《從鼻子流出牛奶》〔鼻から牛乳〕的一小節）。

現今在全球化資本主義下，全世界都充斥著龐大的商業主義式內容，但我認為唯有能留存千年的內容，才是真正有價值的。沒有東西可以脫離時間的考驗。

是因為東西美才能留存至今，還是因為留存下來才變美？我想答案是真正有價值的才會留存下來。巴哈、莫札特、貝多芬的音樂，以及維梅爾（Johannes Vermeer）、雷諾瓦、梵谷的繪畫等，應該還是可以繼續傳承千年吧。那麼千年以後，我這本書又會在哪裡？（相關內容的後續接第一七四頁）。

煉鐵法確立，奠定工業革命基礎

煉鐵行業長久以來都用木炭來還原鐵礦石。木炭的碳產生的一氧化碳，和氧化鐵（Fe_2O_3）產生反應，搶走鐵礦石中的氧原子而還原得到鐵。

十五世紀左右起，德國萊茵河沿岸陸續出現高爐這種熔爐。這和現在鋼鐵廠高高矗立的熔爐是同樣的類型。將木炭和鐵礦石投入高爐中，由下方吹入熱風還原鐵礦石。爐越高，鐵礦石還原為鐵的反應時間越長，越能得到品質優良的鐵。

當時的熔爐（高爐）高四．五公尺，二十四小時運作，可生產約一．六噸的生鐵。順帶一提，現代的一座熔爐一天可生產一萬噸生鐵。生鐵就是熔爐中可得到的鐵，因為是木炭和鐵礦石一起加熱後製成的鐵，碳含量很高。

碳含量很高的鐵又硬又脆，缺乏韌性，所以受到外力衝擊時無法適當分散力道，只能以一點承受所有力道，因而破裂。生鐵的優點是熔點很低，很容易熔化後倒入模具中成形，所以適合用來鑄造鐵器，如水壺或人孔蓋等。事實上，中國在西元前五〇〇年左右，生鐵就已實用化了。

熔爐因為連續運作不間斷，必須二十四小時投入木炭以持續燃燒，因此消耗的木炭量非比尋常，如果沒有豐富的森林資源支持，根本不可能運作。英國也因此逐步喪失覆蓋國土的森林。瑞典和俄羅斯的森林和鐵礦石資源豐富，當然沒問題，但是當英國過度伐木、製造木炭，導致森林資源枯竭時，英國就開始尋找替代之道。

在這樣的現實環境中，英國的杜德利（Dud Dudley）摸索出方法，就是利用可便宜取得的煤炭。煤不同於木炭（幾乎是純粹的碳），內含各種元素，不能直接使用，所以他發明了燃燒煤、去除雜質後的炭，也就是焦煤（Coke）。

將焦煤和鐵礦石混合後，藉由焦煤的燃燒，可達到非常高的溫度，煉鐵效率也因此大幅提升，超越以前木炭的效率。

杜德利發明的焦煤煉鐵法，其實發明後有一陣子遭世人遺忘。但因為英國的木炭短缺越來越嚴重，到處都有高爐因此被迫停產。解決這個困境的人是達比（Darby）一族，他們發明的革命性技術，影響之後三千年的製鐵。

一七〇九年，亞伯拉罕・達比一世（Abraham Darby I）成功阻絕空氣，用將近攝氏一千度的高溫蒸烤煤炭，去除煤炭中內含的硫磺等雜質，製成焦煤，然後將焦煤和鐵礦石一起投入熔爐中，利用高溫成功煉鐵。

之後，達比之子達比二世又發明了使用紐維門蒸汽機，這種送風系統能將大量空氣送入熔

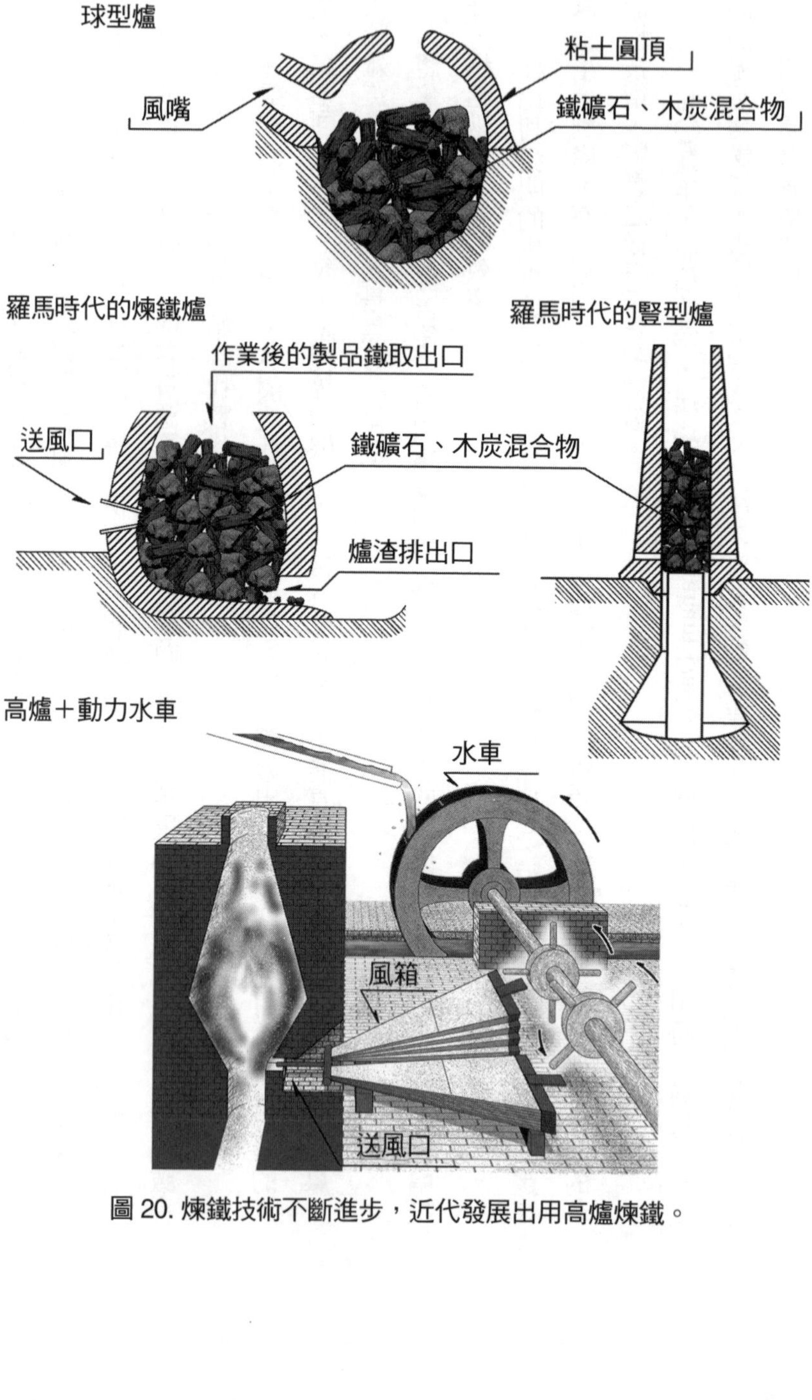

圖 20. 煉鐵技術不斷進步，近代發展出用高爐煉鐵。

爐，讓焦煤煉鐵的量產方式得以步入實用階段。

由熔爐中得到的鐵，內含大量碳成分，也就是所謂的生鐵。如果要進一步製成強韌的鋼，就必須減少碳的含量。方法有好幾種，如使用反射爐，以及使用後來發明的轉爐和平爐的方法等（相關內容的後續接第一四四頁）。

彼得大帝被黴菌打破的夢想

一七二二年，幕府將軍德川吉宗在日本推動享保改革時（並非騎在馬上為非作歹）（按：時代劇《暴坊將軍》的主角為德川吉宗），「近代音樂之父」巴哈正為了找下一份工作（當時的音樂家也真辛苦），而演奏巴洛克音樂傑作《布蘭登堡協奏曲》（*Brandenburg Concertos*），約兩百五十年後，人類第一艘太陽系探測船航海家一號（Voyager 1）的大碟中，也收錄了這首曲子。

此時，俄羅斯的彼得大帝正打算入侵薩非王朝（Safavid dynasty）伊朗，而南下黑海。

彼得大帝畢生致力於帶領俄羅斯帝國近代化，為了導入西歐優秀的科學技術，他甚至化名潛入西歐視察。為了學習造船技術，他還在海運發達的荷蘭，於造船廠擔任船工，充滿學習的熱情。俄羅斯的沙皇在造船廠揮汗如雨的工作，這就像是日本總理大臣背著 Uber Eats 的背包，騎著淑女車在大街小巷、鑽來鑽去外送一樣。

一七二二年夏天，哥薩克軍團接受彼得大帝命令，在裡海的窩瓦河（Volga）河口都市阿斯特拉罕（Astrakhan）紮營，結果約兩萬名食用了黑麥的士兵和大量馬匹中毒而亡。罪魁禍首是黑麥內含的麥角生物鹼（Ergot alkaloids）分子。這種分子摧毀了俄羅斯帝國的南下政策與進軍黑海的夢想。

自古以來，歐洲人最害怕的疾病有三種，分別是痲瘋病、鼠疫（黑死病）、以及別名「聖安東尼之火」（Saint Anthony’s fire）的麥角中毒。

所謂的聖安東尼之火，就是寄生在黑麥的黴菌——麥角菌形成的有毒物質群（多種生物鹼）引發的疾病，患者一開始會陷入狂躁狀態、出現幻覺、痙攣，然後痲痺、血管受損，最終引起組織壞死。之所以稱之為「火」，是因為組織壞死、產生有如火燒般的劇痛，組織變黑後甚至會斷手斷腳。

這種疾病最早出現在西元前六〇〇年左右的亞述，肆虐中世紀的歐洲，甚至曾造成一個村莊滅村。持續高溫多溼的環境，會促進麥角菌繁殖。

進入二十世紀後，人類終於闡明麥角生物鹼的分子結構，能人工合成類似的化合物。其中之一就是化合物麥角酸二乙胺（Lysergic Acid Diethylamide，也就是一般俗稱迷幻藥的毒品ＬＳＤ）。

橡膠傳至歐洲，支撐了現代文明

西元十七世紀，人類已經知道地球是個球體，但關於地球的形狀，卻有兩派主張，彼此爭論不休。一派以牛頓為首，主張因為離心力影響，赤道附近直徑較長；另一派則由笛卡兒（René Descartes）領軍，認為地球被宇宙空間裡充斥的乙太（Ether）擠壓（當時的人認為，宇宙空間裡充滿著乙太這種介質。雖然它的英語和現今的化學物質乙醚相同，但兩者是不同的物質），南北較長。

一七三五年，法國科學院（French Academy of Sciences）派遣數學家、測量團隊，前往北歐和南美，試圖測量地球到底是南北較長還是東西較長。其中一位就是數學家兼地理學家、天文學家的夏爾・瑪麗・德・拉孔達明（Charles Marie de La Condamine），他被派到南美去測量子午線的長度。結束原本的測量任務後，他又在南美探險，獲得各種新知。

他的發現讓人興奮不已，包含印第安人稱為「Kautzsch 樹」（Kau 的意思是「樹」，tzsch 的意思則是「眼淚」，印第安人稱這種樹為「會哭泣的樹」）會流出白色乳狀樹液，將這種樹液凝固、用煙加熱後凝固，即可製成碗和容器、長靴等；還有亞馬遜流域的當地人，會用塗上箭毒植物（Curare）劇毒的箭狩獵動物，以及金雞納樹（Cinchona）樹皮中的苦味成分——奎寧（Quinine）可用來治療瘧疾等。

從這種樹取得的白色樹液，就是天然橡膠的溶液——乳膠（Latex，拉丁語「液體」的意思）。當地人會將乳膠凝固後，製成橡膠製品。

拉孔達明將用「Kautzsch 樹」製成的碗，和白色樹液樣品帶回巴黎。然而，因為他帶回的是未經煙燻處理的新鮮樹液，所以白色乳液就在船上發酵腐敗了。因為他帶回歐洲的樣品，歐洲人終於知道橡膠這種物質。不過，生橡膠夏天會變得軟軟黏黏的，冬天卻又硬到會龜裂，所以一開始歐洲人無法使用。

在那之前，歐洲人都是用潮溼的麵包擦去鉛筆的痕跡。一七七〇年，英國化學家普理斯特利（Joseph Priestley）偶爾發現用生橡膠磨擦（rub）鉛筆字，會讓鉛筆字消失，於是將之名命為「Rubber」（橡膠）。

一種原本沒有用途的新素材橡膠，後來竟然發展成支撐現代文明的重要物質，這就不得不提到另一位被橡膠附身的男性了（相關內容的後續接第一七二頁）。

「瑋緻活」大受歡迎，陶器開始量產

英國的約書亞・瑋緻活（Josiah Wedgwood）是陶器量產的發明人，真可謂是陶器王。一七六九年起，他在新工廠導入生產線作業，建立陶器量產工廠。瑋緻活精美的茶杯至今人氣仍居高不下。

陶瓷器一般又分成土器、陶器、瓷器。大致上來說，土器是低溫燒烤後，黏土成分產生反應固化而成；陶器則是高溫下黏土成分產生化學反應，生成的玻璃成分黏在黏土成分上而成（例如著名的益子燒、瀨戶燒、小鹿田燒等）；而瓷器則是透過更高溫處理，玻璃成分成為主要成分（例如著名的有田燒、九谷燒等）。

瓷器是用未著色的黏土質原料燒製而成，特徵是純白色。西元十世紀至十七世紀燒製的宋朝、元朝、明朝瓷器，在白色基底上畫上各式各樣的圖案。因為質地極薄，用手指輕彈還會有清脆的響聲。

約書亞・瑋緻活推動許多事業，他和事業夥伴，同時也是好友的醫師伊拉茲馬斯・達爾文

（Erasmus Darwin）一家人，都保持著親密的關係，而伊拉茲馬斯的兒子和約書亞的女兒結婚後生下的男孩，就是《物種起源》（*On the Origin of Species*）一書作者，提出進化論的查爾斯・達爾文（Charles Robert Darwin）。也因為他出身富裕人家，才能搭海軍的便船，四處旅行調查。

當時著名的科學家、發明家、工程師、工業革命推手如瑋緻活、伊拉茲馬斯・達爾文、改良蒸汽機的瓦特與馬修・博爾頓（Matthew Boulton）、發明紡織機的阿克萊特（Richard Arkwright）、化學家普理斯特利等人，都聚集在工業都市伯明罕。他們成立了一個無關政治與宗教的科學愛好會「月光社」（The Lunar Society of Birmingham）。當時連路燈都沒有，他們為了安全返家，每月滿月之日集會一次，並自詡為「Lunatics」（意思是「瘋子」）。正是這群不受社會常識與舊習拘束的瘋子，才能革新時代，發現新事物。

西元十八世紀工業革命後，紅茶成為勞工的心頭好。就像古代美索不達米亞和埃及，提供啤酒給農民和建設工人一樣，這個時代的紅茶也成為大眾的向心力。

而且不同於啤酒，紅茶中的咖啡因可以讓人頭腦清醒，所以早、午飲用有助於提升專注力。就像卓別林的電影《摩登時代》（*Modern Times*）一樣，紅茶對必須像工廠小齒輪一樣付出的勞工來說，真是再好也不過的飲料了。

將水煮滾後沖泡茶葉，這麼簡單的行為，卻帶來了莫大的影響。因為將水煮滾以及紅茶所含的抗菌成分，快速減少因都市水源汙染而出現的痢疾傳染病，工業都市的人口也因此得以進一步成長。

此外，因為工業革命，織布工人和勞工中也出現了一群中產階級，茶具因此普及開來。在這股潮流下，紅茶成為英國文化的一環，支撐著工業革命的發展。

鋼的量產——煉鐵路上荊棘遍布、曲折不斷

用焦煤在高爐中成功還原鐵礦石，可說已是完成型態。但如果要更進一步，將高爐煉製出的高含碳量生鐵，再減少碳成分、製成更強韌的鐵，這項技術就相對落後了。這種狀態就像是牛肉蓋飯餐廳只有白飯，關鍵的牛肉卻來不及煮好一樣。

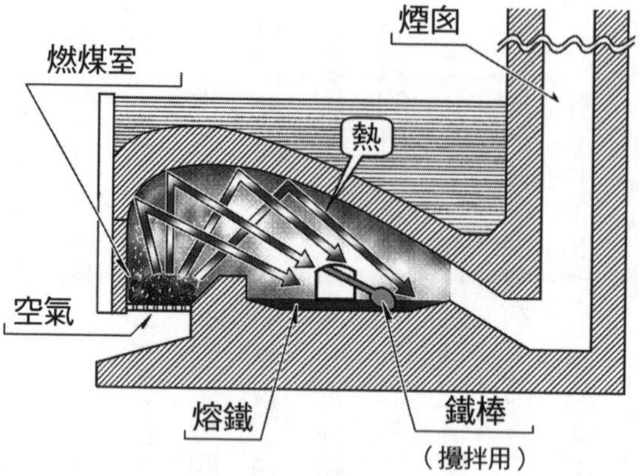

圖 21. 以攪拌法製造熟鐵。

打鐵師傅拿著榔頭，不斷敲打燒得通紅的鐵塊，這項作業除了可以讓鐵塊變形，同時也是為了去除碳成分（有其他方法是藉由敲打讓木炭裡的碳滲透）。透過燃燒去除鐵表面的碳成分，讓鐵變化，以得到強韌的鋼。

鋼材有黏性又耐衝擊。然而，打鐵師傅的技巧只適合用來打造刀具和機械零件等小型物品。人類在量產鋼之前，一路走來真的是荊棘遍布、曲折不斷。首先在生產鋼之前，必須先將熟鐵生產實用化。

一七八四年，英國人亨利・科特（Henry Cort）發明了攪拌法。這種方法是將磚配置成凹型曲面、成

為反射爐（Reverberatory furnace），並在爐中燒煤，用曲面反射熱，以高溫將生鐵熔成鐵漿，然後用鐵棒（Paddle）攪拌鐵漿，燃燒並減少碳成分。

鐵棒一開始是靠人力攪拌，後來逐步使用水力與蒸汽機的動力攪拌。或許有讀者一聽到反射爐，就聯想到「集中反射的太陽光線形成高溫」，這應該是機器人動畫裡的太陽能系統（武器）看太多了。

透過這個步驟減少碳成分，可製成高強度的熟鐵。不過如果碳成分去除得太多，就會製成過於柔軟的鐵。熟鐵的特徵是強度高又柔軟。到了這個階段，人類終於能製造出強度大幅超越生鐵的鐵了。

位在日本伊豆的國市韮山的反射爐，也是投入生鐵、煉製熟鐵的爐。在這種爐內煉製高強度的鐵，可用來鑄造大炮（方法是將熟鐵倒入鑄模中成型）。

透過這種熟鐵製造法（攪拌法），人類才能煉製出高強度的鐵，用於建造鐵橋、鐵軌，大炮也得以大型化，為煉鐵的歷史掀起革命。巴黎著名的艾菲爾鐵塔，也是由熟鐵製成的。不過，攪拌法的發明人亨利・科特，最後卻因為公司破產，在貧窮中過世（相關內容的後續接第一九三頁）。

化學革命家成為斷頭臺上的冤魂

一六八七年，牛頓催生出和宗教脫鉤的物理學。化學的誕生則晚了一百年以上。

相對於肉眼可見，可實驗的物體運動（力學），人類看不到萬物之源的原子與分子，化學的誕生因而落後。化學是思考肉眼不可見的原子與分子，逐步闡明物品本質的「大人」的學問。

如果是小孩子的發想，當聽到有人說：「這張衛生紙是由元素碳、氫、氧構成，而我的身體也一樣主要由元素碳、氫、氧構成。」這時會話可能就會變成：「咦？那太方便了。明天開始我就用你的身體擤鼻涕吧！」

牛頓是物理學之父，那麼化學之父是誰？確立近代化學的人，是法國化學家拉瓦節。他在火藥工廠，讓火藥生產有了進一步的發展，開始可大量生產高品質的火藥。他自法學院畢業後，二十一歲就成為律師，正職的律師與會計工作非常繁忙，化學不過是他的興趣消遣。

然而，經由精密的實驗，他發現燃燒的本質是和氧結合，物質的成分是各式各樣的元素。他也找出物質變化的法則，徹底顛覆了數千年來人們深信不疑的鍊金術，也就是以宇宙的氣和精（Spirit）等為本的物質觀。

拉瓦節二十八歲結婚時，他的夫人瑪麗不過十三歲。瑪麗多才多藝，除了化學之外，還師從當時的名畫家大衛（Jacques-Louis David），用素描記錄丈夫的實驗與實驗器具，為不懂英語的丈夫在論文上添加註釋，並翻譯成英語版供英國人閱讀。

拉瓦節夫妻的成就，在一七八九年集大成、也就是著作《化學基本論述》（*Traité Elémentaire de Chimie*），闡明了燃燒是和氧結合、化學反應前後的總質量不變、物質的終極成分是數十種的元素，確立了近代化學的概念，為現代化學奠定基礎。

拉瓦節為了確保化學實驗的必要資金，在路易王朝時代經營獲利豐厚的事業，也就是代替國王向人民徵稅。然而，一七八九年爆發法國大革命，連年歉收導致饑荒，逼得人民化為暴徒。當時在維也納的莫札特過世時年僅三十五歲，遺體還被隨意棄置在公墓，混在眾多遺體中。另一位天才的遭遇更為不幸。

隨著法國大革命一發不可收拾，大眾的怒火伴隨著密告之下，開始針對代替國王徵稅的稅務官。不久後就對稅務官發出逮捕令，拉瓦節也因而被捕。夫人瑪麗和科學家朋友們雖然四處奔走，仍無法讓拉瓦節獲得釋放。

一七九四年五月八日上午十點，拉瓦節被送上革命法院，被革命政府判處死刑，判決的理由是「我們共和國不需要科學家」。當天十八點十五分，拉瓦節被帶到協和廣場（Place de la Concorde），廣場上放著斷頭臺，它已經斬下路易十六和瑪麗王后（Marie Antoinette）等一千三百四十三人的首級。拉瓦節和其他稅務官共二十八人，陸續被送上斷頭臺斬首，軀體則被堆上板車，丟棄在荒涼的公墓中。

法國天才數學家、物理學家拉格朗日（Joseph-Louis Lagrange）曾親臨斬首現場，他極為沉痛的感嘆：「砍下這顆頭只要一瞬間，但可能要花一百年，才能再找到像他那樣傑出的腦袋了。」

拉瓦節對持續數千年的鍊金術發動革命，開創了化學的時代，而他本人卻死於革命。歷史真的很殘酷（化學史相關內容的後續接第一六三頁）。

艾倫尼．杜邦（Eleuthère Irénée du Pont）的父親身為路易王朝官僚，也是重商主義（mercantilism）經濟學家，在父親的介紹下，年僅十七歲就在拉瓦節管理的皇家火藥廠擔任助手，學習製造火藥。他因為恩師拉瓦節被處死，對過度激進的法國大革命失望透頂，於是帶著四千本藏書，和家人一起搭船逃亡到新天地——美國。

開發出絲襪、原子彈的杜邦，靠南北戰爭發跡

一七九九年，他成功在美國登岸。一八〇二年，時年三十一歲的杜邦獲得美國前總統傑佛遜的支援，在德拉瓦州建造火藥工廠，創立杜邦公司。

他從肯塔基的硝酸鹽礦床，取得黑色火藥的原料——硝石。一八一二年，美英戰爭爆發後火藥需求高漲，在西部拓荒的熱潮下，火藥也被用來挖礦、挖運河等，杜邦公司於是開始大量供應火藥。

杜邦公司飛躍性的成長為企業巨人，甚至形成財閥的關鍵，就是一八六一年開始的南北戰爭。槍支大炮所需的黑色火藥需求出現爆炸性成長，杜邦公司主要靠著供應北軍黑色火藥獲得巨富，成長為巨型企業。

進入二十世紀後，杜邦公司成為全球最大規模的綜合化學廠商，生產由家庭到航太都用得到的塑膠原料，如絲襪原料「尼龍」、平底鍋塗層「鐵氟龍」、防彈衣和F1賽車等也會用到的「芳綸纖維」（Aramid Fiber）、太空船使用的聚醯亞胺（Polyimide）樹脂等，還參與從氟利昂到原子彈的開發製造。杜邦公司生產所有戰爭使用的一般武器、核武素材與原料，二十世紀的兩次世界大戰到韓戰、越戰、以阿衝突等，都看得到杜邦公司產品的身影。

就在導致拉瓦節被斬首的法國大革命混亂期，有位出身地中海科西嘉島（Corsica）的無名

士兵開始嶄露才能。這位士兵就是拿破崙（Napoléon Bonaparte）。

拿破崙很早就發現未來戰爭的主力將會是大炮，他也是一位在軍校學過彈道學的炮兵士官。他的經歷完全和精英無緣，只不過是一位看不到未來的士官，但法國大革命卻為他的人生帶來轉機。

當時瑪麗王后的母國奧地利干預法國大革命，拿破崙首先用火炮打敗奧地利的強大軍隊，因此深受國民歡迎，再經由軍事政變確立軍方獨裁體制。一八〇四年，他透過國民投票成為法國皇帝，以拿破崙一世之名開始他的帝王專制之路。

作曲家貝多芬對於拿破崙成為專制君主大為憤怒，親手抹去自己譜寫的第三號交響曲草稿標題「因拿破崙而寫」（intitulata Bonaparte）中的「波拿巴」（Bonaparte，拿破崙的姓氏）。

拿破崙的軍隊之所以戰無不勝，是因為有傑出的大炮。一七七六年起，法國在炮兵團中將格里博瓦爾（Jean-Baptiste Vaquette de Gribeauval）帶領下，完成大炮規格化、各尺寸統一規格、零件共通規格等近代化發展，大量生產有車輪的輕量加農炮。

加農（Cannon）在古希臘語中表示「蘆葦」，後來衍生用來表示「細細長長的管子」。加農炮發射炮彈的速度很快，威力強大。這些發展讓炮兵成為高精密的團隊系統，可用馬車拉著在戰場上高速移動，安裝在任何地方。

大炮上還安裝可調整的瞄準鏡，對照數學家們算出的一覽表來決定角度，正確發射。炮彈還可以視狀況，由一般炮彈更換成散彈，也就是在籠子狀的彈頭中塞入鐵片的炮彈。

法軍以大炮為中心編制近代化軍隊，在入侵俄羅斯時，大炮甚至增加至一千兩百門。

除了大炮之外，拿破崙也深信，要在戰場上成為勝利者，最重要的基礎就是科學的力量，因此在巴黎成立了軍事大學，也就是後來的巴黎綜合理工學院（École polytechnique。「École」在法語中表示學校），在這裡培育炮兵軍官和軍事技術人員，並研究、傳授最新科學。

這所學校培育出許多數學家和物理學家，發展出計算彈道和測量場所需要的數學、讓艦隊朝正確位置前進所需的天文學、在前線河川架設軍用橋梁所需的流體力學，也培育出火藥和新武器素材所需的化學家。

至今巴黎綜合理工學院已經成為代表法國的超級精英大學，孕育出數學家柯西（Augustin Louis Cauchy）、龐加萊（Jules-Henri Poincaré）、曼德博（Benoît B. Mandelbrot），以及物理學家納維（Louis Marie Henri Navier）、貝克勒爾（Antoine Henri Becquerel）、卡諾（Nicolas Léonard Sadi Carnot）、科里奧利（Gaspard-Gustave de Coriolis）等全球舉足輕重的研究人員和經營者。順帶一提，轟動一時的高恩（Carlos Ghosn，日產汽車前會長）也是巴黎綜合理工學院的畢業生。

從青蛙實驗發現電流

一〇八八年（約相當於日本平安時代、中國北宋時期）創校的義大利波隆那大學（University of Bologna），是全球最古老的大學。一七八〇年代，這所歷史悠久的名門大學醫學院中，有位解剖學家伽伐尼（Luigi Galvani），發現已經解剖的青蛙腳接觸鐵和銅等兩種金屬後，蛙腳會痙攣。伽伐尼因此下了一個結論，認為原因來自動物產生的電，也就是動物電。

在他之前，人類只知道有靜電。再更早以前，古希臘時代的人已知磨擦琥珀可吸引物品靠近的現象。一六〇〇年，伊莉莎白一世的御醫，同時也是科學家的威廉・吉爾伯特（William Gilbert）認為，琥珀的這種性質不同於磁力，因此將這種力用古希臘語表示「琥珀」的「elektron」，命名為「Electric」（電）。之後雖然有很多人進行靜電實驗，卻沒有人成功取出電的流動，也就是電流。因此伽伐尼從動物身上發現電流，可謂是世紀大發現。

伽伐尼在一七九一年公布他的發現後，形成一股風潮，學者們為了想見識動物電，濫捕青蛙來實驗。就像電影《阿瑪迪斯》（*Amadeus*）的描述一樣，當莫札特躺在病床上、拚命留下他最後的名作《安魂曲》（*Requiem*）時，青蛙們也正迎向苦難的時代。

大學教授亞歷山卓・伏打（Alessandro Volta）是物理學專家，特別是靜電實驗。他看了伽伐尼的報告後開始著手研究，不久就發現電並非來自動物的身體，電的本質是來自兩種金屬互相接觸的事實，他還用不同種類的金屬等，進行各式各樣的實驗。

他毫不留情的用自己的身體徹底實驗，具體來說，像是讓自己的舌頭接觸銀幣和錫箔感受酸味的實驗，還有讓眼睛接觸兩種硬幣感受電的實驗等。

預防壞血病——海盜狂飲美味的蘭姆酒

一七五三年，英國醫師詹姆斯・林德（James Lind）發表他的見解，表示新鮮的蔬果可預防壞血病。然而，當時的醫界並未採用他的見解為對策，因此壞血病還是在英國海軍裡肆虐。

一七九五年（謎樣般的浮世繪作者東洲齋寫樂活躍的時代），英國海軍軍醫吉爾伯特．布蘭（Sir Gilbert Blane）主張讓士兵攝取柑橘類，特別是萊姆汁和檸檬汁。英國海軍採納這個方法後，竟然宛如魔術般的成功撲滅了壞血病。

壞血病肇因於缺乏維生素C。維生素C的化學名為抗壞血酸（Ascorbic Acid），分子的命名原則是「a」（代表無……，否定語），加上拉丁語「Skorbut」（「壞血病」的意思）。柑橘類富含維生素C，人體無法自行合成維生素，必須由食物中攝取。

當時英國海軍的船隻，都裝載著配給的蘭姆酒。加入萊姆汁的蘭姆酒飲料，很快就成為海軍士兵的最愛，成功擄獲他們的心。不少現代的雞尾酒都起源於類似的調酒酒譜，飲用這些雞尾酒，就等於是品嚐雞尾酒背後的歷史。

日常生活中，我們覺得沒什麼大不了的小事、小東西，其實都和人類自古以來的重大行為有關（酒的相關內容後續接第二〇二頁）。

發明伏打電堆——人類首次成功取出電流

伏打將鋅和銅等兩種金屬，以及用鹽水和鹼性水等沾溼後的紙與布，交互堆疊後製成電堆（Pile），成為首度成功取出電流的人。

過去人類只有產生靜電的裝置，到此時才成功發明電池，能取出會動的電，也就是流動的電。一八〇〇年發表後，伏打電堆進一步發展成正式的電池，也就是伏打電池。

用化學來解釋的話，就是容易釋放出電子的金屬鋅釋出電子，成為電池的負極（Negative）。流到外部回路的電子回到銅板，所以銅板是正極（Positive）。電流會從正極流向負極，其實電子在回路中正朝著相反方向流動。

兩種金屬再加上內含鹽水和果汁等的離子的溶液，這一套組合就會形成電池。每一種金屬釋出電子的容易程度，以及釋出電子的潛在能力不同。就像是將水位高低不同的容器連接在一起，水自然會從高水位容器流向低水位容器一樣，電子的流動也是一樣的道理。

光是將十日圓硬幣（銅）和一日圓硬幣（鋁）插入檸檬中，也可以成為電池。此外，兩種

圖 22. 伏打電堆讓人類首次取出電流。

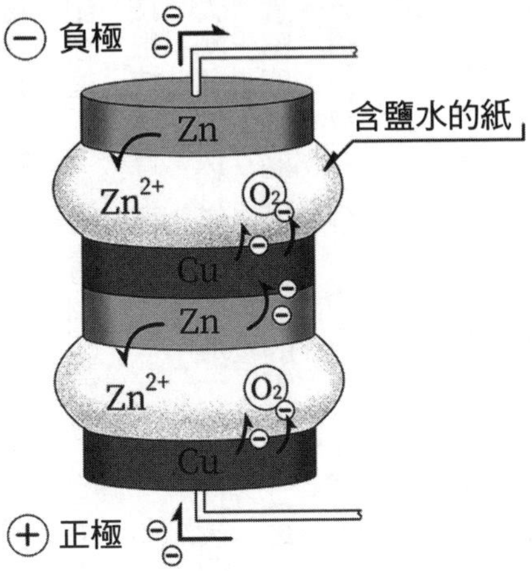

Zn：鋅　Cu：銅

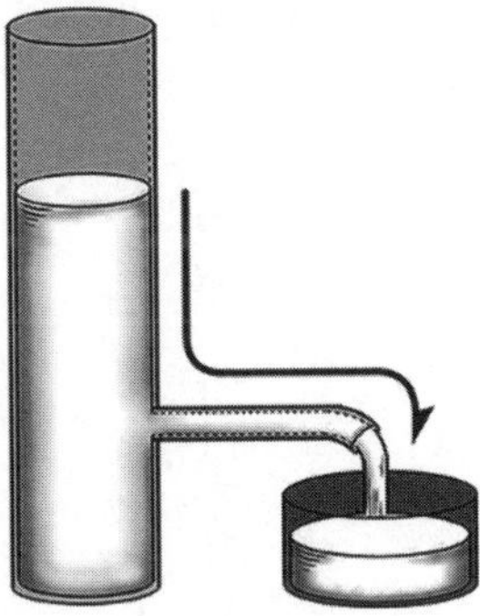

如同高水位的水流向
低水位

金屬接觸在一起，淋雨之後就成為局部的電池，產生反應的同時，一種金屬釋出電子，作為陽離子溶出後逐步生鏽。這個知識對於建築、機械、工學極為重要。舉例來說，如果讓不鏽鋼和鐵接觸，鐵很快就會生鏽。

人類利用伏打電池與進一步改良後的丹尼爾電池（Daniell cell），終於得以取出電流，之後電力實驗開始盛行，物理的電磁學（electromagnetism）因此發達，所以才會有發電機、馬達、電燈、電信等二十世紀的電氣時代來臨。化學上也透過電解手法發現許多元素，逐步確立工業上的製造法。

當地圖測繪家伊能忠敬走遍全日本測量時，義大利已經為電力時代揭開序幕。

拿破崙於一八〇一年邀請伏打前往巴黎，在法國科學家和自己面前進行電池的實驗。拿破崙對實驗成果讚不絕口，並頒發最高榮譽的法國榮譽軍團勳章（National Order of the Legion of Honour）及高額獎金給伏打。現代用「V」（Volt，伏特）作為電壓單位，也是源自伏打的姓名。

如果沒有伽伐尼和伏特的接力合作，人類就不會發明電池，我們就必須埋在交纏如義大利麵條的電線中，發動汽車引擎得要轉動曲軸，當然也不會有智慧型手機了。

伏打還發明了電手槍（Electric Pistol）的裝置。這是在微小縫隙中讓靜電通過靠近的金屬線，激發火花的裝置。這個電手槍和汽油的蒸氣、氣缸和活塞融合，成為改變世界的重大發明，還需要等到賓士、戴姆勒、邁巴赫（Maybach）這三位技術人員出現才行（相關內容的後續接第二二一頁）。

第 12 章

從資本主義到帝國主義

重商主義及工業革命帶來工業社會，讓資本主義系統成長茁壯，孕育出新市民階級，也就是資產階級（Bourgeoisie，資本家）和勞工。「Bourgeoisie」是來自法語「Bour」（意思是城鎮、都市）這個字，以日語來說就像是「町人」（城鎮居民）的意思。法國的榭堡（Cherbourg）、斯特拉斯堡（Strasbourg）以及德國的漢堡（Hamburg）等，也都有相同的語源。

資產階級組成的議會成為政治的中樞。隨著法國大革命到來，催生出繼美利堅合眾國之後、地球上的新一個階段，也就是近代民主主義。

所謂的資本主義，就是一種社會系統，將所有的事、物都視為貨幣，也就是可用金錢交換的「商品」。商品的生產、消費越來越多，流向全世界。而隨著資本主義的發展，也打破了封建社會結構，人和物得以自由流動，開始朝著合理的統一國家發展。

一八六一年義大利統一，成為義大利王國；一八六五年，美國經南北戰爭洗禮後，由分裂邁向統一；一八六八年，明治政府統一日本；一八七一年，在俾斯麥（Otto von Bismarck）首相領導下，德國統一，普魯士國王威廉一世（Wilhelm I）成為德意志帝國首任皇帝，統一國家陸續誕生，令人目不暇給。

日本統一的時期因為和德國統一、建設國家的時代相同，伊藤博文等人因此以德國為範本，著手建設國家。

一八六一年，美國爆發南北戰爭。在此之前，戰場上使用的槍隻和大炮等軍事裝備，都是在市鎮上的小工廠，由工匠一件一件打造出來。南北戰爭同時也是近代化戰爭，在資本主義下的大規模工廠中，以事先制定好的規格大量生產軍事裝備，這也象徵著全新戰爭時代的到來。在這個契機下的戰爭近代化，最終帶領世界進入兩場世界大戰。

在統一後的國家中，資本主義更進一步加速發展，為了採購原料以及尋求龐大的市場而拓展殖民地，建設整體的經濟圈。這就是帝國主義。殖民地在地球各地、亞洲、非洲、中南美如雨後春筍般出現，人類在支配與壓搾下付出慘痛的鮮血代價。科學技術也蓬勃的發展，十九世紀末開始快速進入電力時代。由蒸汽機進化到內燃機，汽車、船、鐵路等的出現，讓交通樣貌從此大為不同。

食品保存法，軍隊終於不用再吃腐敗食物

生活在現代的我們，擁有冰箱、很輕易就能保存生鮮食材等食品，但人類的歷史其實和如何保存食品息息相關。人類從經驗中學習，凝聚出保存食品的智慧。

在食品上撒鹽後靜置，食物就會為了透過表皮、稀釋外側高濃度的鹽分，而自內側出水，這種原理稱為滲透。當食品內部可自由流動的水少到一定程度後，就不會發霉了。

煙燻則是在燃燒樹木的煙中，產生高反應性的甲醛（Formaldehyde）和酚類（內含共通的酚「Phenol」這種分子結構）等高殺菌作用的分子，利用這種煙去燻燒以殺菌的技術。

甲醛就是學生在學校理科實驗室浸泡生物標本時，使用的福馬林的成分。甲醛是高反應性的分子，會立刻攻擊並破壞細菌和黴菌等，最適合用來保存生物標本。

此外，酚類物質也有殺菌作用。除了為燻製後的食物表面殺菌，同時會產生獨特的氣味，

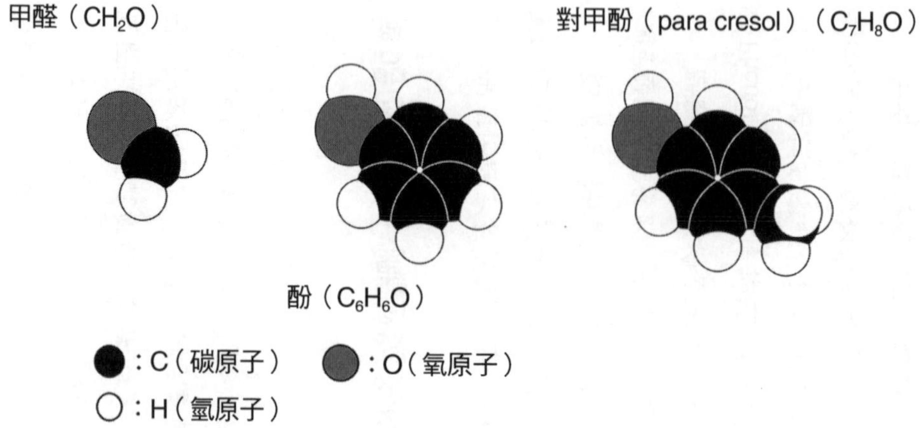

圖 23. 煙燻能殺菌，靠的是甲醛和酚類。

食物會沾上酚類等分子的煙燻味（Smoky Flavor）。葡萄酒和蒸餾酒熟成時使用的木桶也會滲出酚類，為酒類添加獨特風味。英國艾雷島（Islay）的威士忌風味特別強烈。

廁所等常見的綠色消毒肥皂液，就是以酚類的甲酚（Cresol）分子為成分，被稱為甲酚肥皂液。以獨特氣味聞名的正露丸，也包含甲酚作為殺菌成分。

煤炭加熱後分解成黑色黏稠的成分，稱為煤焦油。蒸餾煤焦油後，就會得到雜酚油（Creosote oil）液體。這個字來自古希臘語的「κρεας」（意思是「肉」）＋「σωτήρ」（意思是「救助者」）。這種液體以前被用來塗在鐵道枕木上作為防腐劑，最近已經很少見了。

從拿破崙軍隊在歐洲各地機動作戰、獲得勝利的背景，可以為古今中外軍隊最重要的課題——「如何填飽士兵的肚子」，找出全新的解決對策。

從古羅馬帝國的軍隊到美國獨立戰爭為止，士兵隨身攜帶的行囊背袋中，只有肉乾和餅乾等乾糧，而且在長達兩百年的人類歷史中，這一點幾乎不曾改變。在拿破崙的時代，因為沒有冷藏設備，也只能以醋漬和煙燻食品為主，不但難吃、還常常腐壞，所以戰爭時最大的問題，可以說就是確保糧食的穩定供應。

說穿了，士兵和馬一樣，吃不飽就沒辦法打仗。而且在遠征時確保糧食供應，更是重要的任務。如果是傭兵，他們大都不會瞻前顧後，去掠奪就是了。但是軍紀嚴明的正規軍，原則上只能在當地購買（冬天缺糧，想購買都很難）。然而就像單口相聲的結尾轉折一樣，部隊為了籌措糧食，結果戰場上空無一人、因而敗北的例子，還真不少。

在這種狀況下，尼古拉・阿佩爾（Nicolas Appert）帶來了改變歷史的發明。阿佩爾不曾受過正規教育，沒有任何資源、赤手空拳成為廚師，靠著廚房出人頭地，二十多歲就成為王公貴族御用的知名廚師。

三十多歲時，阿佩爾開了一家甜點店，當起現代所謂的甜點師傅。身為甜點師傅，他製作甜點的方法如隔水加熱，也就是用一定的溫度（如果是在一大氣壓的環境煮沸的熱水，會維持攝氏一百度）溶化巧克力的技術，還有將果醬和糖漿密封在玻璃容器中保存等方法，成為後來重大發明的一線曙光。

我也很喜歡烹調，不過廚房真可謂是大型的化學實驗室。

有了罐頭，任何時節都能品嚐四季美味

一七九五年，法國政府懸賞徵求新的軍用糧食保存法。阿佩爾對於會冒泡泡的氣泡葡萄酒、

香檳製造也十分熟悉，他將裝在瓶中的蔬菜、肉類、乳製品、燉菜等新鮮食物，隔水加熱後密封，花了八年時間實驗並改良，終於能夠長期保存食品。當時當然還沒有細菌會導致腐敗等知識，所以阿佩爾本人其實也不知道加熱可以殺菌的原理。

一八〇三年，他開始在法國海軍實地測試。所到之處都留下良好風評：「冬天也可以品嚐到春天、夏天、秋天的味覺。」大家對他的發明讚不絕口。一八〇四年，阿佩爾成立了一家製造公司，聘僱五十位女性員工，開始生產瓶裝的儲備糧食。他也因為這項發明，獲得一萬兩千里弗爾（Livre，約合現今六千萬日圓，按：約新臺幣一千三百二十萬元）的獎金。

阿佩爾改寫了歷史，創造保存食品的成就。可是他的方法有一個致命性的缺點，就是使用容易破裂的瓶子為容器。

一八一〇年，阿佩爾有關食品保存的著作問世後，英國發明家彼得・杜蘭德（Peter Durand）就用自己發明的馬口鐵（鍍錫的鐵）罐取代玻璃瓶，將食品放入馬口鐵罐中保存、發明了「罐頭」，並取得專利。從此，困擾人類數千年的課題，也就是如何保存新鮮食品，終於因為罐頭這項新技術而解決。

一八一二年，英國企業家布萊恩・唐金（Bryan Donkin）和約翰・霍爾（John Hall）買下杜蘭德的專利，開了全球第一家罐頭工廠，業績立刻一飛沖天，生產的儲備食品供應對象遍及海軍船內、陸軍到探險家。然而，在當時的工廠裡，一位師傅一天最多生產六十罐至七十罐，所以價格高昂，並未立刻普及到一般社會大眾的生活。

這種罐頭的英語是「Tin Canister」（馬口鐵的容器），後來漸漸演變成「can」，音譯後成為「罐」頭。

發明者潦倒，卻延長了人類壽命——發明鹼

法國大革命讓化學之父拉瓦節，成為斷頭臺上的一縷冤魂。還有一位男性的人生也被這場革命玩弄，他的故事要從更早之前說起。

製造肥皂和玻璃必須用到鹼（溶於水後成為鹼性的材料）。長久以來人類使用的鹼都是碳酸鈉（Na_2CO_3）。在埃及等地，可以從乾枯的湖泊中，取得內含一般所稱的天然蘇打，也就是碳酸鈉的礦物。其實那就是現在百圓商店賣的「二碳酸氫鈉」，但在過去可是十分珍貴的。

除了天然蘇打以外的鹼，就是植物灰（碳酸鉀）和海草灰鹼（Barilla，在西班牙南部海岸製作的海岸植物的灰，內含碳酸鈉）。

原本鹼（alkali）這個名稱，就來自阿拉伯語的「al」（定冠詞的 the）＋「kali」（意思是「灰」）。來自阿拉伯語的字中很常看到「al」，如「Allāh」（「the 神」的意思）、「Alcohol」（酒精）等。另一方面，「kali」則是表示「木灰」（來自「Kalium」〔鉀〕）。

一七〇一年展開的西班牙王位繼承戰爭（法國、西班牙與英國、神聖羅馬帝國之間的戰爭）中，英國封鎖海路，使法國無法自西班牙進口海草灰鹼，國內因此面臨嚴重的缺鹼問題。

有了這次慘痛的經驗，一七七五年法國皇家科學院（French Academy of Sciences）懸賞兩千四百里弗爾徵求新發明，以求有效率的從氯化鈉（食鹽和岩鹽的成分）中製造鹼、蘇打。這在當

時可說是天價的獎金。

勒布朗（Nicolas Leblanc）曾任醫師、擁有化學知識，他覺得只要能用食鹽製造芒硝（sodium sulfate，硫酸鈉），再組合石灰石，應該就可以製造鹼，因此埋首實驗。當時不存在任何現代國中生會學的化學式或化學反應式等。這種實驗就像是沒有地圖、卻要去叢林探險一樣，真的是一連串異想天開的作業。就像是沒有數字，卻要做數學一樣。

勒布朗因為太過於投入實驗，最後還被醫學院開除。然而，經由仰慕他的晚輩介紹，他於一七八〇年成為奧爾良公爵的御醫，得到該位公爵的援助。

經過不斷嘗試錯誤後，他終於在一七八三年，發明了用食鹽和硫酸製成硫酸鈉，再用硫酸鈉和木炭、石灰石製成碳酸鈉的方法。之後在奧爾良公爵的斡旋下，在巴黎郊外建造了一座日產兩百五十公斤的鹼工廠。

就在他以鹼的製造法發明者，正要掌握光榮的時候，法國大革命爆發了。在勒布朗取得專利的一七九一年，路易十六被捕，所以最終他並未拿到法國皇家科學院懸賞的兩千四百里弗爾獎金。援助勒布朗的奧爾良公爵，是自由主義革命派人士，卻被革命政府逮捕並處死。勒布朗的鹼工廠和製造方法的紀錄與資料，也都被政府接管。

法國因為嚴重缺鹼，各種工業深受打擊，政府於是免費公開勒布朗的專利，於是勒布朗連專利的收入都沒了。一八〇一年，拿破崙雖然將工廠還給勒布朗，但因為缺乏資金，這座工廠從未再度開業。勒布朗貧困潦倒，被送入濟貧院。就在一八〇六年一月某個寒冷的日子，他因為失意而舉槍自盡。

後來英國實業家根據勒布朗法（Leblanc process），建立了蘇打工廠。英國原本纖維工業盛行，纖維染色必須用到鹼。另外更重要的是，玻璃工業需要大量的鹼（碳酸鈉）。纖維工業的重心新堡（Newcastle）和蘭開夏（Lancashire）等地，利用勒布朗法的蘇打製造工廠林立，推動了英國的化學工業發展。

因為鹼工業出現、人們得以大量生產鹼之後，肥皂生產就可以擺脫木材資源的限制。只要用鹼性溶液分解油脂，就可以製成肥皂。如此一來，平民百姓也可以買到便宜的肥皂，這也帶動了衛生環境的提升。

在此之前，嬰幼兒死亡率極高，人類的平均壽命也很短，但因為肥皂變便宜了，普及到平民百姓的生活中，衛生條件獲得大幅改善，人類的平均壽命因此得以延長。

近代原子理論出現——元素就是性質各異的原子種類

原子是國中理科必學的內容，現在連小學生都知道，已經是主流的單詞了。讓原子這個誕生於古希臘時代的單詞獲得重生的人，就是約翰．道耳頓。

道耳頓出生於一七六六年、英格蘭北部肯伯蘭（Cumberland）郡的貧寒村莊，是一個窮苦人家的小孩。一百九十年後，英國第一座商業核電廠，便落腳在這個村莊西南方的科爾德霍爾（Calder-Hall）地區，這可能是歷史的共業吧。道耳頓只有小學畢業的學歷，但他靠著自學、成為博學多聞的人。因為他的出類拔萃，十二歲就獲得村民推薦，成為自主開辦的學校校長。

道耳頓深受大氣的魅力吸引，為了追尋大氣的本質，由二十一歲到他過世的五十七年間，他每天都要觀測大氣。他從氣體壓力的研究等，提出原子理論的主張，也就是包含氣體在內的物質，都是由最小的粒子——原子構成，為了普及原子理論，他甚至在一八〇八年出版著作《化學新體系》（*A New System of Chemical Philosophy*）。

道耳頓已逼近核心：「所謂的元素就是終極的粒子——原子的不同性質的種類，萬物都是原子的組合，化學反應就是因為這些原子重組而發生。」他認為元素就是性質各異的原子的種類，並決定了表示原子種類的元素符號。

他的元素符號受到鍊金術的影響，有些複雜，或許也可說是有點自我滿足，所以並未普及。但他清楚說明了元素是什麼以及原子，是劃時代的成就。然而當時當然還沒有確認原子確實存在，只不過是假想的粒子，是人類想出的一套可圓滿說明的理論。

元素符號變成現今使用的英文字母，是於一八一四年由近代化學王者，也就是瑞典化學家柏濟里斯（Jöns Jacob Berzelius）的發明（化學史相關內容的後續接第一六五頁）。

資本主義式近代農法的開端——四圃式農業

文明隨著農業而展開，文化（Culture）的語源就是栽種的意思。在漫長的歲月中，人類發明農具並逐步改良，生產力也慢慢提高，最終催生出近代農業，生產力因而激增。這種近代農業，就是諾福克四圃式輪作（Norfolk four-course system）。當時英格蘭的穀物，有九成都來自諾福克州一州。

諾福克四圃式輪作就是在同一塊農地上，輪流種植苜蓿（Clover）、小麥、蕪菁、大麥（四圃式農業）。苜蓿和蕪菁可作為牛隻等家畜的飼料，再配合條播機（能在硬土上播種的機械），即可讓北歐冰河地形的貧脊土地提高生產力。

像苜蓿這類的豆科植物，根部會和根瘤菌（**Rhizobia**）共生。這種根瘤菌可將空氣中的氮（N_2）轉變成氨（NH_3），所以可自行利用空氣製造肥料。

德國農學家阿爾布雷希特・丹尼爾・泰爾（**Albrecht Daniel Thaer**）研究了諾福克四圃式輪作法，發現種植苜蓿以及讓土壤肥沃的重要。他從一八〇九年發表的一系列著作《合理農業的原理》（*Grundsatze der rationellen Landwirthschaft*）中，將農業與經濟學融合，指出「農業也必須作為一種經營」的農業近代化方向。

泰爾還主張土壤肥力（土壤培育植物的能力），取決於土地中有機物腐敗後形成的腐植質（**Humus**，黑土中富含的成分）。然而後來泰爾的弟子發現，其實本質是腐植質當中的成分，而非腐植質本身。之後就發生了肥料革命（相關內容的後續接第一八二頁）。

過早出現的分子理論，讓天才被忽視五十年

「物質由原子構成」的道耳頓學說太過創新，很多科學家無法跟上他的腳步。不過，因為這個學說完美說明了物質變化以及量的變化，因而成為化學發展的導火線。

然而，化學反應的量的關係，連原子理論都無法說明。當時的人已知兩個體積的氫氣和一個體積的氧氣反應後，會形成兩個體積的水蒸氣。但如果用原子的個數來說，二個氫原子和一個氧原子反應後，成為兩個水分子，那就表示必須分割一個氧原子。

可是原子原本的定義，就是無法再分割的粒子，這就相互矛盾了。

不過，義大利化學家亞佛加厥（Amedeo Avogadro）輕輕鬆鬆就解決了這個問題。他主張氫和氧並非原子，而是原子合體而成的顆粒，也就是分子。換句話說，用兩個氧原子合體而成的分子去思考，就可以完美說明兩個氫分子和一個氧分子反應後，為什麼會形成兩個水分子了。

一八一一年，亞佛加厥發表了以下假說：「相同壓力、相同溫度的氣體（不分種類），含有相同數量的分子。」不過，在當時連原子都還是嶄新的想法，更別提由原子合體而成的粒子、亦即分子組成氣體這麼突兀的想法了。所以他發表這個定律時，並未受到當時的化學家們關注。

科學的歷史就是一再打破常識、追求新知的過程。分子理論這麼嶄新的想法，一直到了五十年後，才被人重新發現。

組合積木可以做出各式各樣的東西，如《冰雪奇緣》（*Frozen*）中的城堡、法拉利F40等。同理可證，組合約一百種元素的原子，便可以製成無數的分子。現今據說有一千萬種以上的分子。從礦石和石油等天然物質，將各式各樣元素的原子，像積木一樣重組而成的塑膠、半導體、抗病毒藥物等各種物質的魔法，就是化學（化學史相關內容的後續接第二一三頁）。

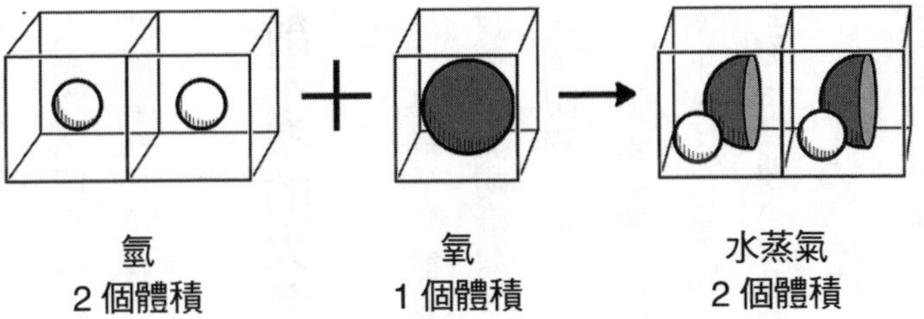

根據道耳頓的原子理論來說明

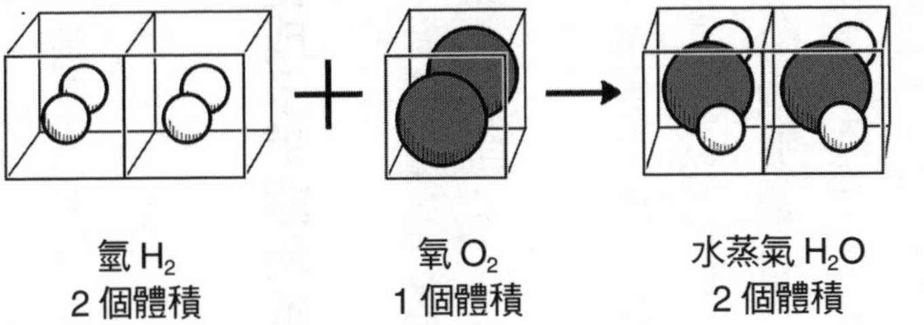

根據亞佛加厥的分子理論來說明

圖 24. 氫和氧為什麼不是原子，而是分子？

煤氣燈照亮黑暗——配管輸送能源的開端

現在到了夜晚，到處都是明亮的電燈，都市看來就像是座不夜城。然而，在人類悠久的歷史中，這不過是最近的事。在很長的一段時間裡，人類夜裡只能依靠蠟燭和油燈的微光。而在暗夜中照亮大都市的巨型照明，其始祖可說是由煤炭誕生的煤氣燈。

英國煉鐵業發達，當時是燃燒煤炭、製成煉鐵所需的焦煤（炭）。製作焦煤時會產生氣體（被稱為煤氣，內含氫和甲烷），英國青年威廉・默多克（William Murdoch）注意到這種氣體，進而發明用這種氣體點燈的系統。一八一二年，當拿破崙開始落魄，日本的伊能忠敬出發丈量全日本國土時，全球第一家煤氣公司在倫敦誕生。

從煤炭製成煤氣，並直接從工廠配管輸送到街頭巷尾，供路燈使用的系統，很快的普及歐洲都市。由集中的工廠輸送能源的系統，後來成為電力時代來臨的先驅。煤氣燈將時代由黑暗帶入光亮，照亮街頭巷尾，翻轉了原有的世界，不僅如此，它還進一步孕育出寶山（相關內容的後續接第一七四頁）。

射不準的火箭炮促成了美國國歌

拿破崙征戰結束後，英國就開始干擾貿易船、阻礙美國運送穀物等物資到法國。英國甚至封鎖了美國港灣，英美兩國於是自一八一二年起至一八一四年為止，進入美英戰爭，也就是第二次美國獨立戰爭。

隨著拿破崙垮臺，法國孱弱不堪，此時英國認為機不可失，於是英國屬地加拿大總督率軍南下，入侵美國。英軍自一八〇五年起，在威廉・康格里夫（Sir William Congreve, 2nd Baronet）指揮下，進行軍用火箭炮服役的準備。

在此之前的一七九九年左右，東印度公司的英軍在和印度邁索爾王國（Kingdom of Mysore）作戰時，受到有如現今放大版沖天炮的火箭炮炮擊洗禮，英軍於是成立專門操縱火箭武器的部隊。火箭武器的歷史悠久，中國早已在十三世紀對蒙古軍發射過，讓騎馬軍團陷入恐慌混亂之中。

由加拿大南下入侵美國的英軍，也部署了火箭炮部隊，一八一四年的布拉登斯堡之戰（Battle of Bladensburg）中，美國民兵（義勇軍）聽到康格里夫火箭的巨大聲響而陷入驚慌失措，四處潰逃。當天英軍就順利進軍華盛頓，放火燒了聯邦議會議事堂和總統官邸。之後合眾國軍隊奪回華盛頓，總統官邸也重新油漆以隱藏火燒痕跡。這座建築物在二十世紀被命名為「白宮」。

一八一四年九月，英國艦隊入侵美國第三大城巴爾的摩（Baltimore）的港口。守護這座城鎮的，是建築在港口入口處的星形要塞麥克亨利堡（Fort McHenry，從 Google 地圖的空照圖可以發現，這是一座非常雄偉的星形要塞）。

英軍用康格里夫火箭和大炮轟炸一整晚，總共發射一千五百發以上的炮彈，許多人都以為要塞淪陷只是時間的問題而已。為了救出成為英軍俘虜的醫師朋友，詩人兼律師法蘭西斯・史考

火槍、火箭（13 世紀）

康格里夫火箭（19 世紀）

喀秋莎火箭炮（Katyusha rocket launcher，20 世紀）

圖 25. 火箭武器隨著時代不斷發展。

特．基（Francis Scott Key）登上英軍軍艦交涉，英軍雖然同意放人，卻因為攻擊仍在持續，他也被扣留在船上。

遭到英軍一整個晚上的猛烈炮擊，他以為巴爾的摩應該也淪陷了，因此陷入絕望中。誰知道清晨時，他從船內向外看，竟然發現要塞上依舊矗立著星條旗。他因為要塞並未淪陷而大為感動，就用詩作來讚美麥克亨利堡的屹立不搖。「火箭的紅色火焰，以及在空中炸裂的炮彈，我們的旗幟整晚在其中飛揚……。」這首詩《星條旗》（*The Star-Spangled Banner*），也就是現在《美國國歌》的歌詞。

現今美國不再是大英國聯的一員，而以美利堅合眾國的身分稱霸世界，正是因為英軍軍用火箭為失敗之作，未能攻陷麥克亨利堡。火箭武器的重心會隨著燃料燃燒而移動，所以命中精度很差，這是它的宿命。火箭武器適合大量發射，進行全面壓制，卻無法精準攻擊目標。

之後在第二次世界大戰時，火箭又重新在德國問世，出現洲際彈道飛彈（ICBM）的前身。接著，之後人類終於搭乘火箭、登陸月球（相關內容的後續接第一八三頁）。

古羅馬水泥復活——肉眼不可見的離子支撐巨大結構物

工業革命的結果，隨著原料和產品流通的需要，陸續建設鐵橋、隧道、港灣等基礎建設，隨之而來的，就是對水泥的高度需求。

時間拉回一七五五年，當時普利茅斯港（Plymouth）是英格蘭多佛海峽的要衝，在其西南方暗礁上的木造燈塔被燒毀了，急需建造一座牢固的石造燈塔。當時不像現在有雷達，如果缺少燈塔，船隻隨時都可能觸礁。

堆砌石塊需要用水泥膠結石塊，優秀的土木工學家約翰・斯密頓（John Smeaton）負責這項工程，他為了尋找能抵抗海水和風雨侵蝕的水泥，發現用少量黏土和石灰石燒製後，就可製成高強度的水泥。進一步分析這種水泥的組成，開拓了水泥熟料的領域。這是古羅馬時代的水泥的再發現，等於是古羅馬的水泥復活了。這種水泥在水中也會固化，所以也被稱為水硬性石灰。

全球的燈塔，特別是日本明治時期以後的燈塔，都是用這種方式建造而成。所以時至今日，斯密頓被譽為「土木工學之父」。

英國磚頭工人阿斯普丁（Joseph Aspdin）將石灰石磨成粉末，加入黏土和水後以高溫鍛燒，再將鍛燒後的成品磨成粉，發明出堅固的水泥。這是一八二四年的事，也是貝多芬曠世巨作第九號交響曲《合唱》在維也納首演的那一年。

硬化後形成的固體，很像在英國波特蘭島（Portland）開採的波特蘭石，所以被命名為「波特蘭水泥」。大家在工地和大型家居材料工具店看到的袋裝水泥，就是波特蘭水泥。經過不斷分析研究後，水泥成分也有了更多樣化的組成。

這些水泥與在水泥中加入砂礫和水製成的混凝土，成為橋梁、隧道、港灣設備等基礎建設的根基，支持著鐵道和船隻的物資運輸，讓工業革命和資本主義得以進一步發展。

象徵現代文明的高樓大廈、巨大水壩、橋梁等，都是混凝土的功績。當中存在著肉眼不可見的微型世界，水泥成分的鈣和氧等離子，受到正負靜電的吸引和水分子連結，在數不清的微弱引力群聚下，才得以支撐龐大的結構物。

橡膠製品（防水布）誕生——橡膠時代揭開序幕

煉鐵業競相利用焦煤，甚至在倫敦等大都市中，拉煤氣管點燃的煤氣燈也越來越普及。隨著這些應用擴大，煤炭分解後的副產物、散發強烈臭味的黑色黏稠煤焦油，成為嚴重的問題。

煤焦油被用來作為木造船隻和土木工程等的防水劑、防腐劑。然而，因為煤氣燈普及，連日不斷生產煤氣的結果，造成煤焦油過剩，甚至被稱為「惡魔之水」，業者也不知該如何消化。於是煤焦油被當成廢棄物倒入河川和海洋，結果引發環境汙染問題。

在格拉斯哥（Glasgow）以染色為生的蘇格蘭人，於一八二三年某日，偶然發現煤焦油中取出的輕油（Naphtha，和石油相同）可以溶解橡膠。後來又發現。將溶化後的橡膠塗在兩片木棉布之間，將兩片布貼合，即可製成防水布，於是開啟了防水布的工業化生產之路。

多雨的格拉斯哥和這項商品簡直就是天作之合，所以一上市就賣到缺貨。這位蘇格蘭人就是麥金塔希（Charles Macintosh），現在有一個雨衣品牌「Macintosh」，就是以他的姓名作為品牌名稱。

甚至英國的篷車（Covered wagon）工匠湯瑪士・漢考克（Thomas Hancock）還發明了延展、加工橡膠的技術，讓人類進入利用橡膠的時代。一八二五年，麥金塔希和漢考克同時開啟了他們的橡膠事業。然而橡膠要改變世界，還必須等到另一位被橡膠附身的男士出現（相關內容的後續接第一七六頁）。

發明照片——攝影技術也活用於半導體製造

現在是配備數位相機的智慧型手機全盛時期，只要手機在手，每個人都可以成為攝影師。照片可說是人類歷史中，特別值得一提的發明之一。

法國發明家尼埃普斯（Joseph Nicéphore Niépce）挑戰暗箱（Camera Obscura，有小孔的暗箱）內成像的記錄技術。暗箱是流行在王公顯貴之間的小玩意兒，這種裝置可透過小孔、在相反方向成像。

十七世紀的畫家維梅爾（Jan Vermeer）也用暗箱繪畫，這種裝置就像是相機的遠祖。順帶一提，「Camera」在拉丁語中是房間的意思，而「Obscura」則表示暗的，所以「Camera Obscura」的原意就是「黑暗的房間」。

一八二二年，尼埃普斯發現在玻璃板上塗上瀝青、感光後會變硬的性質。一八二七年，他在暗箱內放置這種感光劑，成像後洗掉未反應的瀝青製成負片（底片），再以此為原版，利用版畫的技巧成功印在紙上。

現代的矽（Silicon）半導體積體電路和記憶體製造的科技，利用的原理其實和照片一樣。

舉例來說，要在矽電路板上形成微細的矽（半導體）部分和二氧化矽（絕緣層）部分時，就在矽電路板上塗上遇光會硬化的感光性樹脂（稱為光阻），用可將毛髮剖面分成二十等分的極細雷射光照射，使得要留下矽的部分的樹脂硬化，形成保護狀態。

之後用藥品溶化洗掉尚未硬化的樹脂，讓裸露出的矽氧化後成為二氧化矽。再將用來保護矽層的樹脂溶化洗去後，就會出現矽裸露的部分。這原理就和在窗玻璃貼上文字貼紙，然後噴上泡沫狀的玻璃清潔劑，再撕開貼紙，就會出現文字圖案一樣。

反覆利用這樣的手法，就可以在比郵票還小的矽電路板上，製造出刻上一百萬個二極體（就是微弱電流的開關）等元件的半導體。這種手法就稱為微影成像（Photolithography）。這個字來自於希臘語的「λιθος」（表示「石頭」），加上「γραφία」（表示「書寫」），也就是石版印刷。

一八二九年起，尼埃普斯和路易・達蓋爾（Louis Jacques Mandé Daguerre）開始共同研究。尼埃普斯過世後，達蓋爾在一八三七年終於讓正式的攝影技術問世（相關內容的後續，接第二二八頁）。

分析煤焦油、萃取苯胺——黑色麥克筆的原料

費里德里希・費赫迪南・倫格（Friedlieb Ferdinand Runge）出生於德國漢堡近郊，他學習醫學、藥學、化學，並和對化學深感興趣的大文豪歌德（Johann Wolfgang von Goethe）有所交流。**歌德將咖啡豆交給倫格分析後，倫格成為成功萃取出咖啡因的第一人。**

煤焦油呈黑色黏稠狀，味道又臭。倫格在化學公司工作，同時分析研究煤焦油，終於在一八三四年成功萃取出兩種物質，後世稱之為酚（Phenol，石炭酸）和苯胺（Aniline）。

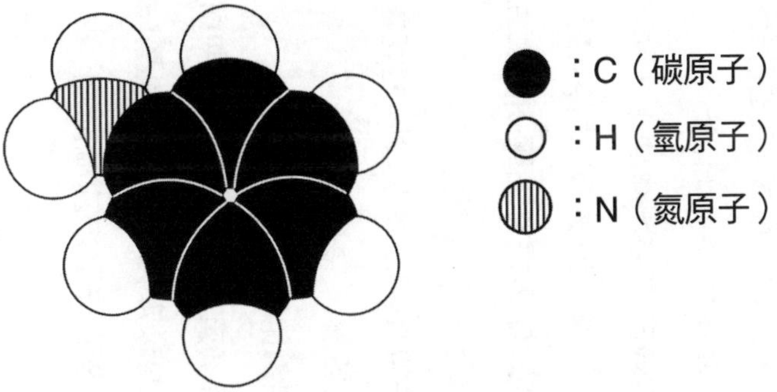

圖 26. 少了苯胺，就沒有黑色麥克筆可用了。

甚至因為煤焦油富含被認為是天然藍成分的苯胺，倫格進一步研究，試圖用煤焦油製造人工染料。用分子的觀點去看煤焦油，其實可是座寶山。

苯胺的英文名稱聽來好像是偶像的名字，其實西班牙語的「añil」（阿拉伯語為「An-nil」）意思是「藍」，指的是蒸餾藍後得到的無色液體。

現代華麗繽紛的時裝、藝術、墨水等，為世界帶來色彩的染料、液晶分子、醫藥品等物品的原料，都有苯胺的存在。苯胺氧化後可以得到堅固的染料——苯胺黑（aniline black），用來將牛仔褲和T恤染成黑色。黑色油性麥克筆的獨特臭味，就是來自苯胺成分的氣味。

倫格的染料研究因為製造成本過高等理由，並未獲得公司採用。他也發表論文指出，煤焦油可以萃取出有用的物質，但也未獲得關注。當時沒人想到，酚和苯胺不久之後竟然會顛覆世界。

當時只有一個人注意到倫格的論文，他就是德國化學家霍夫曼（August Wilhelm von Hofmann）。霍夫曼後來也成為新時代的先驅（相關內容的後續接第一九六頁）。

橡膠邁向實用——固特異兄弟的偉大發現

要說現代人的生活少不了橡膠，可是一點也不為過。橡膠輪胎、雨鞋等防水產品，由化學工廠到汽車，配管接縫到防止液體、氣體外洩的墊圈（Gasket，填充材料）、O型橡膠環（O Ring）、皮帶類等機械零件等，真是族繁不及備載。

實用的橡膠製造法發明者是一位美國人，他真可說是被橡膠附身的人。

一八三〇年代，美國到處都有利用橡膠的製品誕生，製造廠也如雨後春筍般出現。然而，橡膠製品每到夏天就會軟化發黏，冬天又硬到裂開，使得風評很差，許多製造公司因此破產倒閉。

一八三四年，三十四歲的查爾斯・固特異（Charles Goodyear）為了讓橡膠實用化而致力研究，可是他不斷用橡膠製造試產品，也不斷失敗，債務水漲船高。負債累累的他，窮困潦倒到將小孩的學校教科書拿去典當，還被債權人多次送去坐監服刑。因為他製造的橡膠鞋、郵務用袋、所有商品，一到夏天就軟化發黏，根本無法使用。

一八三九年（日本發生蠻社之獄〔按：為維護鎖國政策而鎮壓蘭學者的事件〕時）的寒冬，發生在固特異身上的軼聞趣事，有很多種版本。例如被周遭的人當成白痴的固特異，非常生氣的將硫磺和生橡膠丟入火爐中；或是他在暖爐旁邊打瞌睡時，不小心碰倒生橡膠和硫黃的瓶子讓它們混在一起；或是他不小心將橡膠和硫磺掉在火爐上等，這些軼聞的共通點，就是加熱了生橡膠和硫磺。固特異最終發現了生橡膠加入少量硫磺後加熱，會呈現出高彈力的性質，而且還可以大幅提升耐用性。這種方法就是「硫化法」。

因為發明硫化法，橡膠製品終於成為四季可用的產品。因為彈性和耐用性大幅提升，讓產品得以實用化，全球很快就進入新素材橡膠的流行期。

固特異的弟弟尼爾森・固特異（Nelson Goodyear）發現，加入二五％以上硫磺的硫化橡膠，會變得又黑又硬，因此將這種產品命名為「硬橡膠」（Ebonite）樹脂並實用化。這個名稱的語源就是「Ebony」（「黑檀」之意）加上接尾辭「-ite」（「……石」的意思）。現在則是用於保齡球、樂器的吹嘴、鋼筆等。

產出天然橡膠的橡膠樹（Hevea brasiliensis），原生長於亞馬遜流域的叢林中。他們強制當地人勞動，開始大量採收天然橡膠，孕育出一群名為橡膠貴族的富裕階級。

由巴西亞馬遜河河口向上游走一千公里左右，便是橡膠集散地——瑪瑙斯（Manaus），這裡盛極一時，城市中還建了媲美歐洲的大型歌劇院，甚至從歐洲邀請演員來表演歌劇。

因為巴西獨占了橡膠生產，英國在一八七五年命令亨利・威克漢（Henry Wickham）自亞馬遜河上游偷採七萬顆橡膠果莢，走私進口到英國，果莢成功在倫敦的皇家植物園——邱園（Royal Botanic Gardens, Kew）發芽，後來甚至移植到錫蘭和馬來西亞。東南亞的橡膠種植基地面積越來越大，現代全球約八〇％的天然橡膠都產自東南亞。

另一方面，巴西在天然橡膠供應鏈中的重要程度越來越低。為了從橡膠樹取得大量的生橡膠，他們任意砍樹，粗魯對待橡膠樹，還奴役當地人去找出橡膠樹並採集樹液，為了取得四千噸生橡膠，一九〇〇年至一九一一年間，就有三萬名印第安人因此身亡。

橡膠由非常長的帶狀分子——聚異戊二烯（Polyisoprene）組成。巨大的帶狀分子稱為高分子化合物（聚合物＝Polymer），可以把聚合物的分子想像成是五十個小朋友，在小學校園手牽手排成一排的感覺。假設這樣的隊伍有二十排左右。

即使每個小朋友都想適度的移動，但因為大家手牽著手，全體隊伍也只能緩慢移動。隨著溫度上升，小朋友的動作會變得激烈，長長的隊伍終於開始動起來，這就是有流動性（Liquidity）的狀態。橡膠和塑膠等的獨特特徵，就是加熱後會變軟的性質，也就是熱塑性這種性質的源頭。加熱後產生流動性，就可以變形。

實際的橡膠和塑膠中，相當於小朋友的基本單位，以橡膠來說是「—C_5H_8—」，塑膠袋聚乙烯是「—CH_2CH_2—」，成千上萬個連結成長長的分子。

構成橡膠的巨大分子聚異戊二烯有兩種結構。一種就像是盤繞在一起的繩子。這些繩子再纏繞成電話線般的狀態，拉開時繩子拉長，放開時又恢復成原本纏繞在一起的狀態，就成了會伸縮的橡膠。

另一種則是鋸齒狀結構，分子形狀有如伸直的棒子，聚在一起就成為一束，是堅硬的結構，和橡膠不同。這種結構稱為馬來樹膠（gutta-percha），用來作為相機外層貼合的皮革和高爾夫球的外皮等。

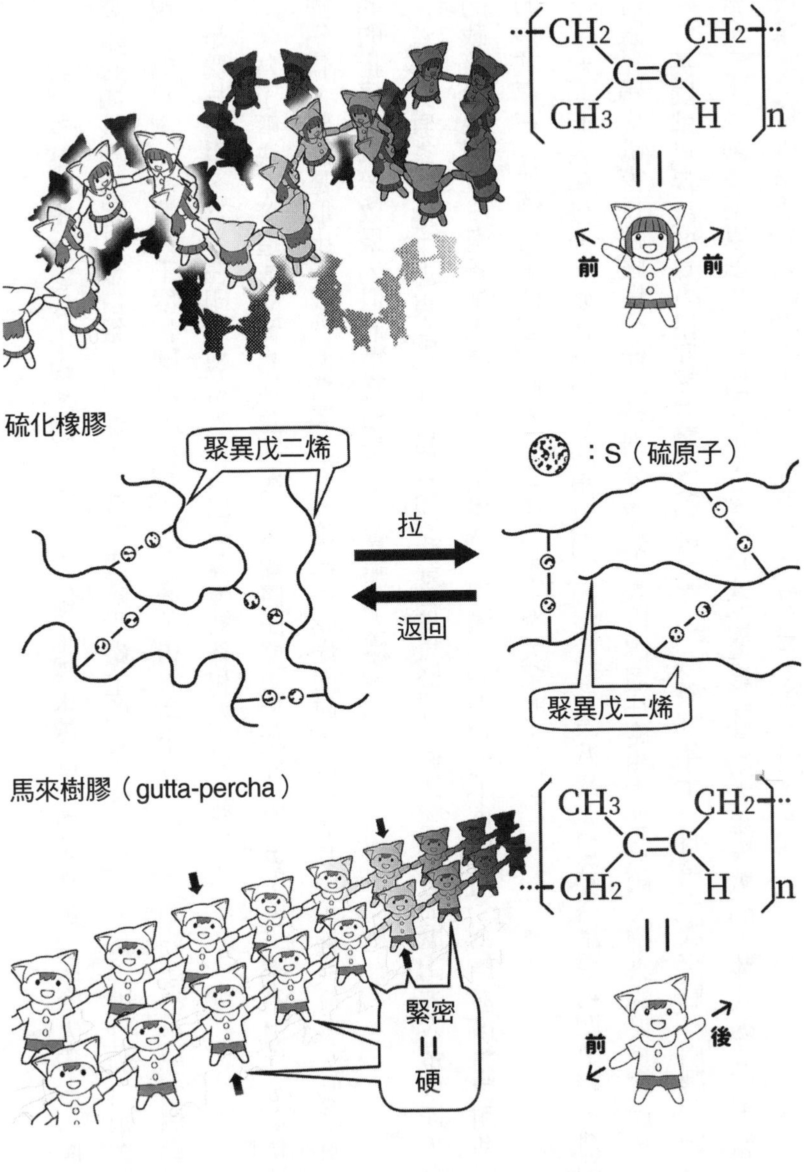

圖 27. 天然橡膠（聚異戊二烯）分子的兩種結構。

嗎啡——暴露了清朝的疲弱，催生太平天國

說到茶葉，英國對於中國產的茶（紅茶）需求越來越高，但茶葉被中國商人獨占，而且還要求英國人必須用真金白銀來付款，導致英國陷入嚴重的對中貿易逆差，每年支付的白銀換算成現在的日圓，高達一千億日圓以上（按：約新臺幣兩百二十億元）。這個問題衍生出兩個潮流，一是鴉片戰爭，二是在印度種茶，催生出阿薩姆紅茶和大吉嶺紅茶。

為了解決茶葉造成的貿易逆差問題，英國將印度孟加拉地區（Bengal）產的鴉片，走私到中國銷售。鴉片是取出未成熟的罌粟果實分泌液後乾燥而成，內含的其中一種成分——嗎啡具有優異的止痛、麻醉效果，但最糟糕的是，它會讓人上癮。

罌粟原產於地中海東部，在古代文明起就被當成藥草使用。隨著亞歷山大大帝東征，罌粟的栽培傳至印度（有各種說法），甚至還傳入中國。一直到二十世紀初，鴉片都以糖漿和利口酒的形式存在，比酒精更便宜。此外，也被用來安撫哭鬧的小孩。

一七七六年以前，鴉片進口量約兩百箱。到了一八三八年，已經暴增至約四萬箱。清朝政府眼見鴉片毒害日益嚴重，任命林則徐為欽差大臣，前往廣州查禁英國人帶來的大量鴉片。

英國就以保護貿易自由為名義，發動戰爭。一八三九年十一月第一次交戰，兩艘英國軍艦對抗二十九艘清朝軍艦。一八四〇年，英國正式派遣艦隊啟動大規模戰鬥，舊式的清朝軍艦潰不成軍。之後兩國簽訂《南京條約》，香港於是歸入英國的支配之下。

鴉片戰爭暴露「中華」帝國的腐敗疲弱，列強諸國開始干預中國內政。風雨飄搖的清朝，

則因為打仗而更民不聊生，於是貧農起義成立太平天國，而後造成約兩千萬人死亡的慘禍。

中國擁有廣大的平原與河川，自古以來就為了建設大規模的灌溉設施，而有了中央集權的官僚機構。維持官僚機構是至高無上的命令，因此並不具備個人開發技術和培育發明家的風土文化。在歐洲持續改良火炮的期間，中國仍一直無法擺脫對古典的火箭彈，和手榴彈爆炸技術的依賴。

中國雖然靠葡萄牙商人進口歐洲火炮，但在英國先進艦隊配備的最新型大炮和最新式槍隻（滑膛槍，Musket）面前，根本就是小巫見大巫。

鴉片內含二十種以上的生物鹼，其中最多的成分就是嗎啡。一八〇三年，德國藥師賽特納（Friedrich Sertürner）成功自罌粟萃取物中分離出嗎啡，並用希臘神話的夢神摩耳甫斯（Morpheus）之名，將其命名為「Morphine」（嗎啡）。

人類要能確定嗎啡分子的立體結構（原子的立體連結方式），還必須再等一百二十二年，等化學上的分析方法進步。一九二五年，人類終於闡明了嗎啡分子的立體結構。

說到嗎啡為什麼有止痛作用，一般認為是因為嗎啡會對腦內和神經傳達有關、由蛋白質組成的受體作用，阻斷疼痛的信號，抑制神經興奮。

人體無法合成嗎啡，因此從嗎啡可以在腦內作用這個現象，可推論出人體內原本就有類似嗎啡的分子作用。不久，人類就發現了比嗎啡強數百倍的「腦內啡」（Endorphin）分子。

農業與化學融合——人工合成肥料時代來臨

歷史上，人口增加的保證就是提升農業生產力。如果糧食的增加速度跟不上人口增加速度，就會發生饑荒。而提升農業生產力的方法，當然包含了條播機等農機具的改良，除此之外，肥料則是另一個提升生產力的大功臣。

十九世紀初期，歐洲氣候正處於小冰河時期（Little Ice Age），氣候極不穩定。一八一〇年左右，更因為天寒地凍，農業深受打擊，牧草歉收，連帶影響到家畜。甚至是一八一五年印尼坦博拉火山（Mount Tambora）爆發，這是有史以來最大規模的火山爆發，讓嚴寒氣候更是一發不可收拾。

來聊些輕鬆的話題吧。因為氣候嚴寒，連馬都陸續餓死，德國卡爾・馮・德賴斯（**Karl Drais**）伯爵擔心作為運輸工具的馬匹不足，便於一八一七年發明了人力二輪車「Draisine」來取代馬，揭開自行車歷史的序幕。

德國化學家萊比錫（Justus von Liebig）是十九世紀代表性的化學家之一。一八四〇年，他發表著作《有機化學在農業和生理學中的應用》（*Organic Chemistry in its Application to Agriculture and Physiology*），否定了傳統的說法：「植物生長必須有腐葉土。」

一八四一年，他主張植物生長必要的不是腐葉土，而是腐葉土中也有的成分，也就是氮、磷、鉀三種元素，否定了腐葉土原理主義。他甚至還發表了「萊比錫最小定律」（*Liebigs law of minimum*），認為這些元素當中，量最少的元素決定了其他元素的必要量。

根據他的想法，可以利用內含氮、磷、鉀的化合物組成的肥料，促進植物生長，因此進入了以礦石等為原料的無機肥料普及時代。大規模農業使用人工肥料，因此得以讓收成量增加兩至三倍。

長久以來的農業，都是利用糞尿等排泄物為肥料，形成元素的循環。中國更是依賴這種循環，養活了龐大的人口。不論是歐洲或日本，隨著都市化進展，都市的屎尿都成為農村的肥料。當時全球數一數二的大都市江戶，據說人口超過一百萬人，而他們的排泄物則支撐了他們的都市生活。

萊比錫的研究切斷了這種元素層級的循環，人類開始使用岩石等的成分（無機化合物）作為肥料。之後更邁入人工合成的肥料工業化時代（相關內容的後續接第二五九頁）。

萊比錫少年時經歷過一八一六年至一八一七年的歐洲大饑荒。身為化學家，他十分注重糧食增產的解決對策。他利用皮和脂肪被取走後沒用的肉，經加工後，從湯汁中萃取出肉精並企業化生產，因而創造龐大的利潤。**萊比錫可說是二十世紀的「食品加工業之父」**。

黑色火藥落幕，綿火藥時代來臨

到十九世紀中期為止，雖然成分與粒子形狀等經過改良，但槍支和大炮等火炮，仍然使用黑色火藥為原料。隨著戰場上使用的火炮數量增加，每次發射火炮時冒出的大量白煙瀰漫在戰場上空，別說要瞄準目標了，根本就連敵我都分不清楚。

因此歐洲各國為了防止友軍誤射自家人，同時協助指揮官分辨敵我，陸軍軍服就越來越有能見度，也越來越花俏。英國紅衫軍以紅色聞名，法軍則是藍色，普魯士軍則是深藍色，用顏色來區分國別。

此外，火炮發射時的白煙，敵軍陣營也是一目瞭然，很容易被敵軍鎖定發射地點而遭到反擊。新型火藥克服這些缺點，在十九世紀後半問世，此後終於讓黑色火藥長達千年的歷史劃上句號。而新型火藥，就是名為硝化纖維素的分子。

一八四五年的某一天，瑞士的大學教授舍恩拜（Christian Friedrich Schönbein，發現臭氧的化學家）在家中廚房用硝酸和硫酸等進行實驗。妻子一直嚴禁他在廚房實驗，但她那一天正好出門不在家。

他打翻了硝酸和硫酸的液體，倒在打掃乾淨的廚房地板上，為了不讓妻子發現，他必須把這些液體擦拭乾淨，湮滅證據。他左看右看，看到了妻子的圍裙，材質是木棉、也就是纖維素，便心存僥倖的用圍裙擦拭翻倒的硝酸和硫酸溶液，然後又為了烘乾圍裙，而把圍裙吊在暖爐附近。因為妻子隨時都可能回來，他沒有那麼多時間等待圍裙晾乾。就在這種隨時可能被發現的緊張感中，他努力想烘乾圍裙，結果一不小心圍裙著火、燒光了。

用化學原理來說明，就是圍裙的木棉分子——纖維素，和濃硝酸與濃硫酸起反應，成為硝化纖維素這種具爆炸性的分子。纖維素分子內無數的—OH（羥基）變成—ONO_2（硝酸酯，Nitrate ester），就會形成爆炸力更甚於黑色火藥（古代火繩槍等的火藥）的爆炸性分子。

舍恩拜把這種爆炸性分子稱為棉火藥（Guncotton）。一開始，這種硝化纖維素因製程中會殘留硝酸而太不穩定，無法當成炸藥使用。但到了一八六〇年代後半期，出現去除硝酸使其穩定的技術，終於成為實用化的新型炸藥。這種炸藥的優點在於少煙，所以又被稱為無煙火藥。

後來，又進一步發現控制纖維素和濃硝酸的反應條件，會變成－ONO_2少的東西，可溶於乙醇等液體。這種溶液稱為火棉膠（Collodion），塗在物體上會固化，所以用來讓溴化銀結晶固著在照片用的玻璃板上。此外，也利用其塗在傷口上會固化的性質，用來作為液態OK繃等（相關內容的後續接第一八七頁）。

乙醚麻醉手術問世——動手術再也不必忍痛了

麻醉是拯救人類脫離痛苦的技術之一。在發明麻醉之前，人們經歷過一段慘絕人寰的時代。手術前，要先用木槌敲擊病患的頭，讓病患昏過去；或是為了讓外科醫師在手術過程中忽視病患的慘叫，會指示病人在手術前，要先灌下一整瓶威士忌等。

因為太過於厭惡這種有如阿鼻地獄的手術，甚至還有人在手術前自殺。而且，也有人因為使用鴉片來緩和疼痛而中毒，結果變成廢人。

一八四四年，霍勒斯．魏爾斯（Horace Wells）是美國康乃狄克州的首府哈特福特（Hartford）的牙醫，某次他去看表演，演出人員會吸入當時流行的氧化亞氮（Nitrous Oxide，N_2O）氣體，整個人處於興奮狀態下表演。魏爾斯看到吸了氧化亞氮後跌傷的表演者，雖然受傷了卻仍舊從頭笑到尾，他直覺覺得，這種氣體可以用在麻醉上。

他立刻從化學人員手中取得氧化亞氮，親自吸入這種氣體，然後請朋友幫他拔牙，結果成功完成一場無痛拔牙的手術。

而後一八四五年，他在麻薩諸塞州綜合醫院的多位醫師見證下，進行拔牙手術，但因為氧化亞氮的量不夠充足，麻醉不成功，而被批評是詐欺犯。後來魏爾斯就埋首於麻醉研究，結果因為氯仿（Chloroform）中毒而自殺身亡。

牙醫摩頓（William Thomas Green Morton）過去曾是魏爾斯的弟子，他在魏爾斯奠定的基礎上，摸索全新的麻醉方法。因為他認為：「麻醉一定可以成為帶來巨富的新事業！」波士頓的化學研究所所長傑克遜給了他一個建議，認為乙醚（Diethyl Ether）不錯。

乙醚是可以輕鬆取得的液體，只要加熱乙醇和濃硫酸即可。沸點約攝氏三十四度，只要用人體的體溫，就可以讓這種液體沸騰。一旦人體碰觸到這種液體，液體就會立刻蒸發消失，這種高揮發性讓人聯想到古希臘時天空（宇宙）中充滿的神聖物質（乙太，Ether）回歸天空的樣子，所以被命名為「乙醚」（Ether）。乙太這種神聖物質的存在，可說是當時的常識，一直到二十世紀為止，人們都以為電磁波也是透過乙太傳送。

摩頓在玻璃製的吸引器中，放入吸飽乙醚的海綿，病患吸入後就完全喪失意識，這樣就可以在全身麻醉的狀態下動手術。

一八四六年，麻薩諸塞州綜合醫院用乙醚進行全身麻醉後，成功完成了清除下顎腫瘤的大手術，手術醫師也對麻醉效果讚不絕口。這個場所被稱為「Ether Dome」，保留至今。

發現硝化甘油——對成立諾貝爾獎貢獻良多

當瑞士的舍恩拜，把妻子的木棉圍裙炸得粉碎的一年後，也就是一八四六年，義大利的阿斯卡尼奧・索布雷洛（Ascanio Sobrero）發現，在常見的甘油液體中加入濃硫酸和濃硝酸，可以製成如油般的液體。他舔了這種不知所以然的新液體，結果嚴重心悸，不僅脈搏變快，竟然還伴隨頭痛。

人類其實沒有等多久，就發現這種液體極具衝擊性，也是會劇烈爆炸的物質。索布雷洛也在實驗中發生爆炸意外。這種液體就是具爆炸威力的硝化甘油。

硝化甘油開始生產後，除了會發生爆炸意外，還發現患有心絞痛（心血管狹窄，發作時很痛苦的疾病）的員工只要待在工廠，心絞痛就不會發作，因而發現它是心絞痛的劃時代治療藥物。

長久以來，沒有人知道這種機制的原理。一直到一九九八年，三位科學家闡明從硝化甘油代謝而生的微量一氧化氮（NO），具有擴張血管的作用，而且可在生物體內製造。這三位科學家也因此獲頒當年度的諾貝爾生理學醫學獎。

水蛭和蚊子等吸血生物吸血時，也會釋放一氧化氮、讓血管擴張。有一種新生兒的疾病是肺動脈閉鎖，導致出生後立刻死亡，現在可以利用一氧化氮擴張新生兒的肺動脈來治療。

此外，血管如果長期處於擴張狀態下，會造成心臟的負擔，縮短壽命。利用抵銷一氧化氮擴張血管作用的酵素，可以讓血管恢復正常狀態。而干擾這種酵素作用的分子發明問世，成為世上眾多男性的救世主。這種分子製成的藥品學名是「Hyperdynamic state」，商品名是「威而鋼」

（Viagra）。

索布雷洛發明的硝化甘油爆炸威力驚人，很快就席捲全世界。這種液體炸藥被用來爆破礦山等，需求日益高漲，但它也毫不留情的炸毀了運輸中的船隻和馬車、倉庫、製造工廠等，所有和它相關的物品。

法國電影名作《恐懼的代價》（*The Wages of Fear*，一九五三年），描述四個人為了巨額報酬，用卡車載運液態的硝化甘油，到油田火災現場滅火的驚險之旅，生死一線間，讓人了解硝化甘油的威力與恐怖。

時至今日，當油田發生火災時，人們還是會在火災現場周圍排放炸藥，藉炸藥爆炸的威力阻斷空氣，讓火災現場缺氧以滅火（相關內容的後續接第二〇五頁）。

發明消毒——挽救許多產婦性命

新冠肺炎流行，重新讓我們體認到勤洗手等最簡單的消毒的重要。感冒最常見的傳染途徑，就是手上的病毒（有許多病原菌）進入眼、口黏膜造成感染。

人類首次認知到洗手等消毒方式，對抑制傳染病傳播的重要，要歸功於匈牙利醫師伊格納茲・塞麥爾維斯（Ignaz Semmelweis）。他從一八四六年開始，在維也納綜合醫院擔任婦產科醫師。

當時這所醫院有兩座病房大樓供婦女生產之用，第一病房大樓就像是現在的大學附屬醫院，由專業醫師和醫學系學生負責看診，第二病房大樓則由助產士負責。在第一病房大樓生產的產婦，約八人就有一人因傳染病，也就是自古以來就有的產褥熱而死亡。但由助產士負責的第二病房大樓，卻是約五十人才有一人死亡，前者的產褥熱死亡率竟然是後者的六倍以上。

在當時，產褥熱是產婦生產時最主要的傳染病，會演變成全身發炎而死亡。醫師對於這種原因不明的疾病束手無策，只能眼睜睜看著病患病情惡化後死亡。

一八四三年，波士頓的解剖醫師奧利佛・溫德爾・霍姆斯（Oliver Wendell Holmes）發表論文敲響警鐘，他表示產褥熱是會傳染的疾病，醫師解剖屍體或接觸到產褥熱病患後會受到感染，從雙手到衣服都必須徹底清潔，但是未獲得當時醫學學會的關注。

塞麥爾維斯則記錄數據進行統計分析，終於注意到核心關鍵所在。第一病房大樓的醫師和醫學系學生，在解剖屍體後就直接去接生，塞麥爾維斯因此認為屍體散發的惡臭，就是產褥熱的原因。

當時人們還沒有病原體和細菌等相關知識，認為人之所以會生病，是因為空氣中飄浮著不好的「氣」，也就是瘴氣（Miasma，希臘語中是「汙染」的意思）的影響。為了去除惡臭，便要求大家用漂白粉（bleaching powder）的水溶液徹底清潔雙手。漂白粉是氯製成的化合物。

氯是瑞典化學家卡爾・威爾海姆・舍勒（Carl Wilhelm Scheele）於一七七四年發現的氣體。他讓鹽酸和錳礦（二氧化錳）起反應時，突然產生黃綠色的氣體，甚至胸部還有受壓迫的感覺。這種氣體就是氯氣，之後被判定是新元素。

氯（Chlorine）的元素符號是「Cl」，來自古希臘語「Chloros」（「黃綠色」之意），是根據氯氣的顏色而命名。氯氣（Cl_2）溶於水後就是氯水，部分氯分子（Cl_2）在水中和水反應，成為鹽酸（HCl）和次氯酸（HClO）。

這種次氯酸的氧化力（奪走電子的力量）很強，會從病原體的組織奪走電子，改變其分子結構來破壞，因此氯水十分適合拿來消毒。

一七九九年，人類發明了含次氯酸離子且容易使用的漂白粉，用來作為漂白劑。漂白粉的水溶液和氯水一樣，具有消毒作用。

因為塞麥爾維斯落實手部消毒的對策，一八四七年左右開始，第一病房大樓的產褥熱發生率，已降低到相當於第二病房大樓的水準。一八四八年，消毒的對象拓展到醫療器材，便幾乎不再有產婦死於產褥熱。

塞麥爾維斯撰寫論文，主張醫師雙手會傳染產褥熱和使用氯水消毒的必要，但醫學學會出現反彈聲浪：「說醫師是殺人兇手是什麼居心！」最後決定將塞麥爾維斯趕出醫學學會。

塞麥爾維斯最後甚至被強制入住瘋人院，最後死於在瘋人院受虐待後的傷口感染。他是一位在殘酷的命運玩弄之下拯救人類，卻未獲得應有榮光的天才（醫療相關內容的後續接第二〇三頁）。

發明冷凍裝置——機械製冰與機械冷藏方便運送

對於生活在現代的我們來說，冰箱、冷凍庫在生活中是不可或缺的。家電量販店還銷售會自動製冰的冰箱。人類絞盡腦汁保存食品，建立飲食文化，而冰箱和冷凍庫的發明，正可謂是最

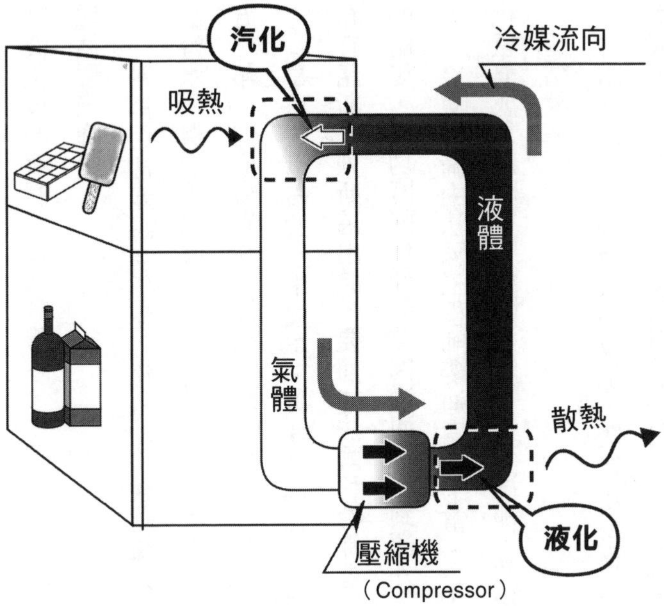

圖28. 冰箱利用了液體汽化後吸熱的原理。

終解答。

打造極低溫的環境，讓人類得以利用超導磁鐵（Superconducting Magnet），還能運送、保管不穩定的疫苗。以前的人只能仰賴天然冰，例如在一般稱為冰窖的洞窟以及在地下挖洞儲冰，或從高海拔的高山上取冰等。

冷藏、冷凍讓人類跨出歷史上的一大步，這要歸功於許多人，其中不能不提的，便是美國佛羅里達的醫師約翰・哥里（John Gorrie）。一八三〇年代的佛羅里達，瘧疾和黃熱病橫行，為了替熱病病患降溫，必須要有冰。當時的冰是冬天時由北方的波士頓採來放在倉庫，然後再運到佛羅里達，所以每到夏天，冰就十分昂貴。哥里因此開始考慮打造製冰機。

進入十九世紀後，有人想到利用氣體特性來製造冷凍庫和冰箱。我想很多家中有噴霧器的人，都有這種經驗，就是連續使用噴霧後，容器本身會變涼。冰箱和空調就利用了這種原理。加壓液化後的液體蒸發為氣體時，會吸走周圍的熱。回收這些氣體後再加壓成液體，就可以利用這種循環來降溫。

哥里用活塞讓空氣膨脹後冷卻，然後將冷卻後的空氣送入另一個空間，反覆用這種冷氣冷卻鹽水，讓鹽水溫度降至冰點以下，然後用這些冰點以下的鹽水成功讓水結凍、製成冰塊。一八五一年，他取得專利，卻找不到人投資，在一八五五年抑鬱而亡。

哥里去世後的二十二年，也就是一八七七年，一艘裝載了冷凍裝置的蒸氣船巴拉圭號，由布宜諾斯艾列斯港出航，要前往法國利哈佛港（Le Havre Port）。這是全球第一艘搭載冷凍裝置的船隻，成功將阿根廷的羊肉冷凍運輸到海外。

冷凍設備由法國工程師斐迪南・卡雷（Ferdinand Carré）設計，並使用氨為冷媒。他利用液化氨變成氣體時會吸熱降溫的特性來冷卻，然後再用幫浦壓縮氣體的氨，讓氣體變回液體，形成一個循環。

當時的英國因為人口增加，開始擔憂糧食不足的問題。因此由澳洲進口羊毛甚至是羊肉，就成了一大課題，於是利用蒸氣船搭載冷凍裝置，讓冷凍運輸實用化。不久也出現了業務用和家用（雖然是家用，但體積相當龐大）的冰箱。

這些早期的冷凍庫和冰箱利用氨或氯甲烷（Methyl Chloride）、二氧化硫等劇毒氣體，萬一氣體外洩，就會造成人員死亡。

不久後，就有化學家發明了能取代這些有毒氣體，卻引發現今環境問題的著名物質（相關內容的後續接第二八〇頁）。

轉爐法奠定基礎，對煉鐵業發展貢獻良多

十九世紀，世界各國因為製造大炮和鐵路鐵軌等，鋼鐵需求增加。為了追求高性能大炮並大量生產，就必須擁有輕鬆量產鋼鐵的技術。

隨著熔爐規模越來越大，為了降低從熔爐得到的生鐵其中的碳成分，以得到堅韌的鋼鐵，當時的人使用反射爐並採用攪拌法來煉鐵。但這種做法極為耗時，而且只能生產少量鋼鐵。而且要打造鋼，還必須將攪拌法所得到、低碳成分的熟鐵再次熔化，一點一點的加入碳，這種複雜的製程有好幾道，因此很難大量生產。

一八五〇年，拿破崙的姪子路易斯拿破崙（Louis-Napoléon Bonaparte），也就是後來法蘭西第二帝國皇帝拿破崙三世，舉辦獎金兩萬法郎（約合現在五萬美金，按：約新臺幣一百五十萬元）的競賽，要找出量產最適合火炮使用的鋼鐵的方法。

結果帶回獎金的人，是英國發明家柏思麥（Sir Henry Bessemer），他為煉鐵業帶來了技術革新，發明了現今煉鋼廠使用的轉爐法的前身。

一八五三年爆發的克里米亞戰爭（Crimean War）中，英法聯軍的新式火炮擊敗了俄羅斯的

舊式火炮，而柏思麥又發明了更新型的炮彈，在法國展開實用化研究。當時法軍軍官指出，就算有高性能的炮彈，如果炮身不能耐衝擊，也無用武之地。柏思麥因此著手發明量產強韌的鐵，也就是鋼的方法。

熔爐製成的生鐵裡面含有許多碳，柏思麥想出方法可以簡單的減少生鐵中的碳，並進一步煉製成鋼。他發明的方法，是讓龐大的蛋形爐傾斜，從開口部分放入熔化的生鐵，然後從直立的爐下方側面持續送入空氣，燃燒生鐵內含的碳等雜質以減少碳成分，煉製成鋼。

簡單來說，這種方法的原理，就像是沖泡乾拌麵的泡麵時，要先倒入滾燙的熱水，等待三分鐘後再將熱水倒掉的感覺。因為燃燒內含的碳成分，生鐵溫度很高，會維持熔化的狀態，所以不需要加熱裝置，只要利用簡單的裝置，約二十分鐘即可完成。這個方法可以大量生產，這種爐就被稱為轉換爐——「轉爐」。

一八五五年，柏思麥以這種轉爐法取得專利，許多煉鐵業者都來跟他買專利使用權，但一下子就有滿天飛的客訴，客訴內容竟然是轉爐法無法生產高品質的鋼。

柏思麥努力深究原因，卻不得其解。其實柏思麥使用的生鐵，是來自含磷少的鐵礦石，然而煉鐵業者使用的生鐵中含磷量很高，所以煉製出來的鐵會殘留磷化合物。瑞典使用含磷量少的鐵礦石煉製，用轉爐法就成功煉製出鋼。美國原本使用的鐵礦含磷量也少，所以轉爐法也很成功，立刻普及開來。

要去除磷等雜質，只要將生鐵和石灰石（$CaCO_3$）一同放入爐中，石灰石加熱後會變成高反應性的生石灰（CaO），和雜質產生反應成為浮游物質爐渣，雜質自然就會和鐵分離。然而，柏思麥的轉爐內層使用矽的氧化物——酸性的磚頭，會和生石灰等強鹼性物質起反應，所以無法使用這種解決方法。

一八七八年，法院書記官托馬斯（Sidney Gilchrist Thomas）因為個人興趣而進行化學實驗。他為了改良柏思麥的轉爐法而著手研究，終於找到用鹼性耐火磚（以氧化鎂和生石灰為主體）作為轉爐內層，生石灰和雜質的磷成分就會自然起反應而成為爐渣，即可去除鐵內的雜質。

這種手法稱為「鹼性轉爐煉鋼法」（Gilchrist–Thomas process）。鹼性指的是鹼基。用這種轉爐，即使生鐵中含磷也可以煉製出鋼，因此適用於歐洲含磷量高的鐵礦。即使到了現代，煉鋼廠仍使用這種鹼性轉爐。神奈川縣川崎市的等等力綠地中，有個川崎市市民音樂廳，就是以過去使用的巨大鹼性轉爐（托馬斯轉爐）為裝飾。

價格媲美黃金的珍貴鋁棒——大量生產鋁的時代來臨

在現代，鋁箔已經是每個家庭不可或缺的用品，從便當的裝飾到鋁箔烤魚、魚料理等，都可以看到鋁箔活躍的身影。

然而一直到拿破崙三世的時代之前，鋁都是高不可攀的昂貴金屬。要提煉出一公克鋁（相當一日圓硬幣的重量），要花上相當購買一公斤黃金的金額。甚至拿破崙三世只有在招待極重要的貴賓時，才會使用鋁製餐具；招待其他賓客時只會使用黃金餐具。

年輕的法國化學家德維爾（Henri Etienne Sainte-Claire Deville）找出工業上的方法，利用鈉來製造鋁。他讓電解後取得的珍貴金屬鈉（Na）和氯化鋁反應，鈉釋出電子交給鋁離子（Al^{3+}），發生電子的傳接球（氧化還原反應）而生成鋁。

不過，這種方法必須先製造鈉才行，所以成本很高。德維爾在一八五五年巴黎萬國博覽會上，以「用黏土製成的銀白色金屬棒」為口號，展示了鋁棒，拿破崙三世為此也提供他巨額的研究預算。這是因為拿破崙三世希望能打造出重量只有鐵盔甲三分之一的鋁盔甲，並用鋁製輕量火炮，建立高機動性的軍團。

鋁很容易釋出電子，成為陽離子（Al^{3+}）。在自然界中，這種陽離子存在於礦石和黏土等之中，沒有所謂埋藏在地底的鋁金屬粒。要把電子強加給礦物中的鋁離子，還原成鋁金屬，不是一項簡單的作業。因為相較於銅離子和鐵離子，要讓鋁離子接受電子，可謂難如登天。

不久後，就有美國青年和法國青年分別發明出量產鋁的手法，讓人類歷史進入鋁的時代（相關內容的後續接第二二三頁）。

合成染料——偶然的發現讓化學大廠陸續問世

黑白照片和彩色照片給人的印象截然不同。多彩多姿的時裝、汽車、電車、電視機、螢幕、街頭巷尾的廣告、塗鴉、包裝、書和雜誌（很抱歉，本書採用黑白印刷）等，現代世界充滿色彩。

十九世紀工業革命後，纖維工業生產力大躍升，生產出大量的絲線。人們關心的下一個問題，就是如何將絲線染色，製造色彩繽紛的絲線。這個時代的需求和成長中的化學完美結合，人類於是迎來全新的合成染料時代。

當時落後的資本主義國家——德國仍未統一，國土上有普魯士、黑森大公國（Grand Duchy of Hesse）、巴伐利亞王國（Kingdom of Bavaria）等小國林立，就像是過去日本分裂成會津藩、薩摩藩等一樣。

一八〇六年，耶拿和奧爾施泰特戰役（Battle of Jena–Auerstedt）中，拿破崙軍隊短短半天時間就大敗普魯士軍隊。在這場以火炮為主角的戰役中，普魯士軍隊學到「科學力就是國力」，知道自己是輸在拿破崙慧眼識科學這一點上，於是開始大改革，推動近代化，仿效拿破崙成立軍事學校，傾全國之力提升科學力。

在普魯士和巴伐利亞（後來的德意志帝國），化學，特別是有機化學發達。以植物和生物體相關的物質為對象的有機化學，是前述化學家萊比錫開拓的領域，他不只是研究，還在大學成立首座教育用的實驗室，讓學生們能有體系的學習化學。

萊比錫的研究室成為培育多位知名化學家的溫床，霍夫曼也是萊比錫的弟子之一。一八四五年起，霍夫曼受英國皇家化學學院（Royal College of Chemistry）禮聘，在大學傳授有機化學。另一方面，他同時也持續倫格的研究，認為煤焦油才是有用物質的寶庫，著手研究煤焦油。

甚至霍夫曼還試圖利用從煤焦油中萃取的物質，合成在英國需求量龐大的奎寧分子。熱帶地方盛行傳染病——瘧疾，奎寧則是瘧疾的預防藥物，過去是從南美生長的金雞納樹樹皮萃取而成的。

瘧疾以蚊子為媒介，蚊子身上的寄生蟲——瘧原蟲入侵人體，讓人感染虐疾。感染後瘧原蟲（單細胞微生物，是阿米巴原蟲和眼蟲藻的同類）會持續在肝臟和紅血球中增生，引發高熱和器官損傷而死亡。

吸了感染者血液的蚊子，吸血的同時便吸入這種瘧原蟲，然後在吸下一個人的血時，這個人就會被瘧原蟲感染。一個瘧疾患者以蚊子為媒介，可以傳染給數百人。

瘧疾「Malaria」這個字據說是義大利古語「Mala」（表示「不好」的意思）＋「Aria」（表示「空氣」的意思），意指「不好的空氣」，自古以來就橫行在人類世界。亞歷山大大帝和平清盛（**按：為日本平安時代後期的武將**）都死於瘧疾的說法甚囂塵上，即使到了二十一世紀，每年全世界仍有四十萬至六十萬人因為瘧疾而喪命。

十九世紀，隨著歐美列強都帝國主義化，亞洲、非洲等地的殖民地經營日益興盛，而這些位處熱帶地區的殖民地，就飽受瘧疾等傳染病的威脅。

原產於秘魯安地斯山區的金雞納樹樹皮內含奎寧分子，是阻礙瘧原蟲增殖、預防瘧疾的藥物。由哥倫比亞南部到玻利維亞，自古以來就流傳著有關金雞納樹的偏方，當地人知道用金雞納樹樹皮煎水飲用，可以預防異常發熱的疾病。

駐紮在殖民地印度的英軍和英國人，也成為瘧疾的受害者。為了預防瘧疾，他們將金雞納樹樹皮萃取出的成分，加入碳酸水和砂糖以抵銷苦味，製成強壯水（**按：類似能量飲料**）通寧水，結果造成大流行。順帶一提，這種通寧水再加入蒸餾酒琴酒，就是雞尾酒琴通寧（Gin Tonic，酷熱的夏夜來一杯琴通寧，真是太棒了）。

酷愛化學的威廉．亨利．柏金爵士（Sir William Henry Perkin），曾在倫敦的皇家化學學院就讀，年僅十八歲就在霍夫曼的研究室擔任助手。當時他們連奎寧的結構都還搞不清楚，不過他聽到霍夫曼經常掛在嘴邊說：「只要能人工合成奎寧，應該就會變成億萬富翁吧。」於是在一八六五年的復活節假期中，他在自家實驗室進行奎寧的合成實驗。

奎寧實驗中偶然發現合成染料，淡紫色瞬間爆紅

柏金全力以赴的奎寧合成實驗，當然還是以失敗作收。然而「瞎貓碰到死耗子」，就是柏金最好的寫照吧。他使用的原料苯胺氧化後變成全黑的物質，在他一邊為失敗連連而嘆氣，一邊收拾並打算清洗容器時，他發現黑色物質溶於乙醇後，竟然變成薰衣草般的鮮豔紫色！

這樣偶然的發現一般稱為機緣巧合（Serendipity），柏金的這個發現，正可謂是機緣巧合下的正中直球！

柏金用這種物質將布料染成美麗的紫色，並將樣本寄給染料公司。結果染料公司讚不絕口，表示「只要成本夠低，這就是一個價值連城的發現」，柏金立刻休學，和父親一起投注心力在染料工業化上。柏金父子研究出有效率的合成裝置，並進一步研究出染色的手法，建立量產這種染料的工廠，累積巨富。

一八五九年，他們將這種染料命名為淡紫色（Mauve，是著名的紫色花——錦葵〔Malva mauritiana L.〕的法語名）並開始銷售，瞬間大受歡迎。自古以來，紫色染料就是高貴色彩的象徵，過去也只有泰爾紫（Tyrian purple）這種價格高昂的天然貝類色素。

拿破崙三世的皇后與法國宮廷的仕女們，甚至是大英帝國的維多利亞女王，也都身穿用淡紫色染成的禮服。這種染料真的「十分上相」，一下子就形成風潮，淡紫色也因此爆紅。

柏金的發現不只是發明紫色染料這麼單純，這個發現為人類社會帶來無與倫比的衝擊。組合化學反應，從全黑的石塊（煤炭）合成出色彩繽紛的染料，讓人類社會進化到全新化學工業的階段。化學家們也因此開創出全新且流行的研究領域，也就是活用多階段的合成反應、生成染料分子的有機化學領域。

柏金開發出合成染料，揭開全新工業的一幕。但在英國，從印度大量進口的藍等天然染料仍然稱霸，合成染料的發展沒有什麼進展。

人類也一樣，什麼都不缺的時候，就不會誕生創意。永不滿足（Hungry）十分重要。用《哆啦A夢》來比喻，就是主角如果是聰明的小杉（舊名：王聰明），就沒有故事可寫了，正因為主角是大雄，才會有這麼精彩的故事。

另一方面在普魯士，萊比錫培育出一群優秀的化學家投入產業界。在大學、產業界的官民合力下，化學得以進一步發展，而研究人員也得以充分發揮自己的才能，不留遺憾。合成染料成為一大風潮，化學家也陸續發明出各種顏色的合成染料。

德國接二連三出現化學大廠，都是靠合成染料茁壯

二十世紀成為全球領頭羊的德國化學巨擘，過去也是在合成染料風潮中誕生並成長茁壯。

一八六三年，現代的大藥廠拜耳（Bayer AG）創業，一開始是以利用苯胺製造合成染料為業。同年赫斯特公司（Hoechst AG）創業，原為合成染料製造公司。赫斯特在二十世紀開發出各種醫藥品和塑膠，之後多次合併後成為賽諾菲藥廠（Sanofi），赫斯特之名走入歷史。

一八六五年，現代全球規模最大的化學巨擘巴斯夫（Badische Anilin-und-Soda-Fabrik，簡稱BASF）公司創立。看公司名稱就可以了解，這原本是一家合成染料苯胺和蘇打（碳酸鈉，Sodium Carbonate）的工廠。

一八六七年，作曲家孟德爾頌（Jakob Ludwig Felix Mendelssohn Bartholdy）之子創立了愛克發公司（簡稱AGFA，Aktiengesellschaft für Anilinfabrikation，苯胺製造股份有限公司的縮寫）。喜歡相機的人，對於AGFA軟片應該都耳熟能詳吧。

這些德國化學大廠經歷了二十世紀的化學產業急速成長，成為規模超大的跨國企業，正可謂是撼動歷史的原動力。

另外，還有一位在化學歷史上散發出璀璨光芒，和化學泰斗萊比錫齊名的化學家，他就是德國化學家拜耳（Adolf von Baeyer，一九〇五年諾貝爾化學獎得主）。他的兩位弟子格雷貝（Carl Gräbe）和李伯曼（Carl Theodore Liebermann）發明了從茜草中萃取出紅色染料——茜素的完全合成方法。這是人類第一次成功的人工合成出和天然染料完全相同的分子。法國名產茜草的天然色素產業也因此瞬間沒落。

之後巴斯夫公司用煤炭煉製的煤焦油，人工合成出可以說是染料代名詞的天然染料藍的成分——靛藍並加以改良，一八九七年終於開始大量生產價格低於天然藍染料的靛藍。印度的藍

（靛藍「Indigo」的語源，就來自印度的藍）產業（按：靛藍染布行業的簡稱）也因此毀滅。

微生物學之父巴斯德闡明發酵的原理

法國的路易・巴斯德（Louis Pasteur）是闡明長久以來，人類利用的啤酒、麵包、葡萄酒等的發酵原理，讓人類知道微生物存在的科學巨人。在他之前的科學常識，是生命會自然發生，但他的發現否定了這一點。此外，他還闡明了分子的立體結構，對化學貢獻良多。

巴斯德也全心投入疫苗研究。有鑑於英國的愛德華・詹納（Edward Jenner）於一七九六年發明預防天花的方法，也就是注射來自牛痘（良性的牛病毒性傳染病）的成分到人體內的預防接種方法（Vaccination），他將這種預防製劑命名為「Vaccine」（疫苗），這個字的語源來自母牛的拉丁語「Vacca」。此外，巴斯德本人也發明了狂犬病疫苗，拯救了許多人。

當時法國盛行釀製葡萄酒。有位釀造業者就委託巴斯德，闡明為什麼在酒精發酵的過程中，有些酒桶會釀製失敗、導致果汁變酸。關於這一點，萊比錫主張「發酵與腐敗是化學反應，和微生物無關」。但巴斯德認為是微生物作用，兩人完全對立。

一八六〇年左右，巴斯德用顯微鏡仔細檢查果汁變酸、不能用的酒桶，順利發現酒精成功發酵時，酵母這種微生物很活躍；而失敗變酸時，則是乳酸菌大量繁殖，壓制了酵母的結果。從此人類才開始能用化學觀點掌握發酵現象。

一八六一年，他還用燒瓶做實驗，將屏除微生物的空氣放入裝著肉汁的燒瓶內，結果發現肉汁不會腐敗，因此證明了腐敗是微生物引發的現象，生物不會無中生有。

一八六五年，他發明了在攝氏六十度左右、加熱約二十分鐘的低溫殺菌法。從此葡萄酒和起司等乳製品開始可以長期儲存。而日本人比巴斯德早約三百年前，就已經在釀製日本酒時，運用相同原理的「入火」手法（酒的相關內容的後續接第二一八頁）。

無菌外科手術問世——安全的手術時代來臨

即使到了十九世紀中期，手術現場仍是慘不忍睹，醫院內又髒又暗，空氣也不流通，即使前一位病患剛剛死亡，也不會更換床單。病患如果有一點小傷、卻運氣不好而被感染，只能靠外科手術截去潰爛的手腳，別無他法。外科大樓總是充斥著病患的壞疽（連皮膚下的組織都潰爛）惡臭。

然而，有將近四〇%的病患，其實是死於外科手術本身帶來的細菌感染。收容戰場受傷士兵的軍醫院，死亡率甚至高達七〇%，真可謂是黑暗時代。

從這種黑暗時代誕生出近代醫療的人，就是英國格拉斯哥的外科醫師約瑟夫·李斯特（Joseph Lister）。當時的醫師都以為疾病的原因，是來自下水和汙水散發出的惡臭。然而，李斯特卻認為疾病的原因不是惡臭，而是空氣中漂浮著肉眼看不見的病因物質。

有一天，他看到法國巴斯德的論文，論文中主張疾病的原因是肉眼不可見的細菌，李斯特於是開始思考殺菌的方法。巴斯德也提到細菌無所不在，但可透過加熱沸騰殺死細菌。然而在現實中，當然不可能把大樓或病患拿去煮。

李斯特摸索適合消毒的方法，終於讓他找到石炭酸（**Phenol**）。石炭酸是源自煤焦油的物質，過去用來消除垃圾場等散發的惡臭。李斯特於是想到，既然可以消除惡臭，應該也可以殺死「不好的氣」吧。

美國前總統林肯於一八六五年遭暗殺。同一年，某天有位十一歲少年，因為腳部複雜性骨折被送到醫院。因為骨頭碎片刺穿皮膚，因此複雜性骨折一定會感染。以當時的常識來看，最有效的治療方法就是截肢。然而，李斯特卻希望儘量避免走上截肢這條路，因而選擇用消毒這項新嘗試進行外科手術。在手術中，他用石炭酸水溶液擦拭斷骨及其周遭組織，用浸泡了石炭酸的布貼在傷口上，再用金屬板包覆。

結果少年不但沒有因為感染而發燒，還順利治癒。一八六七年，李斯特將這種消毒法的成果投稿到醫學期刊《刺胳針》（***The Lancet***）。之後在手術中，他還會噴灑石炭酸水溶液噴霧，一八六八年還用鉻酸（**chromic acid**）消毒手術縫合線。

因為發明這些消毒手法，使得手術帶來的細菌感染銳減，終於開始有了清潔又安全的近代外科手術。

人類首次試圖推廣以次氯酸水溶液消毒的人是伊格納茲．塞麥爾維斯（**Ignaz Semmelweis**），後來李斯特讀了他的傳記，便開始主張「塞麥爾維斯才是偉大的消毒法發明人」。

發明黃色炸藥——炸藥累積的財富推動學問發展

一八六四年左右，當日本長州藩和外國艦隊展開炮擊戰時，瑞典某家族已經開始經營硝化甘油的製造工廠。這個家族就是歷史留名的阿爾弗雷德・諾貝爾（Alfred Nobel）家族。

有一天，斯德哥爾摩的實驗室爆炸，諾貝爾的弟弟也因此喪命。諾貝爾因為這場意外，更努力研究如何將硝化甘油製成安全的炸藥。他反覆實驗，希望能將爆炸力超過黑色火藥的硝化甘油（震爆速度約是黑色火藥的十九倍），製成容易使用的炸藥。一八六六年，他讓矽藻土（上古時期的單細胞藻類屍骸骨骼堆積後，形成的多孔質石狀物質，化學成分是二氧化矽）吸附了硝化甘油，結果發現變得更穩定了，也更容易控制爆炸。

而且諾貝爾還發明了雷管作為引爆裝置。雷管就是利用導火線或電引發小爆炸，再透過小爆炸的衝擊讓炸藥爆炸。因為是在使用黃色炸藥前才插入雷管，所以可以安全的使用炸藥。

他將矽藻土的粒子吸附硝化甘油後的混合物，命名為「Dynamite」（黃色炸藥），銷售到全世界。黃色炸藥這個字是結合了希臘語的「Dynamis」（表示「力量」）＋接尾辭「-ite」（表示「……石」）而成。

一八七五年，諾貝爾還用硝化纖維素取代矽藻土，和硝化甘油混合成果凍狀，製成威力更強大的「炸膠」（Gelignite，全球第一個塑膠炸藥）。這就是現今使用的黃色炸藥的原型。

諾貝爾用炸藥累積出的巨富，於一八九四年收購瑞典的鐵工廠卜福斯公司（Bofors）、參與經營，讓這家公司發展成為武器和化學大廠。卜福斯公司在第一次世界大戰到第二次世界大戰期間，已經成長為代表瑞典的軍工廠，製造大炮、機炮等。

在大規模的土木工程中，黃色炸藥也發揮了它的威力。西元前二一八年，迦太基有勇有謀的將軍漢尼拔為了進攻羅馬，深受雪崩之苦，並犧牲了數萬人的性命，才得以和大象一起越過阿爾卑斯山脈。一九〇六年，人類終於完成貫穿這個難關的鐵路隧道工程，開通了一條長約二十公里，連接義大利和瑞士的辛普朗隧道（Simplon Tunnel）。

羅馬時代和中世紀的隧道工程，是拿著鑿子等工具用手挖，如果遇到堅硬的岩盤，可能挖一年也只能前進一公尺左右。然而，使用黃色炸藥的話，只要在岩盤上挖個小洞，然後插入黃色炸藥引爆，再怎麼堅硬的岩盤，不用一小時，也能挖出數公尺的隧道。

甚至還包括世紀大工程，在巴拿馬地峽開鑿長達八十公里的巴拿馬運河（一九一四年開通）等，也都用上了黃色炸藥。黃色炸藥連地圖都改變了。

無線電與海底電纜——遠距通訊進化

從伏打電池帶領人類進入電力時代開始，人類就如火如荼的研究電力。

一八三七年，摩斯發明了摩斯密碼（英文二十六個字母和數字），用點（・）和線（－）兩種符號發出電報，開啟藉由電力通訊的時代。

一八七六年，美國的貝爾（Alexander Graham Bell）取得電話機的專利，一八九五年義大利的古列爾莫・馬可尼（Guglielmo Marconi）發明了無線電通訊。

古代使用狼煙來傳達訊息。在一定間隔的場所接棒點燃狼煙，觀測人員看到煙升起後，自己也點燃狼煙，這是自古以來的訊息傳達手段。甚至還有建立多數訊號所，反覆舉起木板又放下的視覺訊息（Optical telegraph）式傳達手段等，人類逐步改良遠距通訊，但決定性的改變就是電力通信。

海底電纜放在深海海底，必須使用能耐高水壓和不被海水腐蝕的物質。當時使用的海底電纜，以馬來樹膠作為絕緣體。

馬來樹膠和天然橡膠一樣，由巨大分子聚異戊二烯組成，是多個—C_5H_8—單元（由分子異戊二烯組成）相連而成的巨大鏈狀分子。不過這個單元的—C_5H_8—內的立體結構有微妙差異。這種微小的差異，堆疊出天然橡膠和馬來樹膠的巨大差異。馬來樹膠取自山欖科（Sapotaceae）植物的樹液，放入模具中成型，接觸空氣一定時間後就會變硬。不同於天橡樹膠之處，就在於馬來樹膠可以定型。

鋪設海底電纜時，載滿電纜線的船隻分別自美國和英國出發，沿途鋪設電纜線。可是鋪設的電纜常常斷線，不停失敗再重來，一直等到一八六六年（日本薩長同盟成立）後，連線才穩定下來。

電報和海底電纜縮短了世界的距離。到了一九八〇年代，海底海纜已經進化到使用光纖，一口氣進入可大容量通訊的時代。現在國際間的資訊傳輸，有九九％都靠海底電纜維繫，其他則靠衛星。

截至二〇二一年，全球共鋪設了四百四十七條海底電纜。日本是島國，網際網路也靠海底光纖電纜的大容量光通訊和外國相連。

推特（Twitter）、Instagram、Facebook 等，各式各樣的圖像和資訊，都透過海底電纜傳往全世界。

鑽石的元素「碳」——太空中有鑽石形成的星球

「鑽石恆久遠，一顆永流傳」、「求婚戒預算等於三個月收入」，這些都是大家耳熟能詳的鑽石電視廣告台詞。應該很少有女性收到鑽石會不高興吧。連知名的動畫《魯邦三世》的每個系列作品，都會放入偷鑽石的橋段，來表示對鑽石的尊重。

婚前，我也特地帶著現在的另一半去看《血鑽石》（*Blood Diamond*）和《軍火之王》（*Lord of War*）等電影，試圖洗腦她，讓她覺得鑽石是非洲地區動盪不安的原因，但她還是要我在銀座買鑽石戒指給她。

站在化學的角度，鑽石就是碳原子的集合體，跟備長炭和鉛筆芯一樣，都是一堆碳。雖然這些都是碳元素的集合體，但因為原子連結方式不同，形成不同性質的東西（也稱為同素異形體〔Allotrope〕）。物質的性質由原子連結的方式、結構決定，氧（O_2）和臭氧（O_3）也是同素異形體。

開採鑽石的起源，據說是西元前七至八世紀左右的印度。當然，那個時代沒有研磨切割的技術，所以據說是把沒有光澤的原石，用來當成守護石等。鑽石是地球上最硬的物質，由希臘語的「a」（無……，表示否定）和「damazein」（表示「征服」）組成，意思就是「無法征服、無敵」、「又硬又難以破壞」。

古羅馬時代，因為無敵這個名稱，羅馬軍的貴族們就把它當成守護石隨身攜帶，以討個好兆頭。據說在中世紀時，諸侯們會把鑽石嵌在劍和盔甲上作為守護。

換句話說，當時的人並不認為鑽石是寶石，價格也不到藍寶石等寶石的十分之一。

然而，到了一四七五年，比利時的比爾凱姆（Lodewyk van Bercken）發明用鑽石粉末研磨的技術後，人類開始能將鑽石加工切割成八面體和十二面體等，讓鑽石散發出璀璨光芒。自此之後，鑽石開始成為人們關注的寶石，很快就成為王公貴族的心頭好。

等到印度和巴西的鑽石被開採一空後，一八六六年南非發現了巨大的鑽石礦床。英國人塞西爾．羅德茲（Cecil Rhodes）注意到，開採量太大可能導致價格崩盤的問題，就向大富豪羅斯柴爾德家族（The Rothschilds）募資，創立買賣鑽石的貿易公司戴比爾斯（De Beers），用強迫的手段征服非洲。羅德茲被稱為「南非的拿破崙」，還當過殖民地的首相。著名的南非種族隔離政策（Apartheid）也是由他提出。羅德西亞這個國名，也是用他的名字來命名。

之後戴比爾斯公司就成為國際鑽石企業集團（Syndicate），壟斷鑽石的生產與流通，不斷操控供需均衡、墊高價格。明明是比藍寶石晚出現的寶石，卻因為知名的廣告詞而爆紅暢銷。

二〇一一年，科學家發現距離地球四十光年有一顆巨大行星，很有可能是由鑽石等碳構成。這個鑽石行星是地球的二倍大。不知道人類什麼時候才有機會踏上這個行星？

發明鋼筋混凝土——現代文明的象徵

混凝土抗壓，但遭拉扯後會斷裂。而鐵承受壓力則會彎曲，但卻能抗拉扯。而鋼筋混凝土就是結合兩者長處的最強建築材料。

像這種將多種材料組合後，截長補短而成的素材，就稱為「複合材料」。二十世紀後半到二十一世紀，科學家們陸續開發出碳纖維強化塑膠（CFRP，Carbon Fiber Reinforced Plastics）等，是複合材料開花結果的時期。

有很多人都能稱為是鋼筋混凝土的發明人，但第一位讓鋼筋混凝土實用化的人是巴黎的園藝師喬瑟夫・莫尼耶（Joseph Monier）。當時的花盆已經由傳統的陶製品，進化為用新素材混凝土製的花盆，但缺點是又重、又容易破。

於是莫尼耶為了減輕花盆重量，就努力摸索又薄、又能提升強度的方法，最後想出將混凝土倒入鐵網後成型的方法。莫尼耶在一八六七年（日本江戶幕府時代最後一年）（按：中國是清同治六年）的巴黎萬國博覽會，展出內有鐵網的混凝土花盆，大獲好評，甚至還申請到專利。

之後德國建築師古斯塔夫・阿道夫・維斯（Gustav Adolf Wayss）取得了莫尼耶的專利，透過載重試驗等評價鋼筋混凝土性能，將鋼筋混凝土工法推廣至橋梁建設等工程使用。

鋼筋混凝土工法發展的這個時期，布拉姆斯（Johannes Brahms）、布魯克納（Anton Bruckner）、白遼士（Hector Berlioz）等浪漫樂派（Romanticism）音樂大放異彩，交響樂團編制很大。貝多芬（卒於一八二七年）認為，每個人都有權利享受音樂藝術，將音樂自貴族和教會手中解放，一般大眾終於能去聽音樂會，因此建設大型音樂廳就成為時代的潮流。鋼筋混凝土工法讓這一切化為可能。

美國在一九〇六年的舊金山大地震時，有個小鎮被大火燒光，只剩下滿地瓦礫，可是竟然有一座鋼筋混凝土的倉庫安然無恙。從此鋼筋混凝土開始受到人們的關注。

知名的建築家們紛紛開始嘗試用鋼筋混凝土來建築。號稱二十世紀最棒的建築師們，如法蘭克・洛伊・萊特（Frank Lloyd Wright）、華特・葛羅培斯（Walter Gropius）、勒・柯比意（Le Corbusier）等人，活用鋼筋混凝土自由造形的特質，接二連三催生出享譽國際的建築作品。

鋼筋混凝土隨著高樓大廈、超高大廈，成為現代文明的象徵，但因為內含鋼筋，其實比混凝土更容易劣化。

鐵不耐酸又會生鏽，但不會和鹼性物質起反應。包圍鋼筋的混凝土是鹼性物質，可以保護鐵不受酸性物質影響，但空氣中的二氧化碳（酸性氣體）會讓混凝土從表面開始，慢慢被酸鹼中和，由鹼性變成中性。

之後連鐵周圍的混凝土都變成中性後，就失去保護鐵的能力，鐵就會開始生鏽。鐵一生鏽就會膨脹，對混凝土內側造成衝擊，導致混凝土劣化。

混凝土由鹼性變成中性的速度，據說是兩年一公釐。環繞鋼筋周圍的混凝土，一般厚度為三公分，表示只要六十年的時間，鋼筋周圍的混凝土就會變成中性。如果不加以維護，很快就會劣化。所以不只是大樓，連首都高速公路等也要維護，這實在不是件簡單的事。

萬神殿等羅馬時代的混凝土建築物，能屹立不搖一千八百年以上，然而鋼筋混凝土提升了強度，卻必須付出壽命縮短的代價，再怎麼小心維護，壽命大概也只有兩百年出頭。有得必有失，這是千古不變的定律。

主宰遺傳的核酸，奠定分子生物學的基礎

二十世紀末期到二十一世紀，基因工程和生化科技有了驚人的進展。即使面臨新冠疫情，人類也能立刻著手解析新冠病毒的基因（設計圖），特定出病毒表皮突起狀的蛋白質部分的設計圖，也就是核酸序列（縮寫為A、U、C、G等四種分子連結而成，有如密碼的序列）。

疫苗就是人類將這個設計圖的複本 mRNA 加以修飾後，人工大量生產的產物。人體內只能由這個 RNA（設計圖）製造病毒的突起部分。然後人體會產生以這個突起部分為標的的抗體，這些抗體就像是導彈一樣，襲擊真正的病毒，全面守護人體健康。

這是令人驚奇的科技結晶。人類可是經過漫長又艱困的道路，才終於走到了這一步。

瑞士人弗雷德里希・米歇爾（Friedrich Miescher）學習有機化學後，走上醫藥化學（Medical Chemistry）研究之路。為了研究白血球，他從醫院蒐集大量吸附膿汁的繃帶，不知道他在做什麼的人，卻把他當成怪人。

一八六九年（明治二年，日本戊辰戰爭結束）米歇爾分析了龐大的膿汁、白血球屍體後，在白血球的細胞核中發現了謎樣的酸性物質。他將這種內含未知的有機化合物與大量磷酸的物質，命名為「核酸」（Nuclein）。此時還沒有人知道這種未知物質，正是主導遺傳的基因本體。

在這項發現的四年前，捷克修道士孟德爾（Gregor Mendel）從碗豆雜交實驗中，發現遺傳有定律可循，發表了劃時代的論文，主張基因會傳遞資訊。然而他的論文卻被認為是修道士、而非研究人員寫的論文，沒有受到任何關注，被埋沒了很久。

其實米歇爾發現的核酸正是基因本體，也就是去氧核糖核酸（Deoxyribonucleic Acid，簡稱DNA）。在米歇爾發現核酸的八十年後，人類才知道這個事實。

自從米歇爾發現核酸後，許多科學家紛紛著手，試圖闡明遺傳這種現象的神祕、可說是神的傑作的自然法則。二十世紀中期以後，人類甚至發展出可以操作基因內的分子、製造新基因分子的技術。

元素週期表的意義——建立物質探索地圖的化學家

自從十七世紀，羅伯・波以耳將物質終極的構成成分定義為元素以來，就孕育出一股探索元素的潮流。拉瓦節發表了三十三種元素，不過其中包含熱和光等，現在已經不被當成是元素的成分。

又經過兩個世紀、到了十九世紀，探索全新元素的化學家們，彼此之間的競爭日益激烈。一八七五年，法國化學家列克・德・布阿勃德朗（Lecoq de Boisbaudran）發現新元素，並以古羅馬人對法國地區的稱呼高盧（Gallia），將這種新元素命名為「鎵」（Gallium）。

不過，布阿勃德朗宣布自己發現新元素後，卻收到來自俄羅斯的一封信：「你發表的鎵不夠精確。你說鎵的比重為四．七，這是不對的，比重必須介於五．九到六．〇之間。」

所謂比重，指的就是相對於同體積水的質量的比值，簡單來說就是一立方公分的質量（公克）。布阿勃德朗看到這封信後，十分忿忿不平：「這明明是我才剛發現的元素，你怎麼就一副好像很懂的樣子？你是在嘲笑我嗎？」

寄信人是「聖彼得堡大學教授門捷列夫（Dmitri Mendeleev）」。雖然很不高興，布阿勃德朗還是馬上又做了實驗，結果發現他之前求出的比重真的錯了。而且這個新元素的比重，還真的像門捷列夫說的一樣，是五．九。

布阿勃德朗對於這位連看都沒看過，卻跟預言家一樣說中鎵比重的人佩服不已，心中不禁湧起一股敬畏。其實門捷列夫之所以能說中，是因為他是第一位寫出正式的元素週期表，並根據週期表的規律，預言未發現的元素的人。

一八六九年，大學教授門捷列夫正在寫化學教科書，他把當時已知的元素全部寫在卡片上，用大頭針貼在牆上。他把這些卡片按照相似程度排來排去，就排出了元素週期表。

而且對於當時還未發現的元素，他不僅是留下空格而已，還自行預測出數據。他不只是排列元素，還歸納出元素的規律性。

其實在門捷列夫發表週期表之前，就已經有化學家從元素的周期性，注意到相似的元素會像音階「Do、Re、Mi、Fa、So、La、Si、Do」不斷重複一樣，陸續出現，因而發表元素有如音符的主張。但這位化學家卻被世人嘲笑：「那接下來，你會做出什麼音樂啊？」

當時的權威化學家們，一開始也對門捷列夫的週期表嗤之以鼻。然而他已經正確預言出新元素「鎵」，所以也被很多化學家們接受。

因為有了這張元素週期表，人類終於完成了建構出宇宙萬物、物質的終極成分一覽表，用顏料來比喻，就像是完成了一盤有各種色彩的調色盤（雖然當時還有很多未發現的元素）。現代教科書上的週期表，就是構成宇宙萬物的材料表，拿著這張小小的紙片，就等於是將宇宙握在手上一樣。

從拉瓦節發表元素的列表，蒐集量化數據、告別鍊金術，確立化學為一門學問開始，只經過短短七十多年。

因為建立週期表，證明了物質結合和反應有規則可循的科學物質觀，同時也為人類指出一個新的研究方向，那就是構成元素的原子，可能具備有系統的內部結構，導致元素出現週期性。進入二十世紀後，人類也更進一步闡明原子的內部結構、原子核和電子等。

門捷列夫從苦學中，鍛鍊出堅強的意志與全新的思想。在當時專制的沙皇俄國允許女學生聽講（當時排斥女子），也積極聘僱女性職員。

一八九〇年，他將學生反皇帝獨裁的請願書，遞交給教育部長後，被迫離開大學。他真可謂是化學界的風雲人物（化學史相關內容的後續接第二三五頁）。

發明賽璐珞——全球首見來自植物的塑膠

南北戰爭讓美國出現許多戰爭暴發戶，有錢人家開始流行在家中擺放撞球臺。撞球用的球材質是象牙，於是出現濫捕大象、供貨不穩定的問題。美國撞球廠商對這個現象感到憂慮，於是祭出高額獎金：「如果有誰找到可取代象牙的便宜材料，將可得到獎金一萬美金！」在高額獎金的激勵下，引發了激烈的開發競爭。

最終得到獎金的人，是印刷工人海厄特（Hyatt）兄弟。他們將硝化纖維素的纖維和樟腦（自樟樹取得的結晶，也被當成防蟲劑和香料使用）混合，製造出賽璐珞（Celluloid），這是人類史上首個以天然的纖維素為基底的塑膠製品。

一八七〇年，海厄特兄弟取得專利，之後還用「賽璐珞」註冊商標。其實在他們之前，英國人亞歷山大．帕克斯（Alexander Parkes）已經發明和賽璐珞相同的東西，卻無法商業化生產。

賽璐珞就是膨鬆龐大的樟腦分子，擠入硝化纖維素長長的分子之間的狀態。就像是烏龍麵的麵和麵之間夾入很多玻璃彈珠，麵條之間並未緊密相連，呈柔軟狀態的感覺。因為柔軟，所以可以塑造成各種形狀。賽璐珞用來製造各種玩具，如Q比（Kewpie）娃娃等。過去原本記錄在玻璃板上的照片，也開始使用賽璐珞軟片，成為照片普及的原動力。

然而賽璐珞的成分硝化纖維素易燃，三不五時就會發生火災意外等，所以最終被新的合成樹脂取代了（相關內容的後續接第二二〇頁）。

鳥糞戰爭爆發——搶鳥糞搶到引起戰爭？

南美玻利維亞多民族國家是內陸國，明明不臨海卻有海軍。這是為什麼？這就跟拉丁美洲的戰爭史有關了。玻利維亞獨立後，原本的領土是鄰接太平洋的。

拉丁美洲在一八〇〇年初期，除了巴西（當時葡萄牙屬地）以外，幾乎都是西班牙的殖民地，可是接下來三十年左右，經過大大小小的獨立戰爭後，西班牙人被趕走了。獨立英雄玻利瓦（Simón Bolívar）夢想著達到南美統一國家，領導獨立戰爭獲勝，現今他的大名仍留存在玻利維亞的國名中。

因為各地快速獨立，出現許多邊界問題而導致戰火不絕。智利和玻利維亞交界的國境地區，埋藏著豐富的硝石、銅、鳥糞石（guano）等礦物資源，陸續發生許多糾紛。終於在一八七九年，秘魯和玻利維亞聯軍對智利宣戰，引發鳥糞戰爭（Guano War）。

戰爭最後的結果是智利大獲全勝，玻利維亞被迫割讓太平洋沿岸領土給智利。不過，玻利維亞一直心存著希望，總有一天要將領土拓展到太平洋沿岸，所以至今仍保留著海軍。

這個戰爭的名稱「Guano」，到底是什麼樣的資源？「Guano」是西班牙語，起源自蓋丘亞語（Quechua Language）的「糞」，指的是海鳥糞堆積而成的石頭。

就化學來看，這種石頭富含磷酸鈣，被稱為磷礦。在降雨量少的智利太平洋沿岸和海島等地，海鳥糞長期堆積後成為礦石。以沙丁魚為食物的海鳥，糞中富含磷、氮、鉀等肥料三大要素的元素。

自從萊比錫主張礦物與人工無機化合物能作為肥料後，農業也開始慢慢朝著近代資本主義風格演進。恰好又是肥料熱潮的時代，智利等地大量開採磷礦出口到歐洲和美國，榮景媲美淘金熱。除了智利以外，南太平洋島嶼也可以見到磷礦身影，特別是諾魯島（Nauru，諾魯共和國）

最為出名。

有資源的地方就有戰爭，自古皆然。

波爾多液和葡萄樹——人類開始用農藥對抗病蟲害

不只是義大利和法國，連西班牙、德國、匈牙利都是知名的葡萄酒產地。在歐洲，因為耶穌在最後的晚餐時說：「麵包是我的肉，葡萄酒是我的血。」因此釀造高品質葡萄酒，一直都是修道士們的工作。葡萄酒就是歐洲文化的一部分。

特別是勃艮第和波爾多的葡萄酒，還在歷史上占了重要的一席之地。這是列強為了收拾法國大革命和拿破崙戰爭造成的混亂，建構新秩序，召開維也納會議時的事。當時的法國外交部部長塔列蘭．佩里戈爾（Charles Maurice de Talleyrand-Périgord）為了避免法國被列強諸國干涉、分割，用馬車滿載大量波爾多知名酒莊「歐布里昂堡」（Château Haut-Brion）的葡萄酒，以及廚藝高超的廚師、食材，以法國全權大使身分與會，用美酒美食籠絡列強高官、大人物，才讓法國逃過一劫。

現今擁有至高無上地位的法國葡萄酒，其實在一八六〇年代曾面臨滅絕危機。原因是當時自美國進口的葡萄樹苗上，附著的大量葡萄根瘤蚜蟲（Phylloxera）。

這種害蟲瞬間在歐洲蔓延開來，歐洲各地沒有抵抗力的葡萄樹幾乎全部死亡。葡萄酒文化中斷，葡萄園甚至被迫轉為羊群的放牧用地。

法國政府為此懸賞三十萬法郎，以尋求解決對策。於是有人想出了方法，使用對來自美國的害蟲有抵抗力的葡萄樹根部分為砧木，在其上接枝，克服這種害蟲帶來的危害。這種方法拯救了法國的葡萄酒，讓葡萄酒文化得以延續至今，真可說是葡萄酒的救世主。

可是一波未平一波又起，這次流行的是葡萄白粉病（Downy mildew），這是細菌造成的葡萄疾病。而波爾多大學植物學教授米勒戴特（Pierre-Marie-Alexis Millardet）則解決了這個問題。當時在波爾多街道兩旁的葡萄園，為了避免被盜採，就在葡萄樹上撒硫酸銅和石灰。而硫酸銅會導致葡萄樹葉變成青色，看來好像生病了一樣。

一八八二年，有一天米勒戴特發現，撒上這種化合物的葡萄樹不容易生病，特別是不會生葡萄白粉病。這種藥液因此被稱為波爾多液，守護著全世界的葡萄和蔬菜。

這也開啟了農業史上，人類開始使用農藥對抗植物疾病和昆蟲蟲害的時代。

革蘭氏染色，將細菌分成兩大類

一八七六年，德國人羅伯・柯霍（Robert Koch）用夫人贈送的顯微鏡，發現並確認了病原微生物的存在。他找到炭疽病的致病原——炭疽桿菌（Bacillus anthracis），又發現了結核桿菌和霍亂弧菌。

之後科學家們競相利用顯微鏡找出病原體，也絞盡腦汁，摸索更容易用顯微鏡觀察透明病原菌的方法，還使用了苯胺製造的染料。

一八八四年，丹麥人漢斯・克理斯蒂安・革蘭（Hans Christian Gram）想到用染料將透明細菌染色，以便區分的方法。這種方法稱為革蘭氏染色，根據細菌的種類，有些細菌會被染成紫色（革蘭氏陽性菌）；有些則不會變成紫色、而是變成紅色（革蘭氏陰性菌）。這是細菌表面（細胞壁）的結構造成的差異。革蘭氏陽性菌包含乳酸菌和比菲德氏菌，而革蘭氏陰性菌則包含大腸桿菌和沙門桿菌等。

藉由煤炭分解而生成的煤焦油中可取得苯胺，以它作為原料製成的合成染料會和細菌結合。不久後，人類就利用這個特徵，開發出攻擊病原菌的醫藥品。

發明人造絲——有蠶絲般的光澤但易燃

隨著化學的發達，人類發明了將天然素材的廉價纖維素，製成有如高級蠶絲（Silk）的方法。當時法國的夏多內伯爵（Hilaire de Chardonnet）因為自己的興趣——照相，會在照片用的板子塗上由硝化纖維素製成、黏黏的液體火棉膠。有一次他不小心打翻容器，將火棉膠溶液撒在地上。

接著，神奇的故事就此展開。他發現拉扯傾倒的溶液，這種物質會越拉越長，成為有如蠶絲一樣的細長絲線。於是他試著從注射針孔般的細孔中擠出火棉膠溶液，結果製成有如光澤蠶絲般的絲線。

夏多內伯爵以前也是巴斯德的弟子，他研究的對象是蠶繭，所以他當然具有蠶絲相關知識。他立刻著手量產這種產品。因其有如蠶絲的特性，而命名為「人造絲」，並於一八八四年取得專利（隔年伊藤博文就任日本首任總理大臣）（按：劉銘傳於一八八四年至臺北府就任）。

然而，人造絲產品銷售到全世界後，卻到處引發災情。因為硝化纖維素的分子結構和炸藥一樣，只要紳士們的雪茄碰到華麗的洋裝，就會像導火線一樣燒起來，真的就像是自爆一樣。人造絲工廠也到處發生火災。

不只是人造絲，還有其他娛樂也運用了硝化纖維素，同樣災情不斷（相關內容的後續接第二三二頁）。

發明汽車──賓士靠三輪汽車起家

人類之所以會發明汽車，一開始是為了讓大炮更機動。一七六九年，法國人尼古拉·約瑟夫·居紐（Nicolas-Joseph Cugnot）為了打造會自行移動的大炮，製造出第一輛蒸汽機驅動的汽車。這輛車沒有煞車，所以最後撞了牆，引發人類的第一件車禍。

而現今汽車使用的汽油引擎（四行程引擎）的前身，也就是以煤氣驅動的小型四行程引擎，則由德國人尼可勞斯·奧古斯特·奧圖（Nikolaus August Otto）發明。

所謂四行程引擎，是在引擎氣缸內重複「進氣→壓縮→爆炸→排氣」，而持續轉動。過去也曾有人發明用煤氣燃燒火種，推動活塞的大型引擎，但煤氣很難做出小型產品。

德國人卡爾·賓士（Carl Benz）於一八八五年發明了三輪汽車，採用單汽缸四行程引擎，引擎最高轉速為每分鐘兩百五十轉，有〇·七五馬力，行駛時速為十二公里到十五公里。這輛車配備電力點火裝置、降溫冷卻水的水箱、讓內外輪用不同速度轉動以便過彎的差速器（Differential），上市的第一輛車就已具備和現代汽車相同構造。現今賓士被稱為「汽車之父」。

提供大家一個茶餘飯後的談資。汽車最重要的裝置之一就是差速器。少了差速器，就無法順暢的過彎。沒有差速器，就會像京都祇園祭的山車一樣，要換方向也得勞師動眾。不過，賓士並不是第一位設計出差速器的人，比他早四百年前的達文西就已經設計出差速器了。達文西可真是名符其實的天才。

一八八八年，卡爾・賓士之妻貝爾塔・賓士（Bertha Benz）用第三輛賓士車載著兩個兒子，從住家所在地曼海姆（Mannheim）開車回到娘家普福爾茨海姆（Pforzheim）。這趟汽車公路旅行來回約一百九十公里，途中遇到上坡就要推車，有時又無法適時取得汽油，真的是一趟荊棘之旅，但這趟旅行揭開了不久後汽車社會的序幕。

戈特利布・戴姆勒（Gottlieb Daimler）和威廉・邁巴赫（Wilhelm Maybach）原本都在奧圖的公司從事研究，後來自立門戶，竭盡全力開發小型動力的汽油引擎。終於在一八八八年左右，將這股動力安裝在驛站馬車上，完成了四輪汽車。自此全球開始吹起製造汽車的風潮。

賓士和戴姆勒都立刻開始銷售汽車。一位富豪成為戴姆勒汽車的經銷代理商，他表示：「戴姆勒這個字太生硬了。改用我女兒的名字梅賽德斯（Mercedes）不是更高雅嗎？」因此戴姆勒就為車子命名為「梅賽德斯」，後來還註冊了商標。

再後來，戴姆勒的公司和賓士的公司合併，在一九二六年成為戴姆勒・賓士公司，開始朝著巨大企業邁進。此時還決定所有汽車都以「梅賽德斯・賓士」的品牌生產。現代賓士車仍非常自豪的星型標誌，就隱含著用引擎稱霸陸、海、空的含意。

石油主要是碳氫化合物的分子集合，而自石油分離出的汽油，則是五至十一個碳原子連結的分子集合。汽油容易蒸發，將蒸氣與空氣混合後點火，會快速燃燒，利用燃燒氣體的壓力推動活塞、化為動力。

因為是利用火星塞——一種電力式火花產生裝置（起源自發明電池的伏打的電手槍），讓液體燃料燃燒，所以可以製成小型的汽油引擎。用火星塞點火讓汽油燃燒，進而推動活塞上下，轉動曲柄產生旋轉動力，帶動車輪轉動。

鋁的量產——成本從一公斤一萬美元減少至四十美分

製造又輕又耐用的金屬——鋁，在拿破崙三世得意展示給賓客看的時候，還是成本很高的作業。然而不久之後，就有兩位年輕人發明了量產鋁的技術，顛覆了人類歷史。

美國人查爾斯・馬丁・霍爾（Charles Martin Hall）還是大學生時，聽說：「只要能發明從氧化鋁（Alumina）製成鋁的方法，就能改變世界，成為富翁。」於是就在自己家裡建造實驗室。之後在二十三歲時，他就發明了電解製鋁的方法。

為了要電解，必須先用高溫溶化氧化鋁，成為分散的鋁離子和氧化物離子（溶解液），然後加入電流。但是要將氧化鋁溶解成液體，必須達到攝氏兩千零五十四度的高溫，成本極高。

然而，只要把在北美廉價取得的冰晶石，以約攝氏一千度的溫度溶化成液體後，再投入氧化鋁，氧化鋁就會溶解成為分散的離子。然後將陰極和陽極插入溶液中進行電解，陰極發射出的電子就會和鋁離子 Al^{3+} 結合，生成金屬鋁。

霍爾於一八八六年發明這個方法並取得專利，之後創立了鋁業巨擘美國鋁業公司（Alcoa）的前身。美國鋁業公司利用尼加拉大瀑布豐沛的水力發電，發展成為大企業。

法國人保羅・埃魯（Paul Héroult）和霍爾一樣出生於一八六三年。他也是在礦山學校學習後，在同一年發明了和霍爾一樣的手法，也取得了專利。

霍爾－埃魯法問世後，關鍵所在就是能否大量生產原料氧化鋁。富含氧化鋁的礦石稱為鋁土礦（Bauxite）。地質學家在南法普羅旺斯地區萊博（Les baux de provence）發現這種鋁土礦，所以就將這種礦物用「baux」＋「-ite」（表示「石頭」）命名為「Bauxite」。

而奧地利的卡爾．約瑟夫．拜耳（K. J. Bayer，其父富黎德里希．拜耳〔Friedrich Bayer〕創立全球最大的藥廠拜耳公司）也發明了大量生產氧化鋁的方法。

簡單來說，做法就是將鋁土礦粉碎後，溶於很濃的氫氧化鈉水溶液中。鋁（及其氧化物）與其他金屬不同，不僅溶於酸，也可以溶於鹼性水溶液中（這種金屬稱為兩性金屬）。而雜質鐵的氧化物等不會和鹼性水溶液起反應，會直接沉澱，所以過濾後回收過濾液即可。

降低這種過濾液的鹼性，會產生氫氧化鋁「$Al(OH)_3$」的白色沉澱物，再次過濾並分離加熱，氫氧化鋁就會分解成為氧化鋁（Alumina）。因為霍爾－埃魯法和拜耳法的問世，讓鋁的製造成本銳減，一公斤的成本由一萬美元銳減至四十美分。

碳酸飲料風潮，韓戰、越戰不缺席

西元十八世紀末起，人類社會開始流行發泡性的天然礦泉水（Mineral Water），因為大家認為這種水有益健康。然後又有業者將蘇打（碳酸氫鈉）和檸檬酸溶於水中，製成人工發泡飲料，這種飲料就被稱為蘇打水。

到了西元十九世紀，發泡性的檸檬水等碳酸飲料普及開來。甚至在這個時代，含酒精、咖啡因、嗎啡等的奇怪成藥在美國也很猖獗。

碳酸飲料風潮和成藥風潮結合的結果，創造出現今全球知名的飲料「可口可樂」。可口可樂風靡全世界，說是二十世紀最具代表性的飲料也不為過。

一八八六年，美國喬治亞洲亞特蘭大的藥師約翰・潘伯頓（John Stith Pemberton）將西非可樂樹（Cola）果實和南美古柯樹（Erythroxylum coca）樹葉的萃取液，加入德州產的植物透納（Damiana），同時為了消除苦味再加入砂糖，和碳酸水混合後，調製成強壯水，也就是現今的能量飲料。

當時受到西班牙統治的秘魯和玻利維亞的人們，被征服者強迫從事粗重工作，他們會嚼食秘魯高海拔地方生長的植物——古柯樹的葉子，把古柯葉當成是興奮劑。古柯葉內含古柯鹼，當時秘魯經濟也受惠於古柯葉的出口。

一八六〇年，德國發現了從古柯葉中分離精製出古柯鹼的方法，鞏固了古柯鹼作為主流興奮劑的地位。英國作家亞瑟・柯南・道爾（Arthur Conan Doyle）的名著《夏洛克・福爾摩斯》

系列中，描述主角福爾摩斯愛用古柯鹼為興奮劑。不過現代的可樂裡，當然沒有古柯鹼的成分。

一八九四年，北卡羅萊納州藥師卡列伯·布萊德罕（Caleb Bradham）開始銷售百事可樂前身的飲料。開賣當時，因為這種飲料內含消化酵素胃蛋白酶（Pepsin，胃液內含的消化酵素。希臘語「Pepsis」表示「消化」的意思），所以命名為「百事可樂」（Pepsi Cola）。

「可口可樂」建立一大帝國，是一九二〇年美國實施禁酒令（全面禁止生產、銷售酒精飲料的法律）以後的事了。因為酒類被禁了，可口可樂的需求因此暴增。此外美國釀酒業者也大受打擊，特別是發展中的葡萄酒產業更一蹶不振。芝加哥則有傳奇的黑幫頭目艾爾·卡彭（Al Capone）帶領手下大賣私酒，累積驚人的財富。

到了第二次世界大戰時期，可口可樂甚至連美軍都進貨，之後的韓戰、越戰等，可口可樂公司的員工也到全世界的前線基地從軍，在可樂原液中加入碳酸水後裝瓶。

可口可樂和美軍合而為一，一路成長茁壯，而百事可樂則在當時的美國前副總統尼克森疏通下，成功讓蘇維埃聯邦（蘇聯。現在的俄羅斯）當時的最高領導人赫魯雪夫（Nikita Khrushchev）總理試喝，因此簽訂獨占契約。東西冷戰也延伸到可口可樂和百事可樂之間。

順帶一提，奧運的贊助商制度是一個業種只有一個贊助商，而且簽一次約就可成為三屆奧運會、共十二年的獨家贊助商。可口可樂公司和中國乳製品大廠蒙牛乳業設立的合資公司，最新簽訂的贊助商合約（截至西元二〇三二年為止），有一說簽約金高達三千億日圓（按：約新臺幣六百六十億元）以上。

空氣輪胎——創意來自兒子的自行車輪

橡膠輪胎支撐了現代的汽車社會。在F1賽車和GT選手權等比賽中，在賽車場上左右成敗的主要因素的，與其說是車子本身，倒不如說是輪胎性能。而發明現代橡膠輪胎的前身，也就是空氣輪胎的人，竟然是愛爾蘭的獸醫師約翰・登祿普（John Boyd Dunlop）。

某天，登祿普十歲的兒子正在努力練習，希望能在自行車比賽中獲勝。當時的車輪輪胎，就是在木頭車輪上簡單裝上橡膠棒而已。因為小孩的車輪橡膠磨損了，登祿普覺得他很可憐，就開始修整橡膠部分，修著修著突然想到他自己之前診察的動物，肚子大大的，身體也很膨脹。

然後他就聯想到：「將灌入空氣的橡膠圈貼在輪胎上如何？」於是他將橡膠圈貼在車輪外面，看來就像是甜甜圈造形的救生圈。這就是內含空氣的橡膠輪胎誕生的瞬間。他的兒子用這種輪胎，騎完狀況很差的道路並獲勝，這種輪胎瞬間大受好評。

一八八八年，登祿普取得這種內含空氣的橡膠輪胎專利，不久後創立了登祿普公司。

法國米其林兄弟則在一八九五年，開始生產汽車用的空氣輪胎並工業化。此外，他們看準未來將進入汽車社會，為了促銷輪胎而出版汽車旅行的宣傳手冊《米其林指南》（*Michelin Guide*），並於一九〇〇年開始分發這本手冊，這也就是現今所謂的「米其林三星餐廳」等評鑑的起源。

這也是化學——照片終於大眾化

自從尼埃普斯和達蓋爾發明照片以來，照片技術歷經各種改良，從快門必須打開好幾個小時的相機，進化到瞬間即可拍攝完成。然而，當時在拍攝前，必須在玻璃板上塗上感光液體（也就是所謂的濕板），所以只有專業攝影師和攝影迷才有辦法操作。

一八七一年，英國醫師馬多克斯（Richard Leach Maddox）發明了乾板，也就是在玻璃板塗上混合感光劑溴化銀（AgBr）和明膠的乳劑後再乾燥，又朝現代軟片更進一步。

當乾式照片實用化並開始普及後，照片技術又陸續有了多項發明。美國人喬治．伊士曼（George Eastman）苦學成為銀行行員，對照片深感興趣，埋首致力改良麻煩的照片技術，終於在一八八〇年，讓乾板軟片量產實用化。

而且他還將原本只能一張一張拍攝的乾板軟片，改良成更為便利的紙膠捲，一八八八年收購了休斯頓的專利（一八八一年美國農民彼得．休斯頓〔Peter Houston〕取得以膠捲軟片拍照片的相機專利）。之後他推出全球第一臺內置膠捲軟片的相機，一炮而紅。

另一方面，美國牧師漢尼拔．古德溫（Hannibal Goodwin）則在一八八七年，發明在賽璐珞的透明膠捲軟片塗上感光劑的照相軟片，開拓了用影片記錄的可能性。

一八八九年，伊士曼開發出賽璐珞製的透明膠捲軟片，又改良了相機，讓便宜的相機走入大眾生活。終於由麻煩的玻璃乾板大工程時代，進入到用可攜式相機、連續輕鬆拍照片的時代。

一八九二年，他將公司名稱更名為伊士曼柯達公司（Eastman Kodak Company），而這家公司也將軟片銷售到世界各地。

伊士曼靠著相機和軟片事業累積巨富。這筆財富的一部分，則輾轉流入其他化學家手上，成為孕育出人類第一個人工合成塑膠、電木（Bakelite）的根源。伊士曼是一位慈善家，提供巨額捐款給大學與醫療機構等，但他本人卻因病難以行走，一九三二年於家中舉槍自盡。

只要使用膠捲軟片，連續一幀一幀的拍攝，就可以像翻頁動畫一樣，重現動作，這是影片、也就是電影誕生的開端。電影這種全新文化，在二十世紀的好萊塢開花結果，成為巨大產業，起源可說就是賽璐珞，甚至是更早之前的纖維素。

新炸藥帶來大規模的世界大戰

時代來到近十九世紀的尾聲，黑色火藥已經拱手讓出主力的寶座。結合硝化甘油和硝化纖維素的雙基炸藥（相較於黑色火藥，煙霧極少，屬於無煙火藥的一種）和柯代炸藥（cordite，無煙火藥的一種）等陸續問世，逐漸利用於從戰艦主炮到手槍。

硝化纖維素是用天然纖維（纖維素）為原料，透過化學反應微調結構的化合物。到了十九世紀，隨著有機化學（這種化學處理主要以碳〔C〕和氫〔H〕為主的化合物）快速進步，開始走入完全人工合成，全新爆炸力的有機化合物陸續問世的時代。

因為炸藥更具破壞力，還可以量產，導致破壞的規模和戰爭規模都不可同日而語，從以前局部性的戰爭，提升至名符其實的「世界大戰」規模。相較於十九世紀末的戰爭，中世紀到近代初期的戰爭等，就像是兄弟吵架一樣。

一八八九年，英國人弗雷德里克·阿貝耳（Frederick Abel）和詹姆斯·杜瓦（James Dewar）發明了容易使用的柯代炸藥。柯代炸藥是加工成線狀，還可以調整長度的劃時代炸藥。順帶一提，其中一位發明人杜瓦，也是發明家用保溫瓶（杜瓦瓶）的科學家。

隨著新火藥問世，長達千年的黑色火藥時代就此落幕。

當南北戰爭出現以鐵板武裝的裝甲艦後，海戰樣貌也為之改變。木造船在船身側面排列許多大炮，用鐵彈（Cannonball）互相攻擊的時代就此告終，穿甲彈（armor-piercing munition）成為主流武器。所謂穿甲彈，就是在形狀有如橡實的堅固彈丸內塞入炸藥，穿破敵軍裝甲後，在裝甲內部爆炸的武器。

一八八八年，日本海軍技術員、同時也是化學家的下瀨雅允，為了追求高性能的軍用炸藥，即使自己都因為爆炸意外身受重傷，仍成功將新型炸藥實用化。當時法國實用化的高性能炸藥內含苦味酸（Picric acid），因為是強酸，腐蝕性高，所以這種炸藥極難使用。下瀨雅允找到方法讓炮彈穩定，也就是在炮彈內側先上一層漆的塗膜，再塞入內容物，製成實用的「下瀨火藥」。

日本軍艦配備了高破壞力彈頭，都裝填這種全新炸藥，以及使用無煙火藥來發射炮彈的長射程大炮，而且船上還有高性能鉛蓄電池，以及連接鉛蓄電池的無線電報裝置，可說是最先進的軍艦。

鉛蓄電池是一八五九年法國人蒲朗第（Gaston Planté）的發明。之後京都島津製作所第二代島津源藏（Genzo Shimazu）發明了全新製造方法，讓這種電池擁有了高性能。現今汽車用電池大廠、著名的GS湯淺電池公司，名稱中的「GS」就是取自「Genzo Shimazu」的縮寫。京都中京區的島津製作所創業紀念資料館，非常適合喜歡科學的人前去朝聖，應該比去逛神社、寺廟有趣多了。

日俄戰爭開打後經過一年三個月，也就是一九〇五年五月底，日本海軍聯合艦隊在對馬海峽，正面迎擊俄羅斯帝國海軍波羅的海艦隊（Baltic Fleet）的三十八艘戰艦。

俄羅斯海軍遠從波羅的海而來，長期航海、兵疲馬困，再加上火藥品質遠不如日本海軍，在日軍丁字戰法（相對於一直線前進的俄羅斯艦隊，日本艦隊在接近後突然大轉彎，在敵軍前方一字排開的陣形，藉此讓所有日本軍艦全力炮轟敵艦的戰法）襲擊下，幾乎全軍覆沒，共有二十一艘戰艦被日軍擊沉。

長久鎖國的亞洲小國日本，在培理黑船到來後不過五十多年，就已經完成技術革新與近代化，擊退強大的俄羅斯帝國。這是一場震撼全球的戰爭（相關內容的後續接第二六五頁）。

人造絲——擺脫馬甲、解放女性

一八九二年，英國化學家查爾斯・弗雷德里克・克羅斯（Charles Frederick Cross）以及愛德華・約翰・貝文（Edward John Bevan）發明了方法，從製紙業的紙原料木漿（Pulp），用便宜成本製成纖維素纖維。所謂「Pulp」，意思就是「黏稠的果肉」，也就是將木材粉碎成粉末狀後，再經過化學處理的產物。

換句話說，將纖維素以鹼處理後，加入二硫化碳（CS_2）產生反應後，纖維素結構就會產生微幅變化，形成黏稠有如麥芽糖般的紅褐色溶液。這種人造纖維被命名為「黏膠纖維」（Viscose），語源為自拉丁語的「Viscum」（意思為「鳥黐」〔Bird Lime〕）衍生而出的「黏度」（Viscosity）。

將黏膠纖維擠入酸性溶液，就會因為化學反應而恢復成原本的纖維素結構，形成有如蠶絲的絲線，因其美麗的光澤而被命名為「嫘縈」（Rayon，語源有多種說法，如光線的「Ray」加上綿「Cotton」等）。透過細縫，將這種物質擠出成膜狀，就可以製成透明薄膜玻璃紙（Cellophane）。大家在使用透明膠帶時，不妨回想這一段歷史。

總之，經歷過這一連串的過程，人類終於可以用低廉的成本，量產不會引火、又具有美麗光澤的纖維和薄膜，掀起纖維業革命。全球各地瞬間工廠林立，日本也有東洋 Rayon（現今的東麗〔Toray〕）、倉敷絹織（後更名為倉敷 Rayon，就是現今的可樂利〔kuraray〕）等嫘縈產業興起，出口嫘縈到全世界。

因為嫘縈的出現，可以用便宜的人造絲取代原本高貴的真絲，時尚產業因而發生大地震。人造絲一開始用來製造襪子、絲襪等。因為英國女王伊莉莎白一世穿著真絲絲襪，真絲襪子和絲襪因此成為王公貴族的象徵，材質改成嫘縈後，就有更多人買得起這些服飾。不光襪子，連特權階級的貴族和富裕階層壟斷的時尚業，也因此發生革命。被馬甲束縛、燦爛奪目的仕女洋裝不再受到歡迎，時尚界終於可以為大眾量產自由設計且容易活動的服飾。

乍看之下肉眼很難區分嫘縈與真絲。上班族女性也可以穿著嫘縈服飾，材質看來就像是王公貴族使用的真絲一樣，因此用高貴的服裝來一較外表高下的價值觀也不復存在。社會上開始流行穿著好活動的服裝。

在這樣的時代變化中，開始出現法國可可．香奈兒（Coco Chanel）等服裝設計師，推動二十世紀的巨大時尚產業發展。在過去的男性本位社會中，女性們只能被馬甲束縛，裝扮得像洋娃娃一樣，成為男性附屬品。女性也因為新纖維的問世，而獲得解放。

化學的進步由植物的纖維素中孕育出新纖維，產生電影，解放女性，改變了時代。

發明保溫瓶——還幫助人類上太空？

酷暑連年，應該有不少人去運動、爬山、露營時，會用保溫瓶裝冰飲，累的時候喝一口，享受沁心涼的感覺。

一八九二年，英國科學家杜瓦有一項發明，原理和現今的保溫瓶一樣。杜瓦發明的保溫瓶，是在兩個玻璃容器之間抽真空，讓熱度不會外傳（沒有氣體分子就很難傳熱），再於玻璃表面鍍銀，使得熱更不容易散失。

杜瓦發明了這種保溫瓶後，被德國人改良。一九〇四年，能保溫、保冷的家用保溫瓶「膳魔師」（Thermos）問世。「Thermo」在希臘語中表示「熱」。

保溫瓶問世以來，夏季為人們提供冷飲，冬季提供熱飲，可說大幅改變了人們的生活型態。不過，保溫瓶的貢獻不只如此，因為它方便攜帶，又有低溫儲存的功能，也是運送醫藥品、試劑時的重要角色。

後來又有人發現，只要利用保溫瓶的原理，在巨大保溫瓶內裝入低溫液態氧，利用這種氧、讓燃料急速燃燒，在高溫燃燒氣體的反作用力之下，還可以將人類和物品載運至太空，於是出現人類史上前所未見的偉大發明（相關內容的後續接第三二三頁）。

發現病毒——遠小於細菌的謎樣病原體

法國人巴斯德雖然未能發現狂犬病病因的病原菌，但他也想到了一種可能性，就是存在著小到當時的顯微鏡無法觀察到的病原體。

一八九二年，俄羅斯微生物學家伊凡諾夫斯基（Dmitri Ivanovsky），從感染到菸葉發生的菸草鑲嵌病毒（TMV，tobacco mosaic virus）的植物中採取樹液，用細到連細菌都過不去的磁器濾網過濾，發現過濾後的溶液仍有傳染力。

一八九八年，荷蘭微生物學家貝傑林克（Martinus Beijerinck）將這種比細菌還小的濾過性病原體，命名為「病毒」（Virus），拉丁語是「毒」的意思。同年還有其他研究人員，發現牛隻口蹄疫這種疾病的病原體，也是比細菌小的病毒。

一般來說，病毒非常小（當然也有很巨大的病毒），如果將人類細胞比喻為富士山的高度，那麼大腸菌等病原菌就像是超高大廈，而病毒大概是三層樓高的房子。

細菌學家野口英世曾用光學顯微鏡，試圖找出黃熱病的病原體，不過黃熱病病原體也是病毒，用一般顯微鏡看不到，必須用電子顯微鏡才能一窺究竟（相關內容的後續接第二八一頁）。

鈾的放射線——發現天然放射性，獲得諾貝爾獎

象徵二十世紀的科技，到底是什麼？

想必大家會想到許多選項，如電腦、汽車等，不過原子彈和核能發電應該也能名列其中。現在我們仍常在新聞等，看到放射線和放射性等名詞。不少人對於放射線治療和利用放射線的影像診斷、電腦斷層掃描等名詞應該都不陌生。

有些原子容易遭到破壞，會一邊釋出放射線能量（高速粒子和電磁波），一邊毀壞（變成其他種類的原子）。這種在毀壞的同時釋放出能量的性質，就稱為放射性（Radioactivity），因此被釋放出來的能量就稱為放射線。

第一位發現這種現象的人，是法國巴黎綜合理工學院（École polytechnique）的教授貝克勒爾（Henri Becquerel）。一八九六年的某一天，貝克勒爾讀到幾個月前德國倫琴博士（Wilhelm Röntgen）發現X光的論文，他開始思考：發出螢光的物質，或許會釋放有如X光的放射線。

於是，他選擇鈾化合物作為螢光物質，用黑紙包覆照片乾板（塗上感光劑的玻璃板）以免日光照射到乾板，然後將鈾化合物結晶放在乾板上讓日光照射。結果將照片乾板顯影後，留下明顯的鈾化合物結晶影像，於是他得到結論，也就是因日光能量而「興奮」的鈾化合物，會自行發出螢光。

很巧的是（這個巧合帶來世紀大發現），當他想再次實驗時，連續幾天巴黎都是陰天，無法利用日光實驗。貝克勒爾就把鈾化合物結晶，和密封好以避免感光的照片乾板，一起放在抽屜裡。

幾天後，他猜想化合物結晶可能還會發出少量螢光，於是就將照片乾板自密封包裝中取出並顯影，結果發現又留下明顯的鈾化合物結晶影像。貝克勒爾於是得出結論，也就是即便在沒有日光的暗處，鈾化合物結晶也會自發性的釋放某種放射線。他用各種鈾化合物來實驗，最後發現鈾的量和放射線量成正比。

然而，只有瀝青鈾礦（pitchblende，又稱為 uraninite）會釋放超出這個比例關係的強烈放射線。於是有一位女性挺身而出，埋首研究釋放出這種強烈放射線的謎樣物質。

生命就是酵素的化學反應

德國人愛德華．布赫納（Eduard Buchner）於一八九七年偶然發現，即使將進行發酵的微生物酵母磨碎，用磨碎後的汁液也能引發酒精發酵，證明發酵並不需要活酵母，而是由酵母的蛋白質引起的反應。

布赫納將引起發酵反應的蛋白質命名為「釀酶」（Zymase）。希臘語的「zyme」就是「發酵、酵母」的意思。在他之前，人們普遍認為發酵是由某種生命力引起的反應，但是他證實了發酵不過是物質的化學反應，和生命力沒有任何關係。

一九〇七年，布赫納獲得諾貝爾化學獎。之後他又陸續發現多種蛋白質酵素，可在生物體內引發各種化學反應、有觸媒的作用，也知道生命的現象、也就是細胞內代謝的化學反應，其實是借助酵素之力才能有驚人的快速反應，逐步闡明生命其實就是酵素帶來的化學反應。

哲學家弗里德里希・恩格斯（Friedrich Engels），在一八七八年的著作中指出：「生命是蛋白體存在的形式。」的確是慧眼獨具。

人生中獲得兩次諾貝爾獎的女性

長久以來，波蘭都在俄羅斯支配之下。一八三〇年，波蘭人起義，宣布脫離俄羅斯獨立，但俄軍很快就攻陷波蘭首都華沙。大受打擊的蕭邦，創作了鋼琴曲〈革命〉，訴說對祖國波蘭獨立的渴望。之後波蘭人仍不斷反抗俄羅斯，持續爭取獨立。

在如此激動的時代中，波蘭人居禮夫人（Madame Curie），也就是瑪麗亞・斯克沃多夫斯卡（Maria Skłodowska-Curie）正在巴黎留學。現在理科女子並不稀奇，但當時有很多地方甚至禁止女性上大學，當然大學中也充斥著露骨的歧視女性風潮。

瑪麗亞當了八年的家庭教師，資助比她早到巴黎學醫的姐姐，再存下僅剩的微薄金錢，用這筆錢來巴黎、過著極貧窮的留學生涯。她住在沒有暖氣的閣樓，每天三餐不濟，但她廢寢忘食的讀書，終於自巴黎（索邦）大學（Sorbonne University）物理學系畢業。

而且她還認識了優秀物理學家皮耶・居禮（Pierre Curie），當時他在巴黎還默默無名，兩人結為連理。她的法語姓名為瑪麗．居禮（Marie Curie）。

瑪麗為了取得博士學位（相當於在日本可擔任教授的資格），決定以找出貝克勒爾發現的瀝青鈾礦謎樣放射線的真面目，作為研究主題。

首先她分析了鈾化合物，發現釋出放射線不是鈾化合物的性質，而是來自鈾原子本身。而且已知的釷元素也有釋出放射線的性質。一八九八年，她將這些會自發性釋出放射線的謎樣特性，命名為「放射性」。

然後，她進一步分析釋出的放射線比鈾本身放出的還要強烈的瀝青鈾礦，發現一種新元素可以釋出比鈾強烈三百倍到四百倍放射線。因為她對祖國的懷念、對祖國獨立的渴望，而將這種新元素命名為「釙」（Polonium），取其發音類似波蘭。

後來，她又發現了能釋出更強烈放射線的新元素。因為和鋇一同取出的物質可釋出比鈾強烈九百倍的放射線，所以她預測其中含有未知的新元素。

分離鋇後，她用分光計（Spectrometer）測量最後含強烈放射線的溶液，發現這種溶液有不同於以往認知的數據，而確認是新元素。居禮夫妻將之命名為「鐳」（Radium）。

鐳這個字源自拉丁語的「Radius」，原意是車輪的「輻條」（Spoke）。由（車輪）半徑的意思，衍生為代表圓半徑的「Radius」。這個字給人的印象，就是向四面八方放射出去，收音機（Radio）等字的語源也是這個字。

居禮夫妻努力萃取出未知元素鐳。這項作業需要使用數量龐大的瀝青鈾礦，經維也納的科學院向奧匈帝國政府交涉，最後順利自過去喬格包耳的著作《論礦冶》中提及的捷克亞希莫夫礦山，以幾乎免費的方式取得所需礦物。

這座礦山出產瀝青鈾礦，從中萃取出鈾化合物，為波希米亞玻璃添加色彩。居禮夫妻用貨車和大板車，將殘渣運至巴黎。

鐳元素和已知元素鋇具有相似的性質，所以很難將其與鋇分離。瑪麗用大鍋，加熱大量的瀝青鈾礦，用硫酸與硝酸溶解後，再分離出溶液成分中的金屬離子。含鐳的成分經濃縮分離後，放入試管和燒瓶，在黑夜中發出藍白色光。看到研究室中發出藍白色光的氯化鐳溶液，夫妻二人常常看著看著就忘了時間。

花了四年時間，自十一噸（有多種說法）瀝青鈾礦取得的氯化鐳，不過只有一小勺挖耳棒的分量而已。純鐳會釋出高於鈾一百萬倍以上的強烈放射線。一九〇三年，居禮夫妻因發現放射性的功績，和貝克勒爾共同獲得第三屆諾貝爾物理學獎，立刻成為風雲人物。瑪麗也是第一位諾貝爾獎女性得主。

居禮夫妻的手因為鐳的放射線，經常被燙傷。而且放射線也逐步侵蝕兩人的身體健康。一九〇六年的某日，皮耶在巴黎街頭被滿載貨物的馬車撞死，留下瑪麗和兩個小孩。喪失最愛的丈夫後，瑪麗就像被釋出強烈放射線的新元素鐳附身了一樣，再分離出鐳，更投入放射性元素和放射性的研究。一九一一年，瑪麗因發現鐳而獲得諾貝爾化學獎。繼之前和丈夫皮耶共同得到的物理學獎，她獲得了在人生兩次成為諾貝爾獎得主的榮耀。

第一次世界大戰時，她造了許多輛X光車，還學會開車，和女兒一起上戰場為醫療做出貢獻，真是充滿熱情的人。

放射線不只侵蝕了瑪麗的身體健康，也影響到她周遭的研究人員。瑪麗的助手過世，她自己也於一九三四年因放射線的影響而喪命。她們犧牲奉獻投入放射性的研究後繼有人，由居禮夫妻之女伊雷娜・居禮（Irene Joliot-Curie）繼承遺志，為第二次世界大戰後，法國成為核能大國奠定基礎（化學史相關內容的後續接第二五八頁）。

阿斯匹靈發售——從此想要什麼藥，都製造得出來

一八八〇年代起，醫藥品的合成突飛猛進的發展。人類漫長的歷史中，一直自天然植物、藥草等萃取有效成分、製成醫藥品。至此，終於進化到可以完全合成醫藥品的時代了。

德國製藥大廠拜耳，於一八九九年開始銷售完全人工合成的醫藥品。這個藥品，就是至今仍受到廣泛使用的退燒止痛藥——阿斯匹靈。

古希臘人希波克拉底斯被稱作「醫學之父」，他用柳樹（Willow）樹皮來退燒、治療關節炎。自古以來，人類就知道煎煮柳樹樹皮後飲用，有退燒、為關節炎止痛等作用。在中國的唐朝，也有用柳樹小樹枝緩和牙痛的治療紀錄。這也是牙籤的前身。自柳樹樹皮可以分離出水楊酸（Salicylic Acid，拉丁語的「Salix」源自柳樹），研究發現水楊酸有止痛作用。

一八五三年，研究人員從源自煤炭的煤焦油其成分——酚，人工合成出水楊酸，開始作為止痛藥和退燒藥銷售。然而，水楊酸是強酸性物質，會刺激黏膜，引發胃炎和胃潰瘍等副作用。

拜耳藥廠的研究人員費利克斯・霍夫曼（Felix Hoffmann）看到患有類風溼性關節炎的父親，

為了治療而服用水楊酸，卻又為副作用所苦的樣子，決心致力於消除副作用。

他注意到乙醯水楊酸（Acetylsalicylic Acid），也就是將已知的水楊酸結構微量變更後的分子，並研究合成方法。他將水楊酸的 -OH 部分（副作用的原因）的 H，置換成 $COCH_3$（稱為乙醯基），消除了副作用。他將這種分子稱為乙醯水楊酸，並將這種藥命名為「阿斯匹靈」。人體吸收這種分子後，經改造的結構就會被切斷，還原成水楊酸，發揮和水楊酸相同的效能。

拜耳藥廠現在也是全球最大規模的製藥、化學綜合大廠。足球愛好者應該都聽過德國足球甲級聯賽（Bundesliga）的知名球隊拜耳勒沃庫森足球俱樂部（Bayer 04 Leverkusen）。化學家勒沃庫斯（Carl Leverkus）創立群青（Ultramarine）的顏料工廠，在德國魯爾（Ruhrgebiet）工業地帶面萊因河的市街成立據點，當地地名就取其名而成為勒沃庫森。不久後，勒沃庫森就成為拜耳公司的據點，從合成染料起家，再用染料獲利、進軍醫藥品領域。阿斯匹靈讓拜耳公司得以一炮而紅。

阿斯匹靈的名稱來自希臘語的「a」（表示「沒有、否定之意」），加上「Spiraeaulmaria」（意為「多葉蚊子草」〔Filipendula multijuga〕），意思就是並非來自天然的多葉蚊子草。多葉蚊子草是用來萃取水楊酸的藥草。

阿斯匹靈是完全人工合成的產品，原料是從煤碳萃取而出的酚，也是第一種進行大規模動物實驗的醫藥品。解析資料，再用漂亮的包裝包成商品，進行大規模的宣傳，最後成為現代藥妝店裡常見藥品的先驅。在阿斯匹靈之前，醫藥品都是藥草之類天然的藥等，阿斯匹靈用強烈的存在感，宣告了全新藥品時代的來臨。

進入二十世紀時，人類終於進入可以變換分子結構，可以製造想要的醫藥品。就像是電影《二〇〇一太空漫遊》（*2001: A Space Odyssey*）的故事一樣，人類由類人猿開始慢慢進化，到這裡終於進入全新階段。

二十世紀，在阿波羅十一號上、飛往月球的太空人們，為了預防「暈太空船」，而帶著阿斯匹靈上太空船。阿斯匹靈是和人類一起登陸月球的醫藥品。

水楊酸為什麼可以退燒止痛？長久以來，人類一直不知其所以然，最後是英國藥理學家約翰・羅伯特・萬勞伯（Sir John Robert Vane）解開了這個謎團。因為水楊酸擁有抑制誘發疼痛和發燒的傳導物質（前列腺素，Prostaglandin）產出的作用。萬勞伯也因為闡明這個機制，獲得一九八二年諾貝爾生理學醫學獎。

即使在現代，阿斯匹靈也是一年銷售約一千億錠的暢銷醫藥品。而且又發現它具有預防血栓和大腸癌的效果。

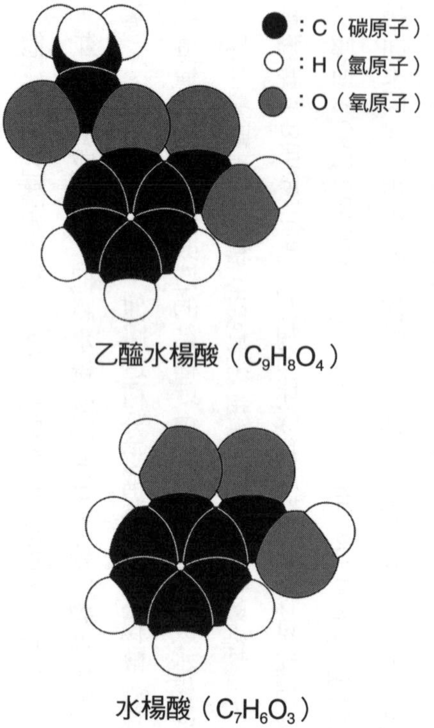

圖 29. 阿斯匹靈也曾登錄月球。

在電影《終極警探 3》（*Die Hard with a Vengeance*）中也扮演著重要的角色（醫藥品相關內容的後續接第二五三頁）。

第13章

二十世紀，由人工合成塑膠揭開序幕

歐洲在羅馬帝國沒落後，雖然有不同的教派，但總歸是由基督教支配。資本主義提升了人們對全新價值資本與財富的向心力，被哲學家弗里德里希・威廉・尼采（Friedrich Nietzsche）道破「上帝已死」。

總之，人類進入追求有異於宗教的、全新價值的時代。

隨著資本主義發展，孕育出全新價值的科學與技術也突飛猛進。一九〇三年萊特兄弟（Wright Brothers）駕駛自行研發的飛機首度試飛成功，讓人類夢想成真。船隻也由燃燒煤炭的蒸汽機，開始改用燃燒石油、馬力更大的柴油引擎，讓船隻加速大型化。電力技術也快速發展，都市迎來電力化時代。

接著，在科學的帶領下，工業也急速發展。科學技術的發達大幅改變人們的生活，人類社會進入大量消費社會的新階段。

這種轉變的象徵就是亨利・福特（Henry Ford）於一九一三年起，採用流水線式生產線量產的大眾車款福特 T 型車（Model T）。大量消費社會為了製造物品，更推動了探求物質的化學加速發展。科學和工業又與戰爭連結，開發出破壞力驚人的武器、機關槍和轟炸機、戰車等。

化學產業也由過去在小工廠慢慢製造，發展成為巨大的裝置產業，成為以工業區為象徵的化學重工業。巨大的化學工業透過量產肥料與農藥增產糧食，全球人口也因此得以持續激增。

而後，為了爭奪資源與市場，大英帝國、美利堅合眾國、慢了好幾拍的德意志帝國等巨大的帝國主義國家林立，終於爆發衝突摩擦。在衝突的臨界點發生的大事，就是第一次世界大戰。

量子力學誕生——由電子的動作設計物質的時代

近代物理學由一六八七年問世的牛頓著作《自然哲學的數學原理》（*Philosophiæ Naturalis Principia Mathematica*，簡稱 *Principia*）中誕生，之後和數學一起發展的物理學，除了可以計算日常規模的物體運動、棒球、電車，連行星的運行都可以計算了。

然而，一旦要計算宇宙規模的快速物體，或恒星系等巨大質量的物體，因為時間和空間（時空）會產生變化，就必須有相對論。再者，在電子和光子等質量極小的物體的世界中，就必須有新的尺度、新的物理學，這就是量子力學。

為了向各位說明，在此舉個極端的例子。如果我變成量子，就可以像波浪一樣運動，還創造出同時出現在東京車站和神田車站的狀態（當然，這是質量極微小的世界的事，我再怎麼厲行減肥，也不可能變成量子）。

將這個原理應用到電腦上，除了數位的一和零之外，還可以創造出一與零兩者同時存在的狀態，因此可以製造出計算力無與倫比的電腦，也就是量子電腦。

既是粒子又是波，這種能量的聚集就稱為量子。而處理量子行為的學問，就是量子力學。

進入二十世紀後，量子力學更進步了，現在甚至可以將原子與分子的舉動和性質化為算式，設計出具有預想性質的分子和結晶結構。資訊科技技術的出發點，支撐電腦的半導體等電子工學，也是由量子力學打下基礎。全新醫藥品的分子、新素材的分子等的設計，也都仰賴量子力學。

闡明基本粒子這種零件，也有助於闡明宇宙。

量子力學其實誕生於令人意外的地方……也就是煉鐵業。

十九世紀後半，德國在克虜伯等公司帶領下，發展出引領世界的煉鐵業。熔爐和平爐等內部的溫度管理極為重要，一直是由熟練工匠目測生鐵加熱後的色澤來判斷。我想很多人在新聞和電影《魔鬼終結者2》（*Terminator 2: Judgment Day*）等，都看過加熱後的鐵，閃爍著紅色或黃色光芒的樣子。

這種紅色或黃色的色澤，和光的波長、能量有關，物理學中應該可以用算式來表示。可是卻沒有任何一個算式的說明，可以涵蓋全波長領域，讓物理學家傷透腦筋。

德國人馬克斯·普朗克（Max Planck）寫出算式說明這種現象，並傾盡全力解釋。自牛頓的物理學以來，「光是一種波、有連續能量」已經是定論，而普朗克卻打破這種常識，於一九〇〇年提出「光是量子，也就是有不連續能量的粒子」，這就是量子力學的誕生。

之後，波爾、維爾納·海森堡（Werner Heisenberg）等許多科學家投入研究，讓量子力學有了飛躍性的成長。但本書的主題是化學，量子力學的內容就先談到這裡。

上水道加氯消毒——次氯酸離子有強力殺菌作用

都市裡人口密集之後，就出現了上下水道的問題。古羅馬時代就有上下水道設施，但十九世紀資本主義蓬勃發展，都市人口密集，上下水道的整備完全跟不上人口增加的速度。

一八二九年，倫敦開始自河川引水，再以砂石過濾，結果得到莫大成效。

即使如此，仍無法根絕斑疹傷寒和霍亂等傳染病的流行。到了十九世紀後半，病原菌的概念開始廣為人知，殺菌的想法也隨之普及。人類摸索研究各式殺菌劑後，發現漂白粉這種物質和氯氣具有優異的殺菌效果。

這些物質在水中會產生次氯酸（HClO）或次氯酸離子（ClO⁻），正是這種次氯酸離子具有強大殺菌作用。次氯酸離子氧化力高，會發射氧原子，猶如導彈般讓氧與病原體的蛋白質等結合（氧化），藉以破壞病原體。

一九〇五年，因為斑疹傷寒大流行，英國林肯郡（Lincolnshire）開始用漂白粉消毒上水道。漂白粉內含次氯酸離子，所以能殺死病原體。

一九一〇年，美國開始嘗試用鋼瓶運送液化氯，也就是將鹼工業的副產物氯氣液化後的產品，然後用氯氣來消毒水。原則上現今的淨水場也都是用氯氣消毒。游泳池的消毒等則是投入會產生次氯酸離子的錠劑。

閒聊一下，大家都說游泳池獨特的臭味是氯的味道，其實這種味道應該是來自氯胺（chloramine），也就是次氯酸和游泳池中的氨（汗水和尿液中的成分）反應後生成的物質。我也是看電視節目《被小智子批評！》（チコちゃんに叱られる！）（NHK）才知道。

發明杜拉鋁——鋁合金成為飛機的材料

化學就是材料的學問。新材料催生出新物品或裝置，因而帶來全新的時代。

德國人阿爾弗雷德．威爾姆（Alfred Wilm）接受陸軍部委託，研究如何用輕量的鋁取代彈匣（用來放火藥，以推出火炮彈丸的容器，大多安裝在彈頭後方）中使用的黃銅（銅與鋅的合金，英文為 Brass。五日圓硬幣也是黃銅製的），開始著手研究鋁合金。

一日圓硬幣和鋁箔紙都使用到鋁，特徵就是輕，但強度不高，所以不適合用來作為結構材料。只要能提升強度，就可以全面發揮輕量金屬材料的優勢。

一九〇六年的某個星期六，威爾姆和助手一起製造了加入銅和鎂的鋁合金，並急速冷卻加工。鐵急速冷卻後會變硬，但鋁不會變硬，反而會變軟。

因為測量硬度很麻煩，威爾姆決定等到星期一再來處理，於是他就去度假了（好像是去湖上玩遊艇）。等到星期一去測量時，他發現這種合金竟然因為時間久了而變硬。這就是時效硬化（Age hardening）現象的發現。自此之後，人類終於可以讓鋁擁有硬度，並進入實用階段。

杜拉鋁（Duralumin）名稱的由來，一是因為它在德國迪倫（Düren）這個地方的工廠開始生產，二是因為拉丁語的「dūrus」（表示「硬」）加上「alumen」（明礬的意思）。杜拉鋁又輕、強度又高，正適合用來作為當時邁入開發熱潮的飛機材料。

飛船是比飛機更早實用化的商用運具，著名的齊柏林飛船，其船架材質也是杜拉鋁。吉卜力電影《風起》（風立ちぬ）中，也有一幕是日本技師看到德國全杜拉鋁製的飛機，深受感動的場景。

人工合成塑膠揭開序幕——進入大量生產、消費社會

要說現代是塑膠時代也不為過吧。百圓商店裡的大多數產品，甚至從杯麵容器到戰鬥機，都大量使用塑膠材料。最近，電視新聞和網路報導都常見到塑膠微粒（Microplastics，直徑五公釐以下的微塑膠）引發的環境問題。

塑膠之名來自希臘語「plastikós」（表示「可變形的、可成形的」）。「整形外科」的英語則是「Plastic surgery」。

「Plastic」這個字是軟趴趴的形容詞，日語則用「可塑性」（塑表示用黏土做的人偶）這個單字去套用。加熱後變軟的性質稱為熱塑性，原本「Plastic」是這種意思。然而，現代反而將加熱後會變硬的性質，具熱硬化性的東西全部統稱為塑膠。

即將邁入二十世紀前，人類首次人工完全合成實用塑膠，嚴格來說是熱硬化性樹脂這種，加熱後會變硬樹脂的東西，而非改良天然物。

第一位完全合成出塑膠的人，是十九世紀末登場的比利時人利奧・貝克蘭（Leo Baekeland）。他發明了一般所謂的酚醛樹脂（Phenol formaldehyde resin），也就是印刷電路板的材料。支撐現代人類生活的電力產品和電腦等的電路，就放在印刷電路板上。

貝克蘭在比利時學習化學後，帶著靠化學一夜致富的野心，移民到美國。但他接二連三的失敗，到了一八九三年，他甚至已瀕臨破產。

貝克蘭已經無路可退，只能去找大人物買下他的發明，籌措資金，才有機會力挽狂瀾。這

位大人物就是因為照片普及而成為億萬富翁的喬治·伊士曼。

這是左右他生死的大交易。貝克蘭要賣的是塗上氯化銀（AgCl）的照相紙維洛克斯（Velox）。透過相機記錄後顯影的軟片，讓照相紙照射光線，紙感光後就浮現影像，成為照片。

伊士曼看到即使是微弱的人工照明，維洛克斯相紙都會起反應，而稱讚不已，雖然貝克蘭提出的售價是五萬美金，但伊士曼卻拿出一百萬美金鉅款買下這項產品。伊士曼的大氣真是讓我敬佩。

貝克蘭因此得到研究資金，他的實驗精神一發不可收拾，因此設立了化學研究所。同時他看到當時因引擎發明使得電力產品急速普及，導致電力絕緣體不足，因此開始著手合成可作為絕緣體的新物質。

當時的絕緣體製造，仰賴膠蟲（Lac insect）這種原產自東南亞的昆蟲（像蚜蟲一樣，會聚集在樹木上的昆蟲）所分泌的蟲膠（Shellac）樹脂。必須有一萬五千隻膠蟲、花上半年的時間，才能製造出四百五十公克蟲膠。

順帶一提，蟲膠這個字來自英語「shell」（「貝殼」之意），加上來自印度語的「lac」（表示「十萬、多數」。這是用來表現數萬隻膠蟲密集在樹上的狀況）。蟲膠也用於黑膠唱片等，當時的美國一年要進口數千噸的蟲膠，所以只要可以人工合成，巨富自然源源不絕。

貝克蘭經過不斷嘗試錯誤，發現將這些原料放入容器後加熱，會生成透明硬樹脂狀的物質，形狀就是反應容器的形狀。酚分子和甲醛反應後連結，生成如同兒童攀登架般的立體巨大分子。他當時將這種物質命名為「電木」。然後他又開發出更有效率的反應容器——電木成型機

（Bakelizer），終於成功量產這種物質。這也是人類首個不仰賴天然物質，而是完全人工合成的樹脂。

電木問世後立刻爆紅，用來生產各式各樣的物品，如電話機、鋼筆、收音機機殼、燈泡燈座等。最重要的是，電木奠定了靠化學力量可做出全新物質的哲學，改變了世界。

貝克蘭即使成為億萬富翁後，也仍偏好過著簡樸的生活，他看不起無謂的浪費。但塑膠卻成為二十世紀大量生產、大量消費的人類社會代表性產物。

發明化學治療——用分子攻擊梅毒病原體

現今有許多醫藥品直接攻擊病原菌，但這是到了二十世紀以後，才走進這樣的時代。

德國細菌學家保羅．艾爾利希（Paul Ehrlich）受到恩師柯霍講課的影響，著手研究傳染病。當時流行的方法，是用色素只將細菌染色，以觀察病原體。用顯微鏡觀察時，病原體的細菌是透明的（並非故意染色染得很誇張以彰顯存在），也很難清晰辨視辨識輪廓，難以用肉眼找出來。現在電視上和網路上看得到的病毒等，都是之後再用人工處理顏色後的結果。

如果用來為特定病原體染色的色素，也具有破壞病原體的機能，就可以選擇性的只破壞該種病原體，在分子層級直接殺死，這種發想就稱為化學治療。而開拓出化學治療的人，就是艾爾利希及其弟子，也就是日本留學生秦佐八郎。艾爾利希於一九〇八年，因抗體等的免疫研究，獲得諾貝爾生理學醫學獎。

艾爾利希將只和病原菌結合並破壞的分子，比喻成德國音樂家韋伯的歌劇《魔彈射手》（*Der Freischütz*）中百發百中的「魔彈」。

艾爾利希年輕時，曾將剛發明出來沒多久、以煤焦油為原料的藍色合成染料亞甲藍（methylene blue）注射到兔子的靜脈中，結果清晰觀察到血液在血管內流動，只有末梢神經被染成藍色。他也因此開始探索只會直接攻擊病灶部分的分子。

一九〇一年，艾爾利希研究了非洲地方性流行病——「非洲昏睡病」（African sleeping sickness）。此時艾爾利希的助手中，有一位自日本傳染病研究所派遣來的志賀潔。志賀潔是仙臺人，也是日本傳染病研究第一把交椅北里柴三郎的弟子，他於一八九七年發現了痢疾桿菌，是日本人驕傲的偉大科學家。

非洲昏睡病的致病原因是錐蟲。艾爾利希和志賀潔努力尋找對錐蟲有效的醫藥品，終於在一九〇四年發現一種稱作「Trypan Rot」的紅色色素，可攻擊其中一種錐蟲，也就是馬匹傳染病致病原因的錐蟲。從這項研究中找到手感的艾爾利希，下一個研究的對象則是長期以來讓人類痛苦不堪的梅毒病原體。

梅毒原本是美洲新大陸的地方性流行病，據說是哥倫布一行人將梅毒帶回歐洲。貿易所及之地必有新疾病。一般認為病原體是螺旋菌，它是種單細胞生物（梅毒螺旋體），形狀猶如葡萄酒開瓶器上的螺旋部分。

十六世紀的醫學、藥學家帕拉賽瑟斯，和醫師兼占星術師的諾斯特拉達姆斯（Michel Nostradamus）等多位醫師，都使用內含水銀和砷等的化合物來治療梅毒。

作曲家莫札特年僅三十五歲就病魔纏身，在痛苦中創作《安魂曲》時英年早逝，可能也是為了治療梅毒而導致氯化汞中毒所致。當時死於治療梅毒時使用的水銀化合物毒性的人數，應該遠多於死於梅毒的人。作家莫泊桑（Guy de Maupassant）、畫家高更與羅特列克（Henri de Toulouse-Lautrec）等人據說也死於梅毒。

罹患梅毒後，身上會出現紅疹。有一種說法表示，在歐洲社交界中，仕女都穿著露出後背大片肌膚的晚禮服，就是為了證明自己的肌膚上沒有紅疹（未罹患梅毒）。

得病久了之後，皮膚就會到處出現硬疙瘩，最後病毒入侵腦部，影響神智。十九世紀末代表性哲學家尼采的奇特行為，如裸身跳入杜林廣場的噴泉、看到被鞭打的馬匹興奮不已、抱住馬匹不放等，也被人懷疑有罹患梅毒的可能。

艾爾利希為了追求新化合物，也就是「魔彈」，就像著魔了一樣。只要一想到新的分子結構式，就寫在身邊所有他找得到的東西上，連襯衫上都有。

為了找出梅毒的特效藥，他和兩位優秀的助手，也就是秦佐八郎與德國化學家阿爾弗雷德·伯特海姆（Alfred Bertheim）一起持續研究，通常是伯特海姆合成新分子，秦佐八郎用動物實驗確認效果。

當秦佐八郎將第六組候選藥物中第六個，通稱六〇六號的化合物注射到感染梅毒的兔子身上時，第二天就出現成效，梅毒導致的潰瘍變得乾燥，膿也消失了，用顯微鏡也找不出病原體梅毒螺旋體。

一九一〇年某日，終於迎來了大發現。這個六〇六號化合物正是可殺死梅毒螺旋體的「魔彈」。之後在人體試驗階段，也成功治癒被梅毒螺旋體侵襲，瘦弱不堪、幾乎已成為病原體巢穴的梅毒患者。

六〇六號成為人類首次用來治療梅毒的醫藥品。六〇六號因拉丁語「salvare」（表示「拯救」）和德語「Arsen」（表示「砷」），而被命名為「灑爾佛散」（Salvarsan），由德國化學製藥公司赫斯特公司推出，廣獲全球使用。

可是「灑爾佛散」雖然帶來治療梅毒的奇蹟，但也發現它有很多副作用。在「灑爾佛散」問世三十年後，出現了可作為梅毒的特效藥，而且對許多傳染病都有效果，超越魔彈的「終極兵器」（相關內容的後續接第二七八頁）。

石油化學工業的開端——熱裂解法滿足激增的汽油需求

現代是石化工業的時代。日本也有鹿島、京葉、京濱、四日市、堺、水島、大分等龐大的工業區，以石油為原料生產各式各樣的製品。

石油的名稱，據說是來自古巴比倫尼亞時代人們發現湧出的東西，用古巴比倫尼亞語命名為「naptu」（粗製汽油，也就是「輕油」〔Naphtha〕的語源）。自然露出的瀝青，雖然塗在船上作為防水加工，但因燃燒石油時也會燃燒內含的硫黃成分等，而發出不舒服的臭味，所以無法當作燃料使用。

十九世紀燈油的原料——鯨油，因過度捕撈鯨魚而短缺，石油蒸餾後製成的燈油需求高漲，石油因而開始受到關注。一八五九年，美國賓夕法尼亞州有投資人想靠石油致富，於是雇用艾德溫・德雷克（Edwin Drake）在泰特斯維爾（Titusville）搭高臺挖掘石油，結果卻因資金不足而中斷。

可是神對他們開了一個大玩笑。就在中斷當天晚上，石油就從德雷克挖掘的地方下方，位於地下二十一公尺的岩縫中噴出來了。之後，夢想一夜致富的投機客蜂擁而至，紛紛想靠挖石油賺大錢，造成一股石油熱。用硝化甘油爆破岩層失敗而死的人，也從未斷絕。

這也是石油探勘的導火線，賓夕法尼亞州等地的油田生產大量石油，讓石油產業規模越來越大。一八六二年開始精煉石油的約翰・戴維森・洛克菲勒（John D. Rockefeller）創立了標準石油（Standard Oil）公司。

標準石油公司一路過關斬將，擊垮並併購競爭對手，再和鐵路公司合作，成為一手掌握石油精煉、運輸、銷售的大企業。一八八二年，標準石油公司甚至獨占了美國石油產業九〇％的市占率。

讓石油需求進一步高漲的推手，就是汽機車的發明。原油能煉製出的汽油僅占二〇％左右，導致汽車需要的汽油產量始終無法追上需求。煤炭曾支撐工業革命，創造出機械文明，到了這個時候終於要交棒給石油了。石油讓洛克菲勒家族成為全美最大的富豪，也成為資本主義下的新教宗。

標準石油公司的工程師威廉・柏頓（William Meriam Burton）為了解決汽油不足的問題，於一九一三年發明了一種裝置，碳化氫分子大於自原油所得的燈油與柴油等汽油分子，這個裝置可將其加熱，用來分解汽油分子。這就像是把長長的法國長棍麵包撕成二、三小塊麵包一樣。

這種熱裂解法的發明，滿足了激增的汽油需求，支撐了美國的汽車社會。柏頓的汽油製造，可說是石油化學工業的起源。

一九一六年，麻薩諸塞州劍橋市的麻省理工學院（ＭＩＴ）領先全球，設立化學工學系，將設計化學工業的裝置當成一門專業學問。設立資金就是喬治．伊士曼捐贈的三十萬美金（各種說法不一）。

過去的化學工廠設備，都由不了解化學的外行人，也就是機械工學的專家設計。自此之後，終於進入由化學家根據工學理論，設計大規模化學工業裝置、蒸餾裝置和反應裝置、管線等的時代了。

就算在試管和燒杯研究中成功，但要用巨大的裝置有效量產，兩者之間的差異就像是蓋森林家族的玩具房子，與蓋日本的摩天大樓「阿倍野 HARUKAS」一樣。隨著化學工業的發達，全球各地都出現了重化學工業、石油化學工業區等的身影。

發現原子的確存在——連著名科學家都曾否定原子

物質由原子組成，現今這已經是連小學生都知道的知識了。不過這成為眾人皆知的常識，其實還不到一百年的時間。二十世紀初期，只有部分科學家主張「物質由原子組成」，當時連著名的諾貝爾獎得主，都否定原子的存在。

法國科學家伯蘭（Jean Baptiste Perrin）證明了物質由原子和分子組成。這可以追溯到一八二七年。那一年，英國植物學家羅伯特．布朗（Robert Brown）讓花粉浮在水面上，發現花粉釋出的粉末粒子會不規則的快速抖動。而且與花粉無關的其他礦物粉末等，也有相同的運動現象。這種現象因此被命名為「布朗運動」。

一九〇五年，數學能力超群的天才科學家愛因斯坦（Albert Einstein），解釋了布朗運動，他認為這是因為原子結合後形成水分子（H_2O），大量水分子又自發性的到處動，導致花粉釋出的粒子反覆和水分子衝突。愛因斯坦並將粒子的動作化為算式。

伯蘭自一九〇八年起，就用藤黃這種植物的樹脂，歷經艱難後做出大小均一的粒子，然後加入水、觀察粒子的舉動。他反覆進行這種精密量測實驗，終於證明愛因斯坦的算式正確，並因此證明作為前提的水，是由分子組成（分子則由原子結合而成）。

伯蘭於一九一三年，將這一連串的實驗與原子存在的證明，彙整成著作《原子》（*The Atoms*）。一九二六年，他因為證明原子的存在，獲得諾貝爾物理學獎。

從此之後，物質由原子和分子組成的知識，逐漸普及開來（化學史相關內容的後續接第二七五頁）。

從空氣製造麵包——踏入重化學工業時代

十九世紀人口急速增加。到了接近十九世紀末，糧食生產終於跟不上人口增加的速度，大饑荒來臨，社會上甚至瀰漫著人類滅絕危機將要來臨的末世思想。

英國科學家威廉・克魯克斯（William Crookes）在一八九八年留下一場著名的演講，「人口增加導致的糧食不足已經成為危機。要解決這個危機，氮肥的供應、固定空氣中的氮是化學家的責任與義務」。如何將空氣中含量高達七八％的氮氣——這種取之不盡用之不竭的氮資源轉換成肥料，就是化學家的課題。

進入二十世紀後，科學家們陸續發明了利用空氣中的氮來製造氮肥（氨和硝酸離子等）的手法。

一九〇五年，科學家發明了將空氣的成分氮氣與氧氣，利用電弧放電的方法，在高溫（攝氏三千度）下產生反應、製成氮氧化物，再製成硝酸的方法（柏克蘭—愛德法，Birkeland –Eyde process），或讓生石灰和石墨反應，製成碳化鈣（攝氏兩千度），接著再用高溫（攝氏一千度）讓氮產生反應，製成石灰氮，加水後就可製成氨。

然而，這些製程都需要利用高溫，必須有電弧放電和電爐等大電力，因此製造地點就受限，必須選在有豐富水力發電的地點如挪威等，較不利於工業化。

後來發明出不受地點限制的全新氨合成法的，就是德國卡爾斯魯厄理工學院（Karlsruhe Institute of Technology）的弗里茨・哈伯（Fritz Haber）。他研究的方法是利用空氣中的氮與分解石灰所得的氫氣合成氨，並找出其可能性。

這是「$N_2 + 3H_2 \rightarrow 2NH_3$」的單純反應，但在常溫、常壓下幾乎不會出現。他發現，為了促進這種反應，必須有三百五十大氣壓的高壓條件、提升反應速度的高溫條件，甚至可使用鋨作為加速反應的觸媒。

一九〇八年開始，哈伯和德國最大化學公司「巴斯夫」（BASF）公司投入工業化研究。他和巴斯夫公司裝置設計工程師卡爾・博施（Carl Bosch）進行共同研究。

在他們之前的時代，只有能承受數個大氣壓到三十大氣壓左右的高壓裝置，到了他們手中，卻突然變成要開發出能承受兩百大氣壓以上的裝置。而且他們還發現一個現象，就是在反應容器的鐵之中，碳成分會與氨的原料——高壓氫產生反應，鐵因此變脆弱，反應容器便會立刻劣化（氫脆）。

博施於是發明了雙重結構的反應裝置，內層使用少碳的鐵（質地較軟、強度欠佳），外層使用多碳高強度的鐵。

哈伯找到的觸媒——鋨是昂貴金屬，因此委託巴斯夫公司的米塔許（Alwin Mittasch）尋找觸媒。米塔許調查了研究室架上所有的物質，據說他用了兩千五百種物質做了兩萬次實驗。

他從中找到最適合的觸媒，是瑞典生產的磁鐵礦，分析這種礦石的成分之後，發明了可說是終極觸媒的組合，也就是四氧化三鐵加上氧化鉀及氧化鋁的組合。

這就是歷經百年以上，現代的哈伯法裝置仍在使用的觸媒。一九一一年，他們建立試產工廠（Pilot Plant），一天終於能生產一百公斤的氨。

一九一三年正式的工廠啟用，每日可量產三十噸的氨。到了現代，一座工廠一天可生產一千噸以上的氨。

在氨生產的實用化過程中，由氣體的精製、分離技術與巨大反應裝置、用管線連接裝置成為可連續作業的巨大設備系統、以龐大的量測裝置來管理系統等，孕育出人類首度大規模的化學工業技術，奠定了現代重化學工業、工業區的基礎。

使用哈伯—博施法（按：簡稱哈伯法）的氨合成工廠在全球各地啟用，得以用氨量產便宜的肥料後，貧脊的土地也能利用肥料栽種小麥等穀物、蔬菜，而且收成量突飛猛進，使得人類的糧食生產有了不同次元的發展。二十世紀的人口也因此受惠，得以持續增加。

哈伯被盛讚為「用空氣做麵包的男人」。哈伯—博施法成功合成氨作為肥料的原料，讓糧食產量大增，但生產需要的、維持高溫高壓的反應裝置等，卻消耗大量能源。

和豆科植物苜蓿和紫苜蓿的根部共生的根瘤菌，以及被稱為固氮菌的細菌，會在常溫常壓的環境中將氮合成為氨。人類的科技還未能超越細菌。

第14章

一戰——
大規模毒氣戰首次出現

在資本主義下，工業化腳步加快，資源與市場急速擴大的結果，新興工業國家德國，和俄羅斯、英國、法國等國之間的衝突摩擦也日漸擴大。

伊斯蘭的巨大帝國鄂圖曼帝國凋零，俄羅斯對土耳其和巴爾幹半島虎視眈眈，被奧地利合併的塞拉耶佛，有位青年暗殺奧地利王儲的一槍成為導火線，引發第一次世界大戰。奧地利向塞爾維亞宣戰，俄羅斯則為了援助塞爾維亞而參戰。

一九一四年爆發的第一次世界大戰，由歐洲到中近東、俄羅斯、日本都被捲入，是德國、奧地利、土耳其同盟和英國、法國、俄羅斯、美國等對戰。這場戰事中廣泛運用了機關槍、飛機、飛船、戰車、潛艇、高性能火炮等高度機械化的武器，戰況極為慘烈。

十九世紀開始累積的科技（技術）與工業力所生產的戰車、飛機（戰鬥機、轟炸機）、毒氣等新武器紛紛搬上戰場，一九〇三年萊特兄弟發明的飛機也變成武器，有了顯著進化。

第一次世界大戰，是將全體國民捲入戰爭的總體戰濫觴。男性在前線作戰，女性則取代男性、成為司機和車掌，也從事武器生產。戰爭也動員女性，這也為戰後女權擴大運動與女性進入社會做了準備。

連遠離戰場的都市也會受到飛機和飛行船的空襲，這場戰爭和過去長久以來的古典戰爭，在本質上已完全不同。過去古埃及和亞述時代的戰爭，是聚集農民、給他們武器，再加上簡單的教育，就讓他們成為戰場上的士兵，在軍樂隊的伴奏下，大炮和佩戴軍刀的士兵列隊進擊，但這樣的戰爭已告終結。

這場戰爭具體實現了資本主義，也就是利用自國民身上徵收來的稅金，大量購買先進科技孕育出的昂貴武器商品，再讓國民使用的終極事業型態。

新炸藥席捲戰場——德國開發 TNT 炸藥

一八六三年，德國人開發出結構類似，且比苦味酸更高性能且穩定的炸藥——三硝基甲苯（Trinitrotoluene，簡稱 TNT）。之後在一八九〇年左右實用化，開始在德國生產。

甲苯（Toluene，$C_6H_5CH_3$）是松香水等溶劑所使用的成分，是苯環加上一個甲基 -CH3 的化合物，這種化合物再加上三個硝基 -NO2 的結構分子，就是 2,4,6- 三硝基甲苯。三硝基「Trinitro」中的「Tri」在希臘語中表示「三」，「三角形」（Triangle 是三個＋角）、「三角龍」（Triceratops 是三＋角＋臉）等單字也都有相同的語源。

硝基 $-NO_2$ 是一個分子上連接許多分子，形成不穩定的結構，分子本身容易發生原子的重組。這種原子的重組就是化學反應。炸藥分子一邊生成二氧化碳和氮等氣體分子，一邊急速分解、產生大塊的氣體體積，劇烈發熱膨脹的氣體催生出高壓，因而形成衝擊波。這就是爆炸的現象，因為是分子的分解反應，不需要氧，運作機制和依賴氧的一般燃燒截然不同。

TNT 只要在攝氏八十一度即可溶解，容易製作成各種形狀，分子又穩定，立刻就成為軍用炸藥的代名詞了。

一九一四年七月二十八日展開的第一次世界大戰中，相較於英法軍多用難以處理的苦味酸，德軍則改用更為優異的 TNT。

摔角大賽的電視轉播和廣告等常常看到「超越百萬噸！」的形容方法，「百萬噸」（Megaton）其實是換算成TNT炸藥的爆炸大小單位，所謂百萬噸就是百萬（M，Mega），一百萬等於十的六次方（噸），也就是換算成TNT炸藥的話，相當於一百萬噸的破壞力。

從戰爭近代化發展的南北戰爭後，第一次世界大戰成為蓬勃發展、源自科技的工業化反映在戰場的大規模戰爭。

一九一四年左右，法國就開始用專用槍支，對德軍發射原為警用的催淚彈（溴乙酸乙酯，Ethyl Bromoacetate），展開毒氣攻擊。德軍則使用三千發噴嚏劑，甚至對東部戰線的俄羅斯軍與比利時境內的法軍，發射催淚瓦斯炮彈攻擊，但未能得到好成果。

人類首次的大規模毒氣戰，發生在一九一五年比利時伊普爾（Ypres）附近的戰役。發明哈柏—博施法、「用空氣做麵包的男人」弗里茨．哈柏，籌劃大規模製造毒氣與毒氣戰。因為哈柏認為毒氣這種終極武器一旦問世，人類就不會再發動戰爭。

他將裝滿液化氯的五千七百三十支鋼瓶對著下風處，釋放出一百五十噸讀氯氣，在六公里的範圍內形成毒氣雲。氯氣比空氣重，會貼著地面擴散開來，流入壕溝中、襲擊躲在壕溝內的士兵們。

這場人類首次的大規模毒氣攻擊，造成法軍與加拿大軍隊約五千名士兵死亡，近一萬人為中毒症狀所苦。人一旦吸入高濃度氯氣，就算運氣好沒有立即死亡，也會因呼吸器官遭破壞，而產生嚴重、痛苦的後遺症。

他的夫人，也就是化學家克拉拉．伊梅瓦爾（Clara Immerwahr），從以前就一直反對他的毒氣戰，苦勸他之後卻沒有結果。在這場戰役後，她便拿著哈柏的槍自盡。然而哈柏連她的葬禮都沒去參加，反而為了毒氣戰而出門。

不久後，英軍也開始用氯氣發動毒氣攻擊作為報復，報復戰越演越烈，雙方陣營都投入各種新毒氣。黃綠色的氯氣很顯眼，所以德軍又投入了會破壞呼吸系統的窒息性無色劇毒氣體——光氣（Phosgene，$COCl_2$）。

接下來，隨著防毒面具普及，人類又開發出不會被防毒面具中的活性碳濾網捕捉到的液體微粒子（氣溶膠，有如霧氣的狀態）毒氣、嘔吐劑（亞當氏氣〔Adamsite〕和二苯氰胂〔Diphenylcyanoarsine〕）。

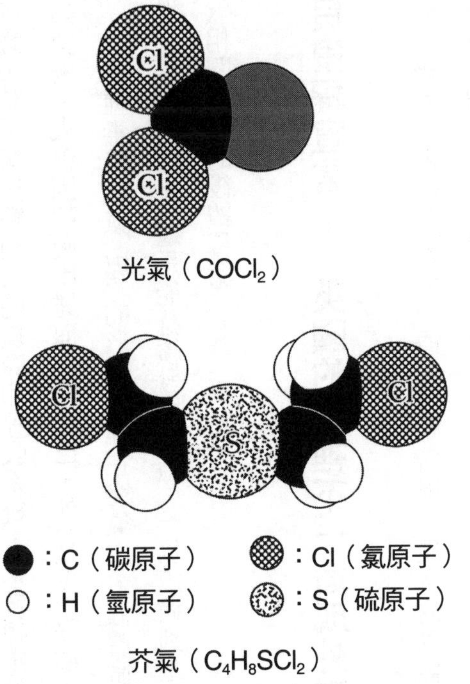

圖 30. 用於戰場的可怕毒氣——光氣與芥氣。

防毒面具濾網的活性碳會捕捉氣體分子，但氣溶膠粒子不會被捕捉到，可順利穿透濾網。所以軍隊會先投入嘔吐劑，讓敵軍士兵因痛苦而拿下面具，然後再投射光氣等窒息性氣體。

一九一七年，可謂毒氣中的毒氣，也就是芥氣（Yperite，Mustard gas）問世。它是液體，其蒸氣接觸到人的皮膚和呼吸系統，就會和水分起反應成為鹽酸，引發嚴重發炎症狀，有如燙傷。人會因呼吸困難而立刻死亡，就算僥倖存活，皮膚也會像燙傷一樣。

這種毒氣以氣溶膠的形態懸浮在空氣中，液體微粒子會附著在衣服和車輛上，即使時間經過、液體蒸發了，還是能持續發揮效力，一旦遭遇到這種氣體攻擊，所有東西都必須除汙才行（毒氣相關內容的後續接第二九三頁）。

貝爾福宣言——英國的表裡不一造成外交紛爭

猶太人古代在東地中海的巴勒斯坦（現今的以色列）建國。自古以來就被稱為以色列（與神對抗的人），所羅門王的寺廟所在地——聖地耶路撒冷多次遭到入侵。西元七〇年，羅馬帝國入侵導致耶路撒冷、城市被毀，猶太人被迫離開故鄉，成為流浪民族散落至全世界。

在英國從事研究的化學家哈伊姆．魏茨曼（Chaim Azriel Weizmann）是出生於俄羅斯的猶太人，是錫安主義（Zionism）運動，也就是猶太復國主義運動的成員。

一九一〇年左右，他試圖透過細菌發酵，製造可轉換成合成橡膠原料的酒精，結果在實驗中發現，使用的菌因發酵而製造出丙酮。丙酮是無色如水般的液體。製造橡膠原料的實驗雖然失敗了，但這項發現大幅改變了魏茨曼本人，甚至是世界的命運。

第一次世界大戰中，英軍需要大量優質的柯代炸藥，製程中需要使用大量丙酮，因而造成丙酮缺貨。丙酮過去是隔絕空氣加熱木材後的產物，但木材卻陷入短缺。

為了尋找丙酮的全新量產法，英國軍方在死馬當活馬醫的想法下四處尋找，最後得知魏茨曼的丙酮合成法。魏茨曼在海軍部面見當時的海軍大臣溫斯頓．邱吉爾，成為以發酵法製造丙酮的專案負責人。

因此他就開始活用琴酒蒸餾所等設備，以美國進口的玉米等澱粉為原料，經由發酵來製造丙酮。用現代的話來說，就是開始製造生質丙酮。為提升產量，也在加拿大和美國等地設立工廠。

英國在第一次世界大戰中的敵手是土耳其。為尋求其四周的阿拉伯人協助，英國在一九一五年，由駐埃及高等事務官麥克馬洪（McMahon），與麥加權力人士阿拉伯人胡笙（Hussein）簽定協定，承認土耳其支配地區獨立。

電影《阿拉伯的勞倫斯》是一部描繪英國勞倫斯中校和阿拉伯人一起對抗土耳其的電影。另一方面，一九一六年英國、法國和俄羅斯祕密瓜分了中東的領土（賽克斯—皮科協定，Sykes-Picot Agreement）。

魏茨曼成為英國製造炸藥的救世主，他也和英國外長亞瑟．貝爾福（Arthur James Balfour）與軍需大臣大衛．勞合喬治（David Lloyd George）私交甚篤。

當勞合喬治問魏茨曼：「對於你為英國製造炸藥的巨大貢獻，你期待什麼報酬？」他回答「我個人什麼都不想要，」但「我希望您盡力促成猶太人在巴勒斯坦復國。」這番話讓勞合喬治感動萬分。

一九一七年，勞合喬治成為英國首相後，他和貝爾福多次協議。同年在貝爾福寄給猶太資本家羅斯柴爾德（Rothschild）的信件「貝爾福宣言」中，貝爾福表明立場，「第一次世界大戰後，承認猶太人在巴勒斯坦建國」。

後來，魏茨曼成為第二次世界大戰後建國的以色列第一任總統。

然而，英國也承認阿拉伯人建立獨立國家，另一方面又同意猶太人建國，讓以色列這個國家立足於巴勒斯坦，這也成為以色列和巴勒斯坦至今仍紛爭不斷的原因。

鐳掀起風潮——鐳女子的悲劇

美國參加第一次世界大戰，在俄羅斯發生布爾什維克（Bolsheviks）領袖弗拉迪米爾．列寧（Vladimir Lenin）率領的俄羅斯革命（十月革命）這一年，美國開始生產使用鐳化合物的夜光塗料。

新發現的放射性元素——鐳，在街頭巷尾受到吹捧，形成一股風潮。在有益健康的宣傳下，市面上充斥著含鐳飲料、含鐳軟膏、含鐳補藥等似是而非的商品。

組合鐳的化合物與硫化鋅（ZnS）後，鐳釋出的放射線會讓硫化鋅發出綠色螢光。這種物質被稱為夜光塗料，讓人在夜間也能看清錶盤，所以被用於時鐘和飛機儀器等。

當時沛納海（Panerai）是在佛羅倫斯生產義大利海軍的儀器和瞄準鏡的時鐘工房，它將其稱作「Radiomir」，將硫化鋅和溴化鐳塗在鐘錶長短針和錶盤文字上。

一九一七年左右，美國陸續有新公司成立，事業內容就是用夜光塗料塗在鐘錶錶盤上，因此僱用許多女性員工。這些女性員工會舔舐筆尖，整理好筆尖後再用鐳化合物的塗料，在錶盤上描繪出文字和數字。一九二五年左右開始，這些女性員工陸續被發現在顎部出現癌症等，甚至死亡的案例層出不窮。她們被稱為鐳女子，造成嚴重的社會問題。

第 15 章

聚乙烯、鐵氟龍促進武器研發

第一次世界大戰於一九一八年落幕，人類因此體驗到全新的戰爭型態。戰場上使用大量的機械化武器，成為一場前所未見的殺戮戰。即使戰爭結束後，街頭巷尾仍看得到許多受傷的軍人，在許多人心中留下烙印，不希望再有戰爭發生。這場教訓也催生出國際聯盟。

另一方面，機械製造、鋼鐵業、汽車產業、造船業、武器製造商則藉由武器生產獲得巨富，也出現交戰雙方拿著相同資本系列生產的武器互相攻擊的場景。

戰爭體制也動員女性，擴大女性的社會參與，戰後因此進入女性消費，如化妝品和時尚等擴大的時代。

歐洲因成為戰場而荒廢，但美國國土並未捲入戰火，得以取代英、法成為全球之星，在熱錢聚集的力量下，發展出空前的泡沫經濟。

義大利因第一次世界大戰的戰爭花費，導致國庫空虛，陷入嚴重的經濟蕭條。過去活躍的社會主義學家貝尼托·墨索里尼（Benito Mussolini）展開政治運動，被稱為法西斯主義。法西斯主義的語源是「fasces」（意指古羅馬時代，保護重要人士的特勤人員〔Security Police〕用紅帶捆綁的棍棒束），有「團結」的意思。

一九二九年，美國華爾街股市大崩盤，成為全球經濟大恐慌的導火線。德國威瑪共和國（Weimar Republic）通膨加速，一輛小拖車載滿紙鈔，才能買到一個麵包，經濟大亂。失業人口暴增，充斥街頭巷尾。

受惠於經濟大蕭條而扶搖直上的政黨，就是德國共產黨，以及希特勒率領的德國國家社會主義德意志勞工黨（納粹黨），兩黨展開鮮血淋漓的鬥爭。

納粹黨自德國重新整頓軍備所形成的特別需求中受惠的軍需企業，以及美國企業取得資金，獲得大眾狂熱的支持。而進軍國會的希特勒就任首相，催生出納粹黨的獨裁體制。

當時的納粹黨利用新媒體廣播來宣傳、用電影宣傳、在黨大會時運用大量探照燈，營造出莊嚴的燈光音響效果（後來誕生的搖滾音樂會就採用了這種手法）等，十分擅長運用心理學掌控人心的政治宣傳手法。

塑膠的時代——逐一證明巨大分子的存在

一九二〇年，德國人赫爾曼．施陶丁格（Hermann Staudinger）主張澱粉、纖維素、橡膠等不同於一般物質，是數千個小分子聚合成巨大的分子，並為這種巨大的分子命名為「巨大分子」（高分子）。

施陶丁格發表他的主張後，幾乎所有化學家都嘲笑、批判他：「澱粉和纖維素是小分子受引力影響聚合在一起，這是無庸置疑的事實，是化學家的常識。但說成是巨大分子，實在太荒唐可笑。」、「這就像是有人說，非洲發現身長四十五公尺的大象一樣可笑。」

然而，施陶丁格不為所動，意志堅定的反覆實驗求證，終於將溶液黏稠的狀態與分子大小有關的事實化為算式，逐一證明巨大分子的存在。

因為施陶丁格的高分子理論，德國開始正式研發高分子、塑膠。學界出現合成巨大分子的熱潮，合成塑膠這種巨大分子的時代因而到來。

施陶丁格雖然因此出名，但因他所屬的弗萊堡大學（University of Freiburg）校長馬丁・海德格（Martin Heidegger，二十世紀最具代表性的哲學家之一，納粹黨員）密告：「施陶丁格是和平主義者，對德國國家主義不忠。」而被蓋世太保（Geheime Staatspolizei，簡稱 Gestapo，祕密國家警察）調查，承受很大的壓力。戰後施陶丁格被譽為「塑膠時代之父」，一九五三年獲得諾貝爾化學獎。

化學史就是和常識抗爭的歷史。科學的歷史就是一步步破壞常識的歷史。真的就像是NHK的電視節目《被小智子批評！》中，小智子的名言一樣：「不要活在茫然中！」（Don't sleep through life!）如果耽於安逸，一個勁兒的相信常識，就會停止思考，不會有任何進步。

發明汽油添加劑，卻引發嚴重空氣汙染

隨著汽車和飛機的活塞引擎性能越來越好，結構也越來越精密，汽油的品質就成為一大問題。汽油是五個至十一個碳原子連接而成的框架，再結合氫原子的分子。

汽油引擎必須靠汽油分子順利燃燒，燃燒氣體的分子充分推動活塞，才能運作良好。由形狀如法國麵包的分子構成的汽油，表面積很大，因此氧氣容易到處起反應，在尚未充分壓縮前就可能著火，快速燃燒起來。這種現象稱為爆震（Knocking）。萬一發生爆震，不僅無法充分發揮引擎馬力，甚至會因為每個汽缸的燃燒不一致，結果造成引擎受損。

順帶一提，有一種引擎結構簡單、不需要火星塞，便反過來利用這種自行著火的爆震現象。

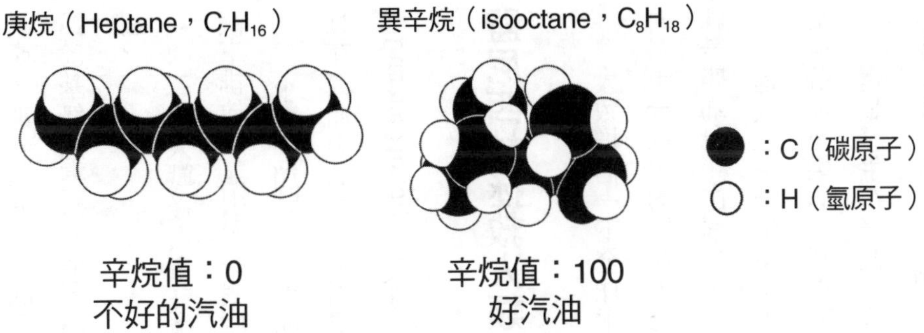

圖 31. 汽油的辛烷值越高，汽車抗爆震的程度越高。

這就是一八九七年德國人魯道夫・狄塞爾（Rudolf Diesel）發明的柴油引擎，結構簡單馬力又大，適用於卡車、營造機械、船隻和鐵道等。

燃料則使用形狀有如法國麵包的分子聚集在一起的柴油。柴油的燃燒比汽油劇烈，能用更大的馬力推動活塞。加油站的柴油是柴油車的燃料，所以各位千萬不要加錯油，把柴油誤加到輕型車去。

汽油引擎為預防爆震，必須使用辛烷值較高，也就是汽油性能較好的燃料。形狀如法國麵包的分子，是辛烷值較低的汽油；而碳原子連接而成的框架分枝較多的分子，辛烷值較高。在汽油中添加抗爆震劑，是提高汽油辛烷值最快的方法。

美國汽車大廠通用汽車（GM）子公司的研究員小托馬斯・米基利（Thomas Midgley Jr.）為找出合適的抗爆震劑以提升汽油性能，研究了三萬種以上的化合物，最終於在一九二一年，發現鉛化合物——四乙基鉛的液體是最合適的物質。

四乙基鉛於是被杜邦公司、甚至是標準石油公司量產，加入汽油中。四乙基鉛是美國的獨家專利，第二次世界大戰時，英、美軍的飛機使用添加四乙基鉛的高辛烷值汽油，而敵方日軍和德軍的飛機，也使用在美國專利授權下生產的四乙基鉛。

二次大戰後汽車社會到來，添加四乙基鉛的汽油（含鉛汽油）引發嚴重的空氣汙染問題。汽車排放廢氣引發高濃度的鉛汙染。

不靠添加劑提高汽油本身辛烷值的方法，就是讓汽油分子的碳連鎖成為分枝多的結構，並且在汽油中混入甲苯和異丙苯等化合物（芳香族烴）。其中一種方法由法國人尤金·胡德利（Eugene Houdry）發明（相關內容的後續接第二九一頁）。

盤尼西林拯救人類——發現抗生素純屬偶然

大致推估一下全球平均壽命，十一世紀左右約二十四歲；到了一九〇〇年，則是三十一歲；而二十一世紀的現在，已經來到七十歲左右。進入二十世紀前，人類平均壽命偏低的理由之一，就是嬰幼兒死亡率高。

進入二十世紀後，全球平均壽命大躍進，是因為人類發明盤尼西林等抗生素醫藥品，得以治療各種傳染病。其實抗生素的發現，是偶然之下的產物。

這是發生在一九二八年，日本關東軍炸死中國軍閥張作霖之後的事。倫敦聖瑪麗醫院（Saint Mary’s Hospital）細菌學家亞歷山大·弗萊明（Alexander Fleming）在許多培養皿中，用瓊脂平板培養皿培養金黃色葡萄球菌（類似感冒時鼻涕變黃的病原菌）。暑假時，他把研究室借給其他研究人員使用，這些培養皿就被隨意放在陰涼的角落，甚至有些培養皿連蓋子都忘了蓋上。

漫長的暑假結束後，他回到研究室要繼續原本的工作時，發現有些培養皿中的培養基長出青色黴菌。青黴菌入侵就表示單純培養失敗了。他把培養皿浸泡在藥水中消毒，正打算再泡在消毒液徹底清潔的那一瞬間，突然被什麼吸引了，而仔細看了看培養皿。

原來是培養基雖然長出青黴菌，但原本培養基上的葡萄球菌卻都死光了，培養基變成透明的。

弗萊明發現，這種青黴菌會釋放出某種物質干擾細菌成長，便開始著手鎖定與培養青黴菌。青黴菌是由他研究室樓下的黴菌研究室，透過空氣傳到他的研究室，而進入培養皿。

這種青黴菌是青黴菌屬（**Penicillium**）。「**Penicillium**」的語源和鉛筆（**Pencil**）一樣，都是由拉丁語「**pēnis**」（表示「小尾巴」）演變成「**penicillus**」（表示「畫家的刷毛，刷子」），在顯微鏡下發現這種黴菌時，就像刷毛一樣，尖端呈分枝狀，因而以此命名。

弗萊明將這種青黴菌產生的未知物質命名為「盤尼西林」，確認青黴菌培養液過濾後的液體可殺死細菌。然而，他只是寫了論文發表，並未鎖定青黴菌產生的物質是什麼。

盤尼西林要成為醫藥品問世，還有另外兩位研究人員的功勞。弗萊明和這兩位研究人員，因此獲得一九四五年的諾貝爾生理學醫學獎（醫藥品相關內容的後續接第二八六頁）。

氟利昂的功與過——用途廣卻會破壞臭氧層

歷史上被封為「最惡劣男人」，帶來全球規模大災難的美國人，就是小托馬斯・米基利。他已經因為在一九二一年發明抗爆震劑的四乙基鉛，成為二十世紀中，因汽車排氣裡的鉛化合物導致全球環境汙染的先驅。他的另一項發明，又為地球帶來了更嚴重的環境破壞。

逐步普及到家家戶戶的冰箱，原本使用乙醚、二氧化硫、氨作為冷卻氣體。然而，有時就會因為這種容易起火的氣體和有毒氣體外洩而引發火災，甚至發生中毒死亡的意外。

米基利為了找出安全的氣體（壓縮後容易液化，安全性高的氣體），用來取代原本冰箱使用的冷卻用危險氣體，於一九二八年發現由碳、氯和氟組成的氟利昂（Freon）最適合。

一九三〇年，在喬治亞州、亞特蘭大召開的美國化學協會大會上，米基利完成一場介紹氟利昂的表演秀。他在容器中注入氟利昂液體，還將臉埋在氟利昂產生的蒸氣中，大口吸入蒸氣，然後對著燃燒中的蠟燭吹氣，結果蠟燭燭火因此熄滅。這可說是展現氟利昂無害性、不燃性的最佳表演秀。

之後，人類合成了龐大的氟利昂類化合物，除了冰箱，還用在相同原理的空調，甚至是刮鬍膏、鮮奶油、殺蟲劑等噴霧劑中，在家中每個角落釋放氟利昂氣體。它最重要的用途是工業用清潔劑，用氟利昂液體清洗電路與電子零件的髒汙和灰塵，一下子就會氣化，還可省去乾燥的工夫。

氟利昂類化合物成為代表二十世紀文明的化學物質，但它破壞臭氧層的惡行，終於在一九七四年曝光了。

電子顯微鏡——人類得以直接觀察病毒、半導體

理科實驗等使用的一般顯微鏡（光學顯微鏡），只要倍率到達一千五百倍以上，就無法看清對象，所以無法用來觀察細胞和細菌等。**要觀察病毒，就必須使用電子顯微鏡**。

為了看小的標的物，就必須發出短波長的波去撞擊標的物。舉例來說，大家可以想像一下水中的木樁突出一截在水面上的樣子。如果是間隔較小的波浪打到木樁，波紋會被干擾而紊亂。有的波會彎曲，看波紋就知道那裡有物體存在。

然而，如果是間隔較大的波浪呢？波會若無其事的通過木樁，讓人不知道那裡有木樁的存在。波浪間隔越小，連小物體都會造成波反射，讓人可掌握到反射的存在。只要利用波長比光（波）更短，就可以看到更小的東西。

研究人員因此發明了一種顯微鏡，利用的是陰極射線這種波長比可視光更短的波。上學時，我們學到電子是粒子，但這種極小的粒子具有波的性質，而運用這種電子波的裝置，就稱為電子顯微鏡。

一九三一年，德國人馬克斯．克諾爾（Max Knoll）和恩斯特．魯斯卡（Ernst Ruska）發明出最早的電子顯微鏡。魯斯卡因這項發明，獲得一九八六年的諾貝爾物理學獎。

一九三九年，德國西門子公司推出第一部電子顯微鏡商品。西門子公司是德國最具代表性的企業之一，領先全球發明電車，是發電機、醫療用機器等的綜合製造商。

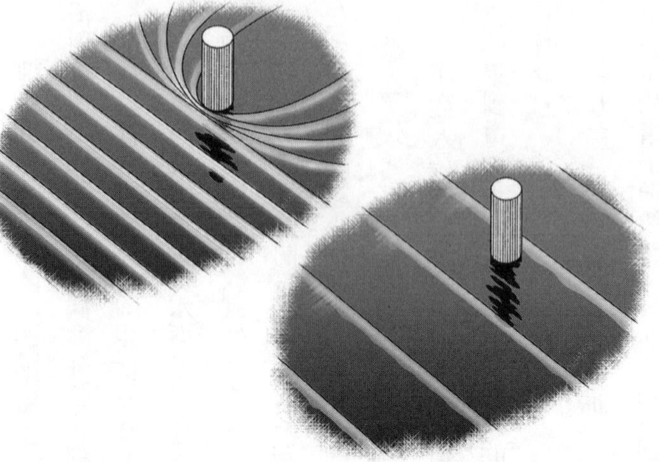

圖 32. 電子顯微鏡的原理——波長短，連小物體都會造成波的反射。

電子顯微鏡的問世，讓人類得以直接觀察病毒與細胞內的微小組織，甚至是金屬、陶瓷、半導體的微小結晶結構、塑膠的細微結構等。由生物學到材料工學都因此受惠，貢獻良多。

有機玻璃誕生——比玻璃更安全的透明玻璃

因新冠疫情而翻身成為搶手貨的，就是壓克力板這種如玻璃般透明的塑膠。它的原料是透明的壓克力樹脂，利用透明度的特色，運用在眼鏡鏡片、水族館的巨大水槽與光纖等。

一九三三年，德國市場上出現一種有如透明玻璃般的塑膠商品，名為有機玻璃。當時飛機也越來越進化，從日本動畫電影《紅豬》（紅の豚）中所描繪，時速兩百公里左右、田園詩般的飛機時代，進展到時速超過四百公里後，不能繼續使用無任何防護罩的駕駛艙（Cockpit），必須用透明蓋子、也就是座艙罩（Canopy）包覆住駕駛艙。玻璃要是破裂的話十分危險，但塑膠就很安全。

一直到二十世紀後半，高強度且透明的全新塑膠——聚碳酸酯（Polycarbonate）問世之前，如玻璃般透明的塑膠，一直是聚甲基丙烯酸甲酯（Polymethyl methacrylate）的天下。塑膠的特色就是可以自由塑型，如現代水族館中美麗的曲線型巨大水槽等。

第二次世界大戰時，戰鬥機和轟炸機的透明座艙罩，都使用壓克力樹脂的有機玻璃。重慶、倫敦、漢堡、德勒斯登（Dresden）、東京等地燒毀城鎮的大空襲，就是轟炸機的武器操作員透過有機玻璃瞄準後，按下投彈開關。

之後經過近八十年，人類進入在水族館內、透過巨大水槽的有機玻璃，欣賞美麗魚群和珊瑚並約會的時代。歷史將日本文學《平家物語》的無常觀，活生生展示在世人面前。（按：在壇之浦之戰，平家最後戰敗，倖存的平家族人抱著還是小孩的安德天皇投海自盡。）

納粹德國管理集中營的IBM紀錄系統

阿道夫・希特勒（Adolf Hitler）在第一次世界大戰時從軍，擔任下士。戰後混亂期，在巴伐利亞成為革命政權追隨者，政權失敗後他立刻見風轉舵，不久後成為軍隊情報員。

希特勒去監視德國工人黨的演講，他在那裡展開辯論並演說，因此確信「我的演說更能打動人心，而且具有領袖魅力」。其後，他入黨後奪權，一九二〇年起將黨名改為國家社會主義德意志勞工黨（納粹黨），一開始是模仿義大利墨索里尼的法西斯黨。

納粹黨的訴求是復活德意志帝國、反猶太主義，在都市地區和活躍的德國共產黨不斷爆發流血抗爭，拓展勢力。納粹黨還延攬退役軍人和失業者，組成突擊隊作為實戰部隊，在不景氣的大環境中擴大組織。一九三三年，希特勒被任命為德國首相。

西歐基督教國家的優越性，和徹底消滅野蠻共產主義的思想，在全世界都吸引到志同道合的人們。美國、英國、法國、北歐等地，全球各地紛紛出現模仿納粹黨的政黨和團體。納粹主義不僅僅是一種政治型態，更形成一股風潮。

納粹黨要擴大勢力，當然必須有巨額資金。只要納粹黨成為執政黨，必定走上軍備擴張之路，試圖藉此謀取巨富的巨大企業、多國籍企業便看準這一點，成為納粹黨的金主。

煉鐵大廠克虜伯公司當然也是其一，全球性的化學工業大廠法本公司（I. G. Farben AG，由巴斯夫公司和拜耳公司等，合併而成的巨大化學企業）等德國企業，甚至連敵對的法國軍需企業——施耐德集團旗下的軍需企業 Skoda（捷克）的董事，都是納粹黨的金主。

著名美國汽車大王亨利．福特，也是訴求反猶太主義的納粹同志，因此福特公司在德國展開高額投資。此外，德國歐寶汽車公司（Opel Automobile GmbH）也是通用汽車體系的公司。

德軍展開的電擊戰，勢如破竹的橫掃歐洲，當中大多數用來運送士兵、彈藥、燃料的卡車，其實都來自美國資本的公司。二十世紀中期以後因電腦一躍成名，成為全球獨占企業的ＩＢＭ公司，也對納粹黨貢獻良多。

奧斯威辛集中營（Auschwitz concentration camp）等各地集中營，管理龐大人數的猶太人和羅姆人（Roma）、政治犯等犯人所用的系統，就是ＩＢＭ公司自豪的「Hollerith」，這是利用打孔卡的數據紀錄系統。

因為和這些國際資本建立起「大人的關係」，美國標準石油公司和德國法本公司甚至簽訂協定，保證戰時也不損害雙方權益。甚至因為多國籍企業支配世界，標準石油公司的燃料也在轉了幾手後，成為停泊在非洲港灣的德軍潛艇的燃料。

人造石油——幫德國撐過第二次世界大戰

德國盛產煤炭，特別是品質特別差的褐煤有豐富的蘊藏量，卻缺乏油田。因此德國盛行研究開發利用煤炭以人工製造石油。貝爾吉烏斯（Friedrich Bergius）是留學哈佛的化學家，他發明了貝氏法，將煤炭粉末處理後，利用觸媒和高壓氫產生反應，製成石油。

一九三〇年代，德國終於可以利用豐富的褐煤製成汽油。貝爾吉烏斯也因此於一九三一年，和博施一同獲得諾貝爾化學獎。

另一方面，德國化學家弗朗茲．費歇爾（Franz Joseph Emil Fischer）和漢斯．拖羅普斯（Hans Tropsch），則發明用煤炭和水蒸氣製成一氧化碳（CO）與氫（H_2），再利用觸媒製成石油的技術，並於一九三三年在工廠開始生產。

因為確立了劃時代技術、解決石油不足的問題，第二次世界大戰時德軍使用了大量的人造石油。無石油資源，無法自給自足的德國，能度過自一九三九年起、長達六年的第二次世界大戰期間，幾乎可說人造石油的合成功不可沒。

開發化學治療藥劑——有效打擊傳染病的藥物陸續問世

繼梅毒特效藥「灑爾佛散」之後，用來治療瘧疾、最早的合成醫藥品「瘧滌平」（Atabrine）也問世了。梅毒和瘧疾的病原體，是比原蟲這種細菌更為複雜的動物性微生物，是很容易攻擊的對象。

相對的，當時還沒有抗菌劑可抵抗更小的植物性細菌或黴菌等病原體。然而，人類終於發明了對肺炎、腦膜炎、淋病等病原菌有絕佳效果的抗菌藥，改變世界。

德國人格哈德．多馬克（Gerhard Domagk）還是醫學院學生時，在第一次世界大戰的野戰醫院中從軍。當時在壕溝泥濘不堪的髒汙環境中，因炮彈而受傷被送來醫院的傷兵陸續死亡，但死因並非受傷，而是因傷口被細菌感染、出現所謂敗血症的症狀死亡。

敗血症是感染鏈球菌、葡萄球菌、大腸菌等常見黴菌，而引發的全身症狀。即使是在戰時，死於敗血症的人也遠遠多過因傷而死的人。醫師能做的事，只有放棄被細菌侵蝕的手和腳的組織，為避免細菌擴散而截肢而已。

因為有了這種體驗，成為法本公司實驗病理部長的多馬克，就著手研究預防敗血症的傳染病治療藥物。和他一起組隊的兩位年輕有機化學家，也鬥志十足的想製造出敗血症的特效藥。

他們假設染羊毛（蛋白質）的染料分子，應該也有和病原菌的蛋白質結合的效果，於是合成數千種的染料系分子，逐一注射到感染敗血症的動物身上，以確認成效。

一九三二年，在動物實驗中將新的紅色染料分子，注射到感染鏈球菌而得到敗血症的小鼠身上後，他們發現令人驚異的一〇〇％治癒效果。就在這個時候，多馬克的六歲愛女希德嘉（Hildegard）被鉤針刺破手指受傷，結果傷口被鏈球菌感染惡化、得到敗血症。

微小的攻擊者快速增殖、破壞組織，醫師數度切開她的手臂擠出膿。醫師向多馬克夫妻表示，只有截肢才能救他們的女兒一命。

多馬克回想起當初在野戰醫院，只能為敗血症患者截肢保命的日子。他決心一定要避免女兒截肢，於是從研究室拿出紅色染料並注射到女兒身上。結果他女兒的病情竟然一天好過一天。染料分子完全封鎖住病原菌的增殖。這正是小分子引發奇蹟的一瞬間。

這種染料分子被視為劃時代的抗菌藥，被命名為「普隆托西」（Prontosil），並於一九三五年開始銷售。這個名稱來自拉丁語「promptus」（表示「迅速、敏捷」的意思）加上「silentium」（表示「休息、寂靜」的意思）。

多馬克因此獲得一九三九年的諾貝爾生理學醫學獎，但他受納粹政權壓力所迫，被迫辭退，之後在第二次世界大戰後的一九四七年成為得主。

多馬克的「普隆托西」具有包含硫原子的結構，因為硫（Sulfur）而被稱為磺胺類藥物（Sulfonamides）。

不久後，巴斯德研究所的一對研究員夫妻，闡明了普隆托西之謎。普隆托西在培養皿等病原菌的培養基上無效，但對小鼠等投藥時有效，因此得知應該是在生物體內轉換後的分子發揮了效力。

研究人員最後終於發現，有效成分是普隆托西經生物體內代謝分解後的成分，也就是苯磺胺（Sulfanilamide）分子。病原體的微生物在合成重要分子葉酸時，如果有苯磺胺存在，就會混入原料中、阻斷葉酸的合成。無法合成葉酸，細菌就無法增殖。磺胺類藥物因此具備預防病原菌增殖的作用。

我們人類無法在人體內合成葉酸，都是從食物中攝取維生素補充葉酸，所以不受苯磺胺的影響。

多馬克找到直接對病原菌作用的醫藥品（也就是化療藥物）後，全球因此興起一股化療藥物的開發熱潮。截至一九四一年，光是磺胺類藥物相關物質，研究人員就合成出六千種，人類因此掌握了不只可對抗細菌，還可對抗原蟲和真菌（黴菌也是其一）等各種病原微生物的武器。

自古以來，麻瘋病長期折騰人類。到了這個時期，人類也終於發現對抗麻瘋病菌的抗菌藥。這種藥就是磺胺類藥物的一種，名為「普洛明」（Promin），原本是用來對抗結核桿菌的藥物。

美國路易西安那州、卡維爾的麻瘋病療養所醫師，認為「麻瘋病的原因菌麻瘋分枝桿菌（Mycobacterium leprae）和結核桿菌同屬，應該有效才是」，便對志願患者投藥。結果出現驚人的效果，甚至被稱為「卡維爾的奇蹟」（一九四一年）。

二十世紀中期開始，對於一直以來威脅人類的傳染病，人類終於陸續製造出強大的武器（醫藥品相關內容的後續接第三一〇頁）。

發明「尼龍」——全球首見的完全人工製纖維

第一次世界大戰時，德國這個小國才剛統一沒多久，在其發達的化學工業幫助下，從空氣中製造出炸藥，甚至還投入杜拉鋁、合成橡膠等新素材，和英國、法國、俄羅斯等國打起了持久戰。看到德國這樣的實力，美國也深感化學工業的重要。一位男性就在此時嶄露頭角了。

華萊士・卡羅瑟斯（Wallace Hume Carothers）一開始在大學學會計，後來在塔基奧大學（Tarkio College）教授會計學。他利用空檔時間在同一所大學上化學課，最後成為那堂課的教授接班人。

之後他在哈佛大學擔任有機化學講師時，被杜邦公司挖角。卡羅瑟斯討厭民間企業的競爭，所以一開始拒絕被挖角。後來在杜邦公司同意他可以自由研究的條件下，心不甘情不願的加入杜邦公司。

化學大廠杜邦公司歷經美國獨立戰爭、南北戰爭、第一次世界大戰，因為戰爭中的火藥、炸藥而累積巨富。然而，二十世紀是材料的天下，特別像是塑膠這類產品的開發極為重要，所以開始傾全公司之力轉換方針。

一九二〇年代，法本公司致力於塑膠的研究開發，開始生產包含保麗龍在內的聚乙烯等各種塑膠。杜邦公司也順應這個潮流，於一九二七年設立無法直接貢獻利潤的基礎研究部門，不注重眼前利益，開始挑戰從化學基礎研究、創造新物質。

當時德國赫爾曼・施陶丁格的主張——「橡膠和纖維素由巨大分子（高分子）組成」，在化學家之間掀起激烈論戰，卡羅瑟斯試圖實際合成巨大分子以作為證明。

首先，他著手研究性質與天然橡膠相同的橡膠，利用連接許多（數千到數萬個）同一種小分子的化學反應，合成巨大分子，發明了合成橡膠、新平橡膠（Neoprene）。

之後他又著手開發由巨大分子組成的塑膠，實踐了讓兩種小分子產生反應、交互相連的點子。他的目標是開發出如同絲綢般的強力纖維，在無數次嘗試錯誤之後，終於在一九三五年發現讓各六個碳的己二酸（Adipic Acid）和己二胺（Hexamethylene Diamine）產生反應、交互相連後，可生成聚醯胺（Polyamide）這種物質，成為纖維。

但這個發現遇上一個瓶頸，就是剛發生反應生成的纖維，強度不如預期中理想。不過，很快就有人發現方法來提高強度。

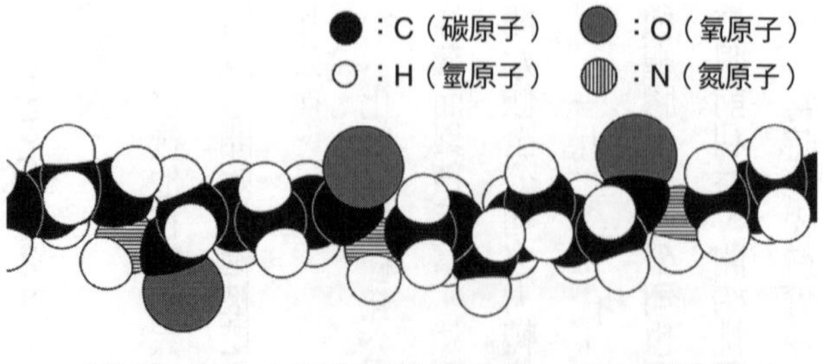

圖 33. 完全人工合成的「尼龍」的分子模型（部分結構）。

他的助手朱利安・希爾（Julian W. Hill）用玻璃棒尖端去沾取剛做出來、熱氣騰騰又具黏性的另一種物質（聚酯纖維），拉著這種物質邊跑邊玩時，發現拉伸可以大幅增加強度。

拉長時，分子的方向會平行整齊的排列、增加強度，這就是所謂的延伸法。用這種方法可以加工為更強韌的纖維。

全新的聚醯胺用來作為褲襪的纖維，因為強韌不易「勾紗」（受損而裂開）的特性，亦即「No Run」（不勾紗之意），因而以「尼龍」（Nylon）作為商標名稱。

一九三七年，羅患憂鬱症的卡羅瑟斯，在檸檬汁中加入氰化鉀，服毒自盡，時年不過四十一歲。如果他還在世，一定可以獲得諾貝爾化學獎。

人類第一次完全人工合成的纖維「尼龍」華麗問世，當時的宣傳標語就是「原料雖然是煤、水、空氣等隨處可見的東西，卻有如鋼鐵般強韌，有如蜘蛛絲般纖細，伸縮性勝過任何天然纖維，可形塑成散發出美麗光澤的細長絲線」。

一九四〇年五月，紐約開始銷售「尼龍」褲襪，據說四天裡就賣出四百萬雙。之後尼龍用途更普及到釣魚、手術縫線、繩子、齒輪等機械零件中。

從黑色的石塊（煤炭）到做出褲襪的絲線，由完全不同的物質創造出全新物質，這種幾近魔法的科技，可說是十九世紀開始飛躍性發展的近代新化學的特徵。

汽油高性能化——觸媒提升了汽車和飛機的性能

法國人尤金．胡德利（Eugene Houdry）原為煉鋼技術人員，他在從事自己喜歡的賽車活動時，對於由煤炭（褐煤）經觸媒催化出的汽油的高性能感動不已，而投入開發製造高性能汽油所需的觸媒。

所謂觸媒，就是促進反應的物質。大家可以想像一下，就像是要花一萬年才能發生的化學反應（也就是在日常生活中幾乎感受不到的反應），使用這種物質加速反應後，只要幾分鐘即可完成並結束。

現代化學工業利用各式各樣的觸媒。觸媒就像是支撐現代文明、猶如魔法一般的物質。每一種反應各有最佳的觸媒，化學家必須將它找出來，所以只能抓到什麼就試什麼，經由實驗來一一調查。

胡德利發現活性黏土（Activated Clay）這種礦物，可切斷石油的重油成分中長長的碳化氫分子，加速反應讓石油更快成為小分子的汽油成分，適合用來作為觸媒，並於一九三六年在美國開始工業化。

他也發現此時碳鏈的分支越多，越容易引發轉換成接近球形分子的反應。接近球形的分子，才能成為高性能汽油，也就是高辛烷值汽油。就像是將形狀如法國麵包的分子扯斷，製成球形、宛如麵包超人一樣。這就是所謂的媒裂（Catalytic Cracking）。汽車飛機要能派上用場，就必須利用媒裂製造出高性能汽油。

當他好不容易找到了，卻發現宛如賢者之石（Philosopher's Stone）、奇蹟般的觸媒，有一個致命的缺點，就是在石油分解反應的過程中，會析出碳包覆觸媒，結果觸媒很快就失效了。

於是在其他發明家的建議下，發明了流體化媒裂（ＦＣＣ，Fluid Catalytic Cracking）方法，也就是用熱風誘導觸媒粒子，回收被碳包覆而失效的觸媒，在其他裝置用高溫燒除表面的碳，讓觸媒復活，再將原料氣體和觸媒混合，投入反應裝置。這也是現代石化工業區再經改良後使用的手法。到此階段，人類終於能製造出高性能汽油，對於提升汽車及飛機引擎的性能，貢獻良多。

開發出終極毒氣——五百毫升可殺死數萬人

德國流行栽種馬鈴薯，馬鈴薯料理也很有名，而危害馬鈴薯的害蟲就是蚜蟲類。法本公司研究人員一直試圖找出蚜蟲類的殺蟲劑，探索能作用於昆蟲神經的化合物。在這個過程中，研究人員找到的是含磷的有機磷類化合物。這種化合物只要進入昆蟲的表皮、呼吸器官甚至是嘴巴，就會對神經發揮作用，麻痺昆蟲、讓昆蟲窒息而死。

德國化學家格哈德・施拉德（Gerhard Schrader）根據這項發現，於一九三六年開發出太奔毒氣（Tabun），一九三八年又開發出沙林毒氣（Sarin）。這些神經毒氣只要約五百毫升寶特瓶量的液體氣化成氣體，理論上就可以置數萬人於死地，可謂是終極毒物。

希特勒本人在第一次世界大戰期間，身為傳令兵作戰時，就曾受毒氣侵襲而住院，他可能害怕戰事因為包含這種神經毒氣在內的毒氣報復戰而升溫，所以雖然他生產並準備了毒氣，但德軍在第二次世界大戰中，並未真正在戰場上使用。

相對的，美軍則擬定計畫，預計在一九四五年十一月，於日本本土九州登陸戰（奧林匹克行動）之前，先用沙林毒氣彈空襲九州的主要軍事目標。

第一次世界大戰隨著大範圍實施毒氣戰，引發前所未見的大災難。然而，之後世界各國仍持續研究、生產毒氣。

義大利墨索里尼政權高舉復活羅馬帝國的大旗，團結民心，在擴大領土政策下入侵衣索比亞的時候，就從空中投擲毒氣彈轟炸地面。

日本也盛行開發毒氣。一九三二年，日本在中國東北成立滿洲國後，一九三七年以盧溝橋事變為藉口，對中國全面宣戰。當時日本早已為戰爭做好準備，日本軍也研究並生產化學武器。

這些化學武器，是在廣島縣瀨戶內海的大久野島上設置毒氣生產工廠所生產的，而且地圖上根本找不到這個地方。這座島上飼養許多兔子做毒氣實驗，現在則因為兔子在社群媒體上很上相，而成為著名的觀光地。對照歷史，實在讓人覺得很諷刺。

日本軍隊在中日戰爭時，從一九三九年的修水河渡河作戰開始，每當渡河戰和山岳戰等，就會用火炮對中國軍隊陣地投射芥氣或嘔吐性毒氣（Vomiting agent）等毒氣彈，效果絕佳，讓中國戰場陷入毒氣戰。此外甚至還將劇毒的氰化氫裝在瓶子中，對著戰車投擲，製造這種捨身攻擊的武器。

發明聚乙烯——能提高雷達性能的材料

第一次世界大戰時，無線電通信等技術開發競爭日益激烈，古典電子工學成為顯學後，英國於一九三〇年代發明了真正的雷達。只要發出電波，碰到飛機和船艦就會反射回來，解析反彈回來的電波後，就可以鎖定距離和方位。

雷達的零件和纜線必須使用絕緣高頻的材料。現在隨處可見的塑膠袋，其原料聚乙烯就是最適合這個用途的優良物質。不論是絕緣性、強度和加工性，都是再理想不過了。可以說，沒有聚乙烯就沒有雷達。要製造各種製品、裝置，都必須先有最合宜的材料（物質）才能實現，這是放諸四海皆準的道理。

當時還缺乏有效率的方法，能將數千個、甚至數萬個乙烯分子橫向連成一條巨大的分子鏈，成為聚乙烯（這種連結反應稱為聚合反應）。

英國ＩＣＩ公司（帝國化學工業，Imperial Chemical Industries），於一九三三年讓乙烯氣體在一千四百大氣壓的超高壓下反應，碰巧壞掉的反應容器混入氧，因而生成白色蠟狀的聚乙烯。這真的是偶然下的產物。當時的化學家普遍認為，不可能有反應能讓像乙烯這麼小的大量分子相連，所以該公司的發現，真可說是破天荒。

之後為了增產製造雷達時所必須的聚乙烯，只能在攝氏四百度、三千大氣壓的嚴苛條件下生產，但是常發生爆炸意外。據說生產一噸聚乙烯，因爆炸而損壞的裝置碎片大概就重達一噸。化學家們持續追求最佳生產條件，最終發現容器內的微量氧發揮了觸媒的作用，也找出合成的最佳條件，採用了讓乙烯氣體與微量氧在一千大氣壓的高壓下反應的方法。

聚乙烯加速了英美聯軍的雷達生產、配備、改良，在第二次世界大戰時，英國首先用雷達阻止了德國對倫敦的空襲。

這場被稱為不列顛戰役（Battle of Britain）的戰爭，是世界史上首度的大規模空戰，當時倫敦等都市連續遭受長達五十七日的空襲。英國靠著雷達的威力迎擊德軍，擊落約一千七百架德國軍機。這也逼得希特勒不得不中止登陸英國本土的作戰。

初期的雷達使用波長一百公尺左右的電波，但遇到小型飛機便無法順利反射，而且也需要巨大的天線來偵查。之後歷經改良，使用空腔磁控管（Cavity Magnetron）裝置發出波長數公分、稱作微波的電磁波，讓高精度雷達實用化後，裝置本身和天線都變小了。

空腔磁控管是大幅改變第二次世界大戰演變的小型裝置，但這個裝置成為現代家家戶戶都使用的家電產品的基礎，這個產品就是微波爐。

島國英國的生命線就是海上運輸，可以運來印度、中東、美國的石油和鐵礦、戰車和飛機等資源與軍需用品。德軍則用潛艇（U-boat）威脅英國的生命線。

因為這個破壞通商作戰，讓英國一度被逼入絕境，但不久後英軍就利用超音波偵查裝置（聲納）、搭載小型化雷達的飛機去搜索德軍潛艇（當時的潛艇無法長時間潛水，必須長時間浮上水面航行），並陸續擊沉。

德國雖然落後英國，但也經由擅長的電子工學讓雷達實用化，配備在防空系統，也擁有搭載雷達的夜間戰鬥機。面對英國的夜間轟炸，雙方充分活用雷達等設備進行電子戰，戰況激烈。英國為了對抗德軍的雷達防空系統，發明了「雷達干擾片」戰法，這是用轟炸機大量散布根據雷達波長算出合宜長度的鋁箔，以干擾雷達運作。這就是現代電子戰的濫觴。

美國則運用雷達，全面破壞日軍從南太平洋到沖繩、十分自豪的海空戰力。日本原本很輕視雷達，也有一些相關故事流傳下來。

日軍占領英屬新加坡時，發現雷達使用的天線（和安裝在屋頂的電視天線一樣）資料上寫著「ＹＡＧＩ」，日本軍人還問擄獲的雷達技師：「ＹＡＧＩ是什麼？」結果技師回答：「不是你們日本人的名字嗎？」顯示出當時的日軍，連東北帝國大學八木秀次教授所發明的天線都不知道。

雷達成為改變第二次世界大戰趨勢的武器，而製造雷達所需的珍貴材料聚乙烯，現在已經成為一個三日圓或五日圓即可買到的塑膠袋材料。這是因為人類發明了合成魔法，能輕鬆將大量的小分子相連成塑膠分子。

第二次世界大戰後，德國和義大利的兩位化學家，發現了可以輕鬆製造塑膠的觸媒，正可謂是「賢者之石」。

發明鐵氟龍，竟讓原子彈的開發成真？

羅義．甫南克（Roy J. Plunkett）這位研究新手剛結束博士課程，就被杜邦公司錄取。一九三八年四月某日，甫南克讓四氟乙烯（Tetrafluoroethylene，C_2F_4）分子產生反應，試圖製造無毒冷媒（冷氣和冰箱冷卻所需、容易液化的氣體）。

他為了從裝著四氟乙烯的反應容器鋼瓶中取出生成物，打開閥門一看，裡頭原本應該有一些生成物的氣體，但他只看到白色薄片狀的粉末，實驗以失敗作收。甫南克覺得很奇怪，就一起和助手，用鋸子將鋼瓶水平剖開成圓片。結果他發現鋼瓶內層緊緊黏著一種白色蠟狀的固體。

甫南克直覺認為，這應該是數千個四氟乙烯相連而成的全新塑膠分子，是過去許多化學家挑戰合成，卻都未成功的物質。

這種塑膠就是聚四氟乙烯（Polytetrafluoroethylene），也就是後來註冊商標名為「鐵氟龍」

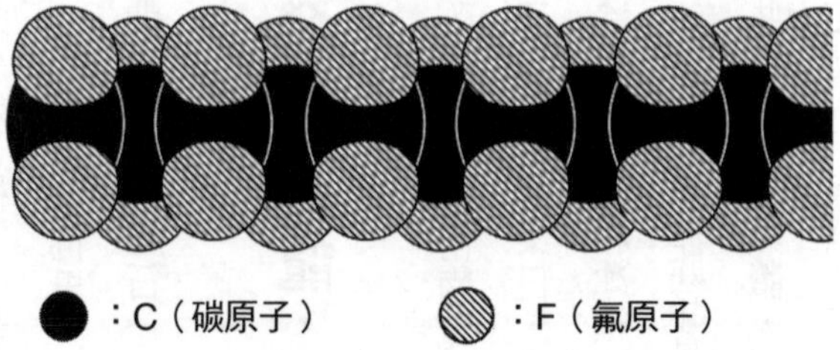

圖 34. 魔法塑膠鐵氟龍（C_2F_4）$_n$的（部分結構）。

（**Teflon**）的魔法塑膠。這種巨大分子的結構，就是結實魁梧的氟原子，緊緊包覆碳原子連成的纜線（數千個—CF_2CF_2—單位相連而成）。

碳和氟原子緊緊結合，會彈回其他分子的攻擊，所以能抵抗硫酸、鹽酸、氫氧化鈉等所有藥品。其表面光澤平滑，好像可以在上面溜冰一樣（事實上，後來也有人用它來建造滑冰場），同時又耐熱，高溫下也不會溶化。

他立刻開始著手研究合成方法，最終和尼龍一樣，成為杜邦公司二十世紀代表性的大發明。鐵氟龍的用途極廣，從平底鍋、熨斗、章魚燒烤盤，到人工心臟、太空服等都用得到。

用這種塑膠製成的墊圈（**Gasket**，接縫的填充材料）和內襯（**Lining**），能耐高腐蝕性氣體與液體，因此工業界的需求高到無法想像。然而它有一個缺點，那就是製造成本太高，是一種很昂貴的物質。

不過，很快就出現不把錢當錢的土豪顧客了，那就是美國政府。美國成立龐大的國家計畫「曼哈頓計畫」以開發原子彈，而這種物質更是不可或缺（相關內容的後續接第三〇五頁）。

第16章

二戰——誰的化工實力強，誰就能勝利

德國、義大利、日本，國家統一的腳步落後，因而未能順利搭上帝國主義潮流，和已經打算結束分割世界的美國、英國、法國等帝國主義國家之間產生衝突。一九三九年九月一日，德國入侵波蘭，揭開第二次世界大戰序幕。隨著汽車發達，石油需求高漲，仰賴進口石油的德國、義大利、日本，為爭奪石油資源而掀起戰爭。

以德國、義大利、日本三國為主的軸心國，與美國、大英國協為主的同盟國作戰，後來蘇聯（當時）也加入戰局，戰場可繞地球一圈。第二次世界大戰使用了大量高精密機械化武器，第一次世界大戰根本無法望其項背。

爭奪石油引發的戰爭，結果發展成熟的飛機和戰車大量消耗石油。美軍陸軍航空隊的戰鬥機和轟炸機一天消耗的汽油量，是第一次世界大戰戰爭期間，送到歐洲的汽油量的十四倍以上。

第二次世界大戰期間，日本滿洲派遣的關東軍，在戰後發現大油田的中國油層上肆虐；而在利比亞的油層上，則有足智多謀的隆美爾（Erwin Rommel）元帥所率領的德非聯合戰車軍隊挺進。歷史真的很諷刺。

發明之後僅僅過三十六年的飛機，成為這場戰事中決定勝敗的關鍵武器。為了提供高性能的飛機用油，相關技術開發也讓剛誕生的石油化學工業出現驚人的飛躍性成長。

德國雖然在這場戰事中，投入各種性能優異且技術精密的武器，卻輸給美國壓倒性的組織開發力、工業力、量產、補給與後勤補給站的實力。納粹希特勒傲慢的深信，優秀的德意志民族開發出來的最強武器不可能輸，結果讓德國吃了敗仗。就像西臺人和埃及一樣，過去志得意滿、深信自己的最強雙輪戰車（Chariot）不可能輸，最後還是輸給亞述。歷史總是不停重演。

英國二十一項最新技術，讓美國科學家震驚

一九四〇年九月，幾位英國人帶著一個皮箱，來到美國華盛頓特區。當時幾乎已經確定，第二次世界大戰的勝利將歸於英國和美國這一方。

在當時的首相邱吉爾的特別命令下，這個從德軍空襲日益激烈的英國運來美國的皮箱，裡頭裝著幾個裝置和幾張列印出來的紙張。這些內容決定了第二次世界大戰的命運。

遠離歐洲戰火的美國科學家們，看到這個皮箱中的新技術，大為震驚。皮箱裡裝了二十一種技術資料，包含雷達不可或缺的空腔磁控管，只要偵測到飛機靠近就會爆炸的 VT（變時）引信（近發引信），包覆燃料箱、即使被子彈貫穿也能立刻填補破洞的防彈用新型橡膠、噴射引擎技術等。

其中最重要的技術，則是英國物理學家寫下的三張紙。這三張紙的內容讓原子彈製造化為可能，而且上面還記載著開發原子彈需要龐大的研究開發費用。

因為這些資料，美國前總統小羅斯福（Franklin Delano Roosevelt）召集了科學家與專家，成立了新組織科學顧問團。這是整合不同領域科學家以實現巨大國家計畫，成為串聯新技術與美國壓倒性的工業力、站在指導立場的組織。

發明印刷電路板——積體電路也運用相同原理

現代電子機器之所以能實現小型化、低成本，要歸功於印刷電路板技術。這是在塑膠基板上利用有如印刷的方式，將電路印製上去，然後再焊接電容器、真空管或是二極體等元件，就可以製成簡單的電路。

一九四一年，奧地利人保羅・艾斯勒（Paul Eisler）發明了印刷電路板。他在酚醛樹脂這種塑膠膜上貼上銅板，然後從上方有如塗膜般、將配線圖印刷上去。再用藥品溶化未被印刷層保護到的銅裸露部分，受保護的部分就會留下銅的配線。這種手法和版畫的蝕刻技巧相同。

印刷好電路後，便清洗乾淨再鑽孔，再焊上電容器、真空管等元件，就可以瞬間完成電路。即使到現在，這種技術仍對電子機器的小型化有著非凡貢獻。

因為印刷電路板的製造技術，人類開始可以量產各種精巧的電路。艾斯勒發明這項技術時，第二次世界大戰正如火如荼進行，軍方立刻用這項技術，在高射炮的炮彈中安裝電路。

這項技術被運用在近發引信系統等之中，炮彈發出的電波接觸到標的物飛機的金屬時會反射，炮彈對反射波起反應，即可在鄰近標的物時爆炸，一口氣革新了炮彈科技。

以擊落飛機為目的的高射炮，與現代的地對空飛彈，幾乎不可能直擊高速飛行中的飛機，所以是讓炮彈在飛機附近爆炸，讓炮彈碎片對飛機造成傷害。過去的近發引信是在敵機進入預想高度時，於發射前調整定時引信的定時器，所以為了讓炮彈盡可能接近敵機後再爆炸，只能靠數量取勝。

現代製造積體電路和半導體記憶體等的技術，基本上也運用了印刷電路板的製造原理，只是更精細（微影成像），使用的塑膠是照光就會硬化的感光性樹脂。這種樹脂就是牙科醫生看牙時，用有如口香糖的樹脂壓合在蛀牙的部位，然後照光讓樹脂硬化的樹脂。

使用八十年前的印刷電路板和真空管等元件，必須占據一個都市那麼大面積的電路，現代的資訊科技已經可以將這種電路，放在智慧型手機內、有如指甲尖大小的處理器中了。

一開始日軍無往不利，工業實力卻輸美國

一九四〇年，隨著德軍勢如破竹的攻勢，荷蘭和法國紛紛投降，東南亞殖民地的宗主國幾乎毀滅，英國也被逼到山窮水盡，日本則出現「別比別人晚上車」的聲浪，占領東南亞的野心越來越強。

而在中日戰爭中，對中國的權益虎視眈眈的美國和日本正面對立，因為美國、英國、荷蘭等國的經濟封鎖策略，截斷了日本自美國進口石油的生命線，日本國內只能靠著微薄的戰備儲油苦撐。

為了突破缺油困境，當時荷蘭雖然被德國占領，但日本也只能搶奪荷蘭於亞洲的殖民地印尼蘇門答臘島的巨港（Palembang）油田等。

日本為了占領油田和確保運油的制海權，必須驅逐美國太平洋艦隊和英國東方艦隊（Eastern Fleet）。一九四一年十二月八日（夏威夷時間十二月七日），由日本海軍航空母艦上起飛的航空

部隊，偷襲夏威夷珍珠港（Pearl Harbor）的美軍基地。可是當初鎖定攻擊的美軍先進航空母艦卻不在珍珠港內，只能擊沉舊式的戰艦。

美國立即做出反應，小羅斯福總統因此對日本宣戰。日本先戰後宣的行動，讓美國國內輿論譁然：「這是偷襲！」也讓美國民眾由主張中立轉而支持參戰。

十二月十日，日本海軍戰機又在馬來半島海面，攻擊英國東方艦隊自豪的新型戰艦和巡洋艦。這次攻擊也成為全球首次只靠戰機，就成功擊沉航行中戰艦的戰役。

日軍暫時排除了美國和英國的海上戰力，持續與荷蘭交戰，終於在一九四二年二月用傘兵部隊偷襲，占領了巨港油田與煉油廠。當時傘兵部隊的跳傘訓練，還利用東京世田谷（現今二子玉川車站附近）遊樂園內的鐵塔器材，不過這是題外話了。

日軍勢如破竹的席捲東南亞，還占領了馬來半島的橡膠園等，導致出口到美國的天然橡膠銳減。

一九四一年，美國的合成橡膠生產能力只有兩百三十一噸，不過美國立刻成立國家專案計劃，以量產輪胎、機械類的履帶、墊圈等所有武器與作戰所需的合成橡膠，並在一九四五年成功增產至九十二萬噸。

美國在第二次世界大戰中，動員科學家組成組織，向全世界展現出可以立刻量產的巨大工業實力。合成橡膠、飛機用高辛烷值汽油、盤尼西林、曼哈頓計畫四大專案，就是最好的象徵。

如果要比喻，就像是《哆啦A夢》中的大雄，即使偶有高性能的未來道具，但遇上胖虎的力氣和小夫的資金結合，發生壓倒性數量的暴力事件時，大雄也贏不了，是一樣的道理。

原子彈開發計畫——人類開發出終極破壞兵器

二十世紀初起，人類開始逐步闡明原子的結構。

原子的結構剛好就像是太陽系，而相當於太陽的部分就是原子核。原子核由質子和中子的粒子組成，而質子的數量決定了元素符號。質子帶正電，中子的作用就是消除質子之間正電與正電的斥力，將它們連在一起。

質子和中子質量幾乎相同。而原子結構中的電子，就相當於環繞太陽移動的行星，電子是非常小的粒子。

隨著原子中心的原子核相關研究的進展，一九三八年德國物理學家奧托・哈恩（Otto Hahn）與弗里茨・施特拉斯曼（Fritz Strassmann）發現，用中子去撞擊大原子，也就是鈾原子的原子核，原子核會被破壞而分解。

鈾原子是大原子，中心的大原子核會被中子衝撞而撕裂。共同研究者、女性物理學家莉澤・麥特娜（Lise Meitner）將這種原子核一分為二的現象，命名為「核分裂」，就有如細胞分裂一樣。再者，物理學家還發現，核分裂時還會飛出兩、三個中子，衝撞到周遭的原子核，又讓這些原子核分裂，有如鼠算（按：等比數列的一種）一樣，瞬間不斷的發生，引發連鎖反應。

鈾也好、其他原子也好，在原子核核分裂的前後，原子核會喪失極少的質量。這個質量會變成能量。質量乘上光速（秒速三十萬公里）平方後，所得的數值就是能量值（愛因斯坦導出的公式，$E=mc^2$），所以即使只有些微質量變成能量，龐大的能量也會釋放出熱（和光）。

質子和中子強力結合的原子核被撕裂，就會釋出相當於結合力道的強大能量。瞬間解放這種龐大能量，就是原子彈的原理。而長期緩慢釋放這種能量作為熱源，就是核能發電的原理。

舉例來說，假設有一對恩愛的夫妻，在家中藏了五千萬日圓的私房錢，突然有一天兩人都各自去私奔（分裂）了，家中沒人、只剩下五千萬日圓的私房錢。就在此時，長子來了，他拿了這五千萬日圓買了一輛法拉利、一次花光，這種做法就相當於原子彈。而長子如果把這五千萬日圓，當成生活費、分幾十年慢慢花，這種做法就像是核能發電。

啟動「曼哈頓計畫」，歐本海默集結頂尖科學家

莉澤．麥特娜和她的姪子奧托．弗里施（Otto Frisch），於一九三九年去找物理學界大老尼爾斯．波爾（Niels Henrik David Bohr），討論核分裂成功的事宜，波爾遂於美國的學會發表核分裂研究。許多科學家直覺認為，只要能取出原子的核分裂能量，就可以成為驚人的能量來源。人類其實沒花多少時間，就發現了原子彈的可能性。

當時納粹迫害猶太人的政策，讓許多德國的猶太人科學家流亡美國。其中也包含了物理學家利奧．西拉德（Leo Szilard）與愛因斯坦。西拉德擔心納粹德國開發原子彈，於一九三九年寫了一封信警告小羅斯福總統，建議美國也應該開發原子彈，以對抗納粹開發中的原子彈，愛因斯坦也在信中聯署。

小羅斯福總統收到這封信之後，並未立刻行動。之後又有一份來自英國的報告，指出原子彈的可能性。其實英國的原子彈研究領先美國。

一九四二年十月，小羅斯福總統終於啟動了原子彈開發計畫。因為辦公室在曼哈頓，所以這個祕密專案就命名為「曼哈頓計畫」。

美國軍部選定推動計畫的科學家領導人，就是加州大學的羅伯特・歐本海默（Julius Robert Oppenheimer）。歐本海默不只是物理學家，他極具領袖魅力，而且擁有十分高超的業務員話術和管理能力。

歐本海默認為，只要集合著名科學家作為成員，自然就可以吸引許多年輕研究人員來參加，所以他招募了當時最頂尖的知名科學家們。

成員包含了艾力克・費米（Enrico Fermi，一九三八年獲得諾貝爾物理學獎）、漢斯・貝特（Hans Albrecht Bethe，一九六七年獲得諾貝爾物理學獎）、知名天才數學家約翰・馮紐曼（John von Neumann）、「氫彈之父」愛德華・泰勒（Edward Teller，一九九一年獲得搞笑諾貝爾和平獎），而受吸引而來的年輕研究人員則包含了理察・費曼（Richard Phillips Feynman，一九六五年獲得諾貝爾物理學獎）等人。

這個計畫採用的原子彈有兩種。

其一，是將鈾塊分成兩塊，像開槍一樣發射出其中一塊去撞擊另外一塊，引發大爆炸的槍射式鈾彈（廣島型）；以及在核反應器將鈾製成鈽元素，在鈽的周遭安排炸藥衝擊波，壓縮鈽後引發大爆炸的內爆式鈽彈（長崎型）。

簡單來說，原料製造很難、但結構簡單的原子彈就是鈾彈；原料製造簡單，但結構複雜的原子彈則是鈽彈。在這個計畫下，開始開發這兩種原子彈。

鈽必須在核反應器中，用鈾製造出來。能開採鈾礦的地方有科羅拉多州、加拿大、剛果以及捷克的亞希莫夫礦山，但當時的捷克是在德軍占領下。因此美國決定進口從剛果的礦山開採後精製而成的氧化鈾，可是當時的剛果是比利時領地，而比利時也在德軍占領下。

美國於是派出情報員，在不讓德國發現的前提下，祕密的將剛果產的鈾化合物大量運送到美國。電影《〇〇七》系列的故事，其實還真的在歷史中發生過。而這些鈾元素不久後就朝著廣島、長崎去了。

天然的鈾原子一定內含質量輕與質量重的鈾，是一種原子混合物。像這樣同一元素、不同質量的原子就稱為同位素。在元素週期表中，同一元素在相同位置，所以是同位素，英語為「Isotope」。這個字來自希臘語的「Isos」（「相同」的意思）加上「Topos」（「場所」的意思）。

鈾的同位素當中，原子量輕的鈾二三五只含〇．七％。其餘的九九．三％都是較重的鈾二三八。要製造鈾彈，必須將鈾二三五的含量由〇．七％濃縮到九〇％以上。這個濃縮製程至關重要。順帶一提，核能發電使用的鈾燃料，鈾二三五含量只濃縮到三％至五％而已。

濃縮鈾二三五，有氣體擴散法和離心分離法兩種方法。「曼哈頓計畫」採用氣體擴散法。以鈾礦石為原料，讓鈾和氟產生反應、變成六氟化鈾（UF_6）氣體。在真空空間內噴出這種氣體，內含較輕的鈾二三五的六氟化鈾氣體，會飛得比較遠。

用這種手法濃縮較輕的鈾二三五，就像是讓相撲橫綱和一群馬拉松選手一起起跑，然後馬

圖 35. 核分裂連鎖反應模式圖

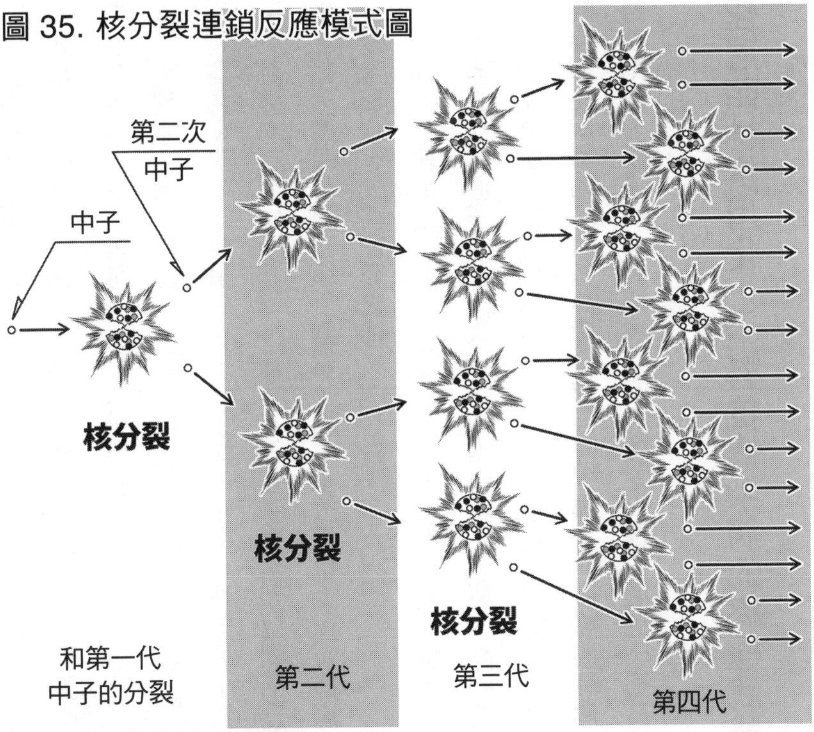

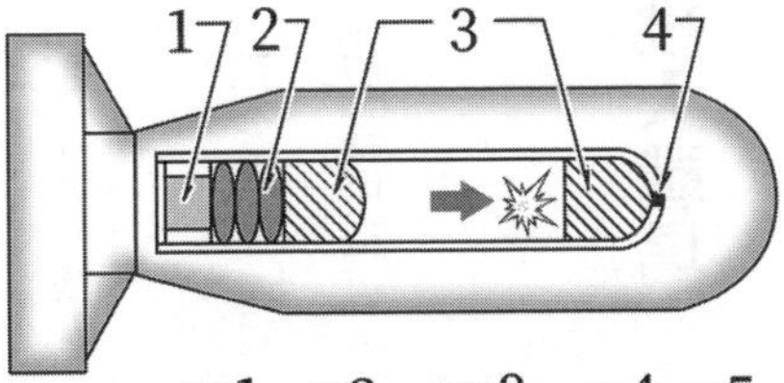

◇小男孩原子彈

1：引爆裝置
2：高性能炸藥
3：鈾 235
4：針鈹反應開始裝置

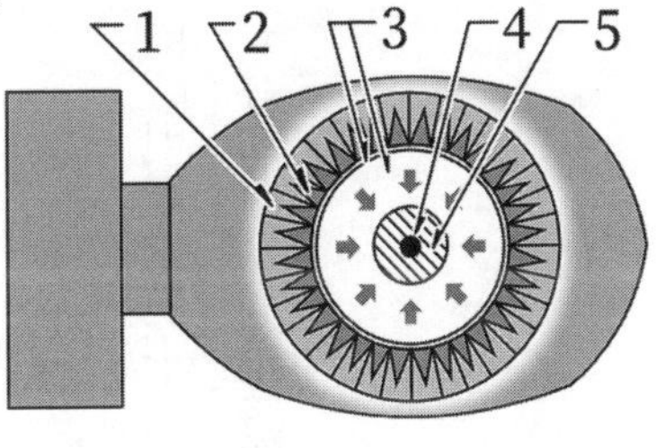

◇胖子原子彈

1：快的炸藥（32 個）
2：慢的炸藥（32 個）
3：反射體（Tamper）
4：針鈹反應開始裝置（高爾夫球大小）
5：鈽（壘球大小）

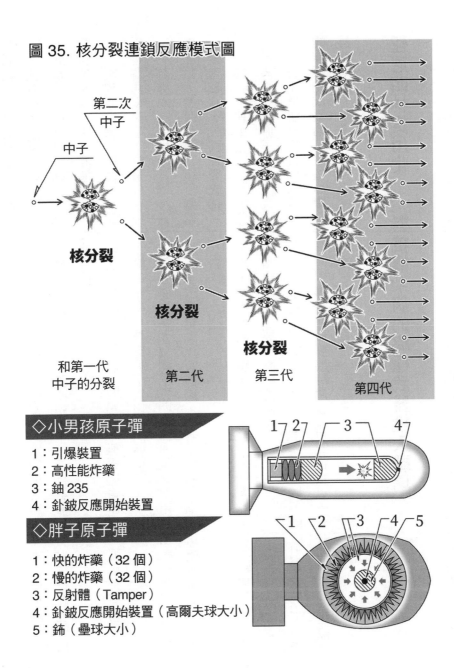

拉松選手先到終點集合的樣子。

此時使用的氟和六氟化鈾，都是高腐蝕性氣體，連製造裝置的配管和容器等也會被腐蝕。因此當時用的材料，就是已發明的材料中抗腐蝕力最強的塑膠——「鐵氟龍」。有了鐵氟龍的內層和墊圈等，才可能進行鈾的濃縮製程。

說到原子彈、核武，很多人可能會以為是物理學的領域，但要製造產品，就必須有物質。從這個角度來看，物質的合成、生產的化學科技掌握了實用化的關鍵。

鈽彈必須先製造鈽。這種元素不是從天然的礦石中開採，而是必須用人工在核反應器裡製造才行。當時也建了核反應器，用中子去撞擊鈾以製造鈽。用減速後的中子去撞擊較重的鈾原子（鈾二三八），就會變成鈽。

鈽彈是利用鈽塊周遭的炸藥帶來的衝擊波，壓縮鈽塊後產生核爆。這種鈽彈稱為內爆式（Implosion）原子彈。因為壓縮必須平均，需要很高的技術。

天才馮紐曼計算後發明出的方法，是將鈽的四周分成三十二個區塊，同時引爆這三十二處的炸藥完成壓縮。這些炸藥必須同時引爆，能容許的時間誤差只有百萬分之一秒而已。如果時間誤差太長，核爆就會失敗（相關內容的後續接第三一三頁）。

盤尼西林實用化——對抗傳染病的終極武器投入戰場

一九二八年，弗萊明發現盤尼西林。他雖然分離出盤尼西林，後來卻未發展成藥品。另一方面，一九三〇年代後半開始，因為多馬克發明磺胺類藥物，預防病原菌增殖的抗菌藥研究成為顯學。

牛津大學病理學家霍華德．佛洛禮（Howard W. Florey），與逃離納粹黨對猶太人的迫害，獲佛洛禮邀請成為共同研究者的生化學家恩斯特．伯利斯．柴恩（Ernst Boris Chain），兩人正在探索抗菌性物質時，注意到盤尼西林，於是開始研究如何分離和生產盤尼西林。

隨著第二次世界大戰如火如荼展開，保護傷兵不受細菌感染成為重要課題，而決定性一擊就是抗菌性醫藥品。磺胺類藥物並非萬能，開發新的抗菌性物質以彌補磺胺類藥物的不足，成為時代的需求。

當時德軍轟炸倫敦，隨時有可能登陸英國本土，戰況十分緊急。佛洛禮等研究人員為了在逃難中持續研究，總是在白袍上撒上研究對象的青黴菌。

歷經苦難後，他們終於分離出些微的盤尼西林結晶。他們用這些僅有的少量結晶進行動物實驗，結果大獲成功。他們對被玫瑰刺刺傷、結果引發敗血症，只能等死的患者投藥，結果瀕死狀態的患者出現復原的徵兆（不過因為藥量不足，無法持續投藥，最終患者仍然死亡）。

研究團隊驚訝於盤尼西林魔法般的效果。柴恩最終闡明盤尼西林的成分為一種分子。

佛洛禮為了量產盤尼西林，便前往美國，造訪伊利諾州皮奧里亞（Peoria）農務省的研究所，委託研究所量產。結果知道青黴菌最喜歡剩餘的玉米製成的糖漿，繁殖量可達十倍。

而且皮奧里亞的農業研究所還探索青黴菌，試圖找出最能有效率生產盤尼西林的青黴菌，為此他們蒐集了數百種黴菌。

有一天，女性研究員瑪莉．亨特（Mary Hunt）在皮奧里亞市內的水果市場發現一顆哈蜜瓜，上頭布滿了美麗的金色黴菌，於是便買回家了。培養這種黴菌後，發現可生產出的盤尼西林量，竟然是牛津大學研究的青黴菌的七十倍。再搭配玉米糖漿後，終於開啟了量產盤尼西林的大門。

美國政府立刻擬定量產計畫，默克、輝瑞、施貴保等美國大藥廠開始量產。比起人工培養黴菌並分離的時期，利用化學工學製造的最新裝置，可生產出兩萬倍的盤尼西林。

當盤尼西林成為實用藥品後，登陸法國諾曼第海岸的同盟軍，以及在南太平洋作戰的美軍士兵，終於不再被感染所害，盤尼西林成為改變世界的藥物。說它是鍊金術師追求的賢者之石也不為過。這也成為一個契機，人類開始針對天然黴菌和細菌帶來的驚人作用，進行分子探索。

一九四四年，人類終於發現對結核桿菌有效的抗生素，長久以來苦於結核病的人類終於得以解脫。美國微生物學家賽爾曼．瓦克斯門（Selman Abraham Waksman）從結核桿菌在土壤中死光的現象獲得啟發，發現棲息在土壤中的放線菌——這種微生物鏈黴菌（Streptomyces）所生產的稀疏黴素（Sparsomycin）。

鏈黴菌（Streptomyces）的語源是希臘語「Streptos」（「扭轉交合」的意思）加上「Myces」（「菌」的意思），這個分子對結核桿菌具有強大的威力。藥物名稱的語尾為「-mycin」，就表示這種抗生素藥物是來自菌類。

此外，也是瓦克斯門開始將黴菌和細菌所生產、攻擊其他病原菌的物質，稱為「抗生素」（Antibiotic）。瓦克斯門也於一九五二年獲得諾貝爾生理學醫學獎。

二十世紀中到現在，人類成功從天然黴菌和細菌等，發現各式各樣的抗生素、讓移植手術成真的免疫抑制劑、抗癌藥等。放線菌是抗生素的寶庫，現在使用中的各種抗生素，七成以上都來自放線菌產出的分子。

德國也曾開發原子彈，但被英軍阻撓而中斷

德國物理學家維爾納．海森堡（Werner Heisenberg，一九三二年獲得諾貝爾物理學獎），是指導德國原子彈開發計畫的人。德軍注意到鈾和鈽的核分裂可釋放出龐大能量，要破壞倫敦，可能只需要一顆大水果大小的炸彈即可，而開始推動開發計畫。

海森堡於一九四一年與丹麥物理學家，也是他視為老師、仰慕的尼爾斯．波爾見面，並將核反應器的手稿交給波爾。這份文件後來被德國流亡到美國的猶太裔物理學家知曉，讓大家認知到德國正在開發原子彈的事實。

德國採用的方法，是用放慢動作的中子去撞擊鈾以生產鈽，然後製成原子彈，所以首先要考慮讓中子減速的材料。讓中子減速的材料有石墨（碳）和重水（由比一般氫原子更重的氫原子組成的水），德國採用重水。製造重水必須反覆電解水並濃縮，所以需要利用大量電力。

挪威泰勒馬克水力發電廠附設的挪威海德魯公司（Norsk Hydro）工廠（以利用電力的反應製造肥料的工廠），當時正在製造研究用的重水。德軍下了大量重水訂單給這家工廠。

英軍發現德軍的這個動作，便派出特種兵，試圖破壞這座工廠的生產設備，但受阻於險峻山勢與天候，滑翔機墜落，生還的士兵也被蓋世太保處決等，失敗連連。

而後終於在一九四三年的岡納賽德作戰中，特種兵潛入工廠，成功爆破電解裝置。之後還爆破了搬運重水的渡輪，渡輪沉沒，德軍的原子彈開發計畫剛上路，就遭遇到莫大的挫敗（相關內容的後續接第三二七頁）。

英美同盟空襲德國本土——電波與雷達交織的「電子戰」

到了一九四三年，英美同盟軍對德國本土的空襲日益激烈。五月，英國空軍破壞了工業都市群集的魯爾地方上游的水壩，引發洪水，為德國工業地帶造成致命性打擊。

水壩中有預防魚雷的防護網等，所以英軍丟下每分鐘轉速五百轉的自轉炸彈後，炸彈會在水面彈跳到堰堤，撞到堰堤後下沉爆炸。這種特殊炸彈稱為「保養（Upkeep）炸彈」。

七月，漢堡造船廠和都市遭遇大規模空襲，漢堡市區化為火焰地獄，有四萬名市民犧牲。這場空襲中，為了擾亂德國精密的雷達防空網，英軍轟炸機在空中散布了四十噸鋁箔，鋁箔長度完全根據德軍的雷達波長算出。結果德軍的雷達被漫反射的鬼像淹沒，完全發揮不了作用。這種手法就稱為雷達干擾。

歐洲夜空就成為使用電波的裝置，與干擾裝置的新舞臺，也就是電子戰的濫觴，包含了用電波誘導飛機的系統，與用雷達照映出地面的系統等。

題外話，其實現代也有侵犯領空的問題。有一種飛機被稱為電子戰專用資訊蒐集機，會偵測雷達防空系統的波長並分析。因為只要知道雷達波長，戰時就可以立刻執行投擲雷達干擾片，和發射妨礙電波等各種干擾對策。

歐洲在第二次世界大戰期間，有大規模的飛機夜間戰鬥。夜間飛行員當然無法目視對手的飛機和目標，所以是利用雷達與誘導裝置等，也就是利用電波技術的電子戰。

在激烈的技術開發競爭下，電子技術出現飛躍性的進化，成為支持戰後電子技術，甚至是電腦、資訊科技社會的電子、通訊技術的起源。

一九四三年八月，美軍執行浪潮行動（Operation Tidal Wave），派出一百七十九架大型轟炸機，超低空轟炸負責供應德軍與義大利軍石油、可說是心臟部位的羅馬尼亞普洛什特（Ploiesti）油田。

第二次世界大戰在這些條件下，飛機成為左右戰爭趨勢的武器，但決定飛機引擎性能的要素是汽油性能。為了提升汽油性能，美國和德國因此掀起一場化學技術的戰爭。

現代加油站供應高辛烷值汽油和一般汽油，但由螺旋槳驅動的飛機，需要的汽油比汽車的高辛烷值汽油性能更高。第二次世界大戰時，為了提升汽油性能、提高辛烷值，於是在汽油中加入鉛化合物四乙基鉛的添加劑（含鉛汽油）。

如果因為添加太多添加劑，而減少了原本最重要的汽油成分，那就本末倒置了，因此汽油分子本身也必須是能防爆震的高性能分子才行。

相對於形狀如法國麵包的低性能汽油分子，碳相連且骨幹有許多分枝的汽油分子（接近球形的分子）能充分耐壓縮，點火後也能順利推升活塞並燃燒，因此成為理想的燃料。煉油工廠可將這種形如法國麵包的低性能汽油分子，加熱後與觸媒反應，製造出分枝多的分子。

此外，第二次世界大戰催生出的石油技術，還有所謂的催化重組（catalytic reforming）。這種技術可以改變分子形狀，真的就像是重塑一樣，只要讓形如法國麵包的低性能汽油分子，接觸觸媒產生反應，分子會掉入觸媒表面的坑洞，然後捲成圓形，成為具有像甜甜圈般、六角形苯環結構的分子（芳香族烴）。

用這種方法可以做出苯、甲苯、二甲苯等分子，而添加了這些分子的汽油，就成為高辛烷值的高辛烷汽油。

假設我們是飛機用的引擎，在跑四百米競賽時，喝了照X光用的噁心硫酸鋇（低辛烷值汽油）後去跑，和喝了營養補給飲料（高辛烷值汽油）後去跑，結果一定截然不同。

日軍在首戰時使用的汽油辛烷值為九二（到戰爭末期時已降低到八二），德國空軍使用的汽油辛烷值為九六，而美軍和英軍的汽油辛烷值則高達一〇〇至一四五，天差地別。

順帶一提，現今日本加油站的一般汽油辛烷值為八九以上，而高辛烷值汽油則在九六以上，所以現代人用自助加油槍，為自己的愛車加入的高性能汽油，可是足以媲美第二次世界大戰時，精英飛行員駕駛的戰鬥機所使用的。

《小王子》（*The Lit-tle Prince*）作者安東尼・聖修伯里（Antoine de Sa-int-Exupéry）由科西嘉島基地起飛，駕駛一架偵察機往南法進行偵察飛行，結果被德軍擊落。就像是《小王子》中著名的一節，「真正重要的東西，只用眼睛是看不到的」一樣，肉眼不可見的汽油小分子的形狀，大大的改變了戰爭的趨勢。

因為催化重組技術的發明，過去由煤焦油中提煉的苯、酚、苯胺等分子，現在可用石油人

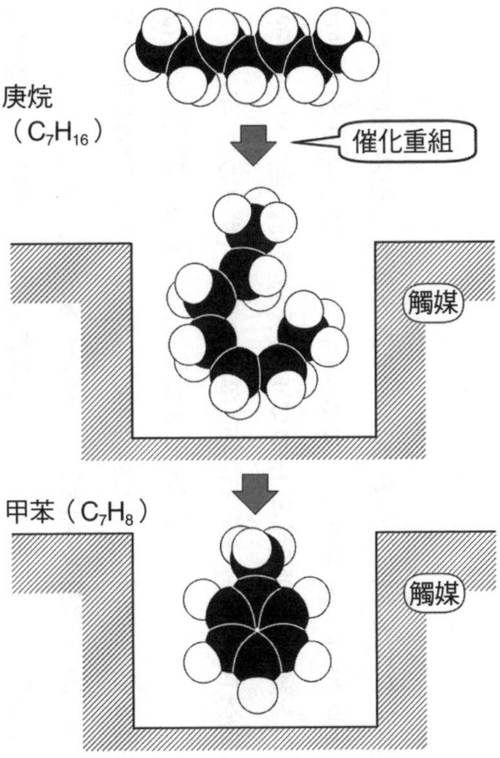

圖 36. 催化重組，製造出高辛烷值汽油。

工量產，這也成為戰後石化工業區的基礎技術。

第二次世界大戰中，各國研究人員激烈交鋒，從分子層面著手提升飛機用汽油的性能，這種化學技術在戰後帶來利用石油發展的石化工業，讓人類進入新時代。

使用DDT——撲滅體蝨，遏阻傷寒大流行

一九六二年，瑞秋・卡森（Rachel Louise Carson）出版著作《寂靜的春天》（*Silent Spring*），告發殺蟲劑與農藥等化學物質對大自然的破壞、美國的環境問題，成為全球話題。這部著作之所以出名，與殺蟲劑DDT（Dichloro-Diphenyl-Trichloroethane，雙對氯苯基三氯乙烷）脫不了關係。

一九三九年，瑞士化學企業嘉基公司（Geigy，現在的諾華製藥公司）研究人員保羅・赫爾曼・

穆勒（Paul Hermann Müller）發現DDT驚人的殺蟲效果。作為媒介瘧疾的蚊子、媒介流行性斑疹傷寒的體蝨，甚至是蒼蠅等的殺蟲劑，只要少量即有很好的效果，而且又容易生產，所以一九四二年開始銷售DDT。

一九四三年，美軍開始大量使用DDT。當時因為向同盟軍投降的義大利，爆發流行性斑疹傷寒大流行，美軍就在占領地拿波里開始用DDT進行撲滅體蝨大作戰。他們對三百萬市民與士兵徹底噴灑DDT，殺光體蝨讓傷寒不再流行。這是人類史上第一次利用藥劑來預防流行中的傳染病。

之後就進入DDT的時代，在南太平洋的戰事等，同盟軍也從空中散布DDT，作為瘧疾等的傳染病對策。穆勒也獲得一九四八年諾貝爾生理學醫學獎。

一九四〇年代，英國ICI公司在探索類似化合物時，發展出殺蟲劑BHC（六氯化苯，Benzene Hexachloride）。這些都是氯原子和碳原子結合的有機化合物，據說作用原理是溶入細胞膜等的脂質，阻礙神經功能而產生毒性。

然而DDT和BHC會殘留在環境中，無法在大自然中分解，因生物濃縮作用（Bioconcentration）而造成惡劣影響（DDT可能擾亂生物體內荷爾蒙分泌），現在很多國家都已經禁止製造與生產（按：人們發現DDT的毒性後，首先宣布限制使用的包括加拿大、美國等國，之後擴大到幾乎所有西方國家。世界衛生組織〔WHO〕將其界定為二級致癌物。）。

發明汽油彈——高溫後東京庶民區化為一片焦土

二十世紀有一本極出名的有機化學書籍《有機化學》（*Organic Chemistry*），作者是路易斯・費瑟（Louis F. Fieser），這本書可說是過去大學化學課的「聖經級」教科書。費瑟是哈佛大學教授，也是用高溫後燒成一片焦土的汽油彈的發明人。

汽油彈內部就是產生黏性的棕櫚油（椰子果實的油）萃取物質（棕櫚酸鋁，Aluminum Palmitate），與石油成分物質（環烷酸鋁，Aluminum Naphthenate），再加入汽油混合成黏稠的果凍狀內容物。因為成分的棕櫚酸（Naphthenic Acid）、環烷酸（Palmitic Acid）及鋁（Aluminum）而被命名為汽油彈（Napalm bomb）。

日本本土空襲時，燒毀所有木造房屋的燒夷彈（M69），就是實用化後的一種汽油彈。二十世紀代表性建築師法蘭克・洛伊・萊特（Frank Lloyd Wright）設計建造東京日比谷的帝國大飯店時，曾和弟子安東尼・雷蒙（Antonin Raymond）一起造訪日本。之後雷蒙留在日本，開了一家建築師事務所。他對日本的木造房屋知之甚詳，回到美國後就成為開發、實驗攻擊日本的燒夷彈顧問。

他在實驗地蓋了樣品屋，由內部裝潢、用品到房屋本身，都忠實重現日本房屋的樣貌，甚至還準備了與日本消防隊相同的設備，反覆進行轟炸機空投燒夷彈的測試，精密檢討有效的投彈與延燒方法等。

當時日本對美國採用「汽球炸彈」攻擊。這是動員國中生，用和紙與蒟蒻製成汽球，然後吊掛炸彈，朝著美國大陸施放。美日科技的差距之大，由此可見。

一九四五年三月十日（日本陸軍紀念日）的東京大空襲，美國派出約三百二十架自豪的大型轟炸機Ｂ29低空飛來，用汽油彈燒毀東京庶民區。風勢助長火勢，造成十萬名以上居民喪生。日本的大都市，就這樣在Ｂ29的低空空襲後，化為一片焦土。

戰爭大眾化——人人會用的武器陸續登場

古代每逢戰爭，就要武裝農民上戰場。後來到了羅馬時代，出現職業軍人組成的軍隊組織。中世紀後以作戰為工作的集團，也就是專業的騎兵，成為正式的組織。

然而，胡斯戰爭（Hussite Wars）中，胡斯派的農民軍拿到火炮，擊潰了專業作戰集團騎士軍團後，戰爭開始確實踏上大眾化的道路。美國擅長使用槍支的義勇軍，甚至打敗職業軍人組成的英軍，美國才得以獨立。

科技的進化，讓原本專業的職業成為大眾化工作。十九世紀只有專業攝影師才會拍照，現在大家輕鬆拿起智慧型手機就可以拍。電影也是一樣。料理也進入這樣的時代，人人都可在網站上，取得各個國家與各地區專業廚師才知道的烹調食材與食譜，居住地的超市也可以買到全球豐富的食材、自行烹調。

第二次世界大戰時，德國開發出數種武器，可謂是戰爭大眾化的典範轉移。

其中之一就是「StG44」突擊步槍（Sturmgewehr 44），這可說是個人可輕鬆攜帶、可連續射擊的槍支的完成型態。從火繩槍開始逐步改良後，研發出小型槍支步槍，再繼續進化成網羅機關槍優點的終極槍支，時代為之一變。

「StG44」在第二次世界大戰後半期登場後，成為大量使用的武器。戰後蘇聯的卡拉希尼科夫（Mikhail Kalashnikov），以相同概念開發出「AK47」突擊步槍，成為改變世界版圖的武器（電影《軍火之王》（*Lord of War*）中有詳細的描述）。時至今日，全球各地的紛爭中仍可見到「AK47」的身影。

其二，就是個人可攜帶的反裝甲武器，名為反戰車榴彈發射器（Panzerfaust，反戰車鐵拳），名稱有如文豪歌德的《浮士德》（*Faust*，拳頭之意）。這是一種用過即丟的武器，在長達一公尺左右的槍管中，裝填黑色火藥作為發射動力，射出彈頭（形狀有如樂器小號的消音器）。

這個彈頭被稱為錐形炸藥（Shaped Charge），在圓椎型凹陷處填入高性能炸藥（內含旋風炸藥＝RDX，與TNT），圓錐部並裝上一公釐厚的薄鐵板。

「RDX」是一九二〇年代德國開始開發的炸藥，第二次世界大戰期間大量生產，是現代仍在使用的高性能炸藥的代表。橡膠狀物質內混入的是「C-4」（塑膠炸藥）等物質，可視用途製成不同形狀。

錐形炸藥的彈頭撞到鐵板爆炸後，爆炸的衝擊波會集中在圓錐中心線，金屬變成高能量流體，形成高達音速二十五倍的金屬射流，這股射流會貫通並破壞鐵板（蒙羅／諾伊曼效應，Munroe/Neumann effect）。

因為這種射流可以貫穿厚約二十公分的鐵板，可破壞當時所有的戰車。雖然一九四一年才

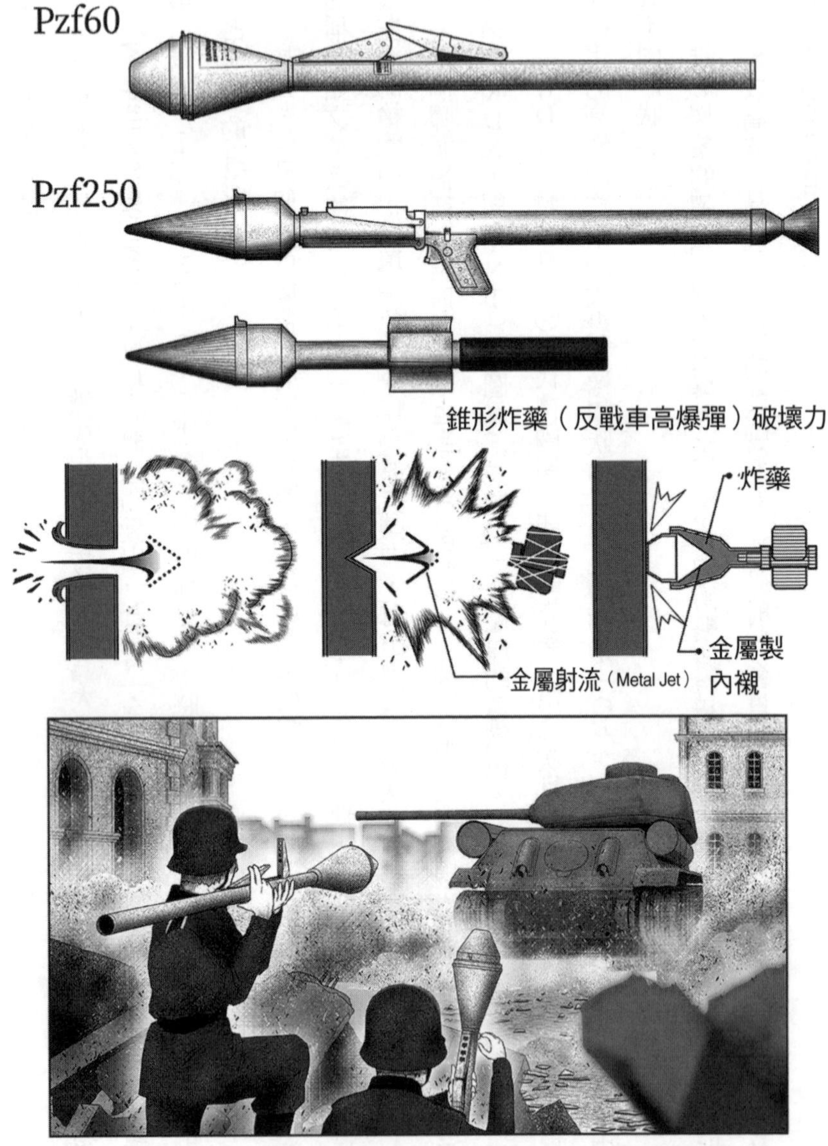

圖 37. 反戰車榴彈發射器，可貫穿 20 公分厚的鐵板。

開始開發，到了一九四四年已經大量使用在戰場上。

戰爭末期，納粹宣傳大臣約瑟夫．戈培爾（Paul Joseph Goebbels）號召「總體戰」，徵召一般市民為「國民突擊隊」，煽動人民：「大家都拿起反戰車榴彈發射器作戰吧！」

這種武器有各種類型，射程由三十公尺到二百五十公尺都有，一直到二戰結束為止，合計生產八百五十萬挺以上。開發中的反戰車榴彈發射器二五〇在戰後，經蘇聯完成為攜帶式火箭推進榴彈RPG，至今仍出現在全球各地的戰鬥中。

人類第一隻巨大火箭——V2火箭飛上太空

最近被戲稱為「火箭人」的某國將軍，發射的彈道飛彈常占據報紙版面。其實彈道飛彈的起源是德國武器。開發者是從年輕時就很嚮往月球旅行，也是火箭迷的德國人華納．馮．布朗（Wernher von Braun）率領的團隊。

全球第一個彈道飛彈V2火箭，是人類史上第一個到達宇宙空間的人工物體。射程近三百公里，約一分鐘的燃料燃燒的氣體，可讓高度上升約八十公里，燃料耗盡就會自然朝目標落下。V是取「Vergeltungswaffe」（德文「復仇武器」的意思）的第一個字母，彈頭可搭載約一噸的炸藥。

燃料為乙醇水溶液（七五％）與液體氧，為避免液體氧沸騰後變成氣體，要放在保溫瓶般的燃料槽中。利用過氧化氫的分解帶來的氣體壓力帶動幫浦，然後把燃料送進燃燒室。

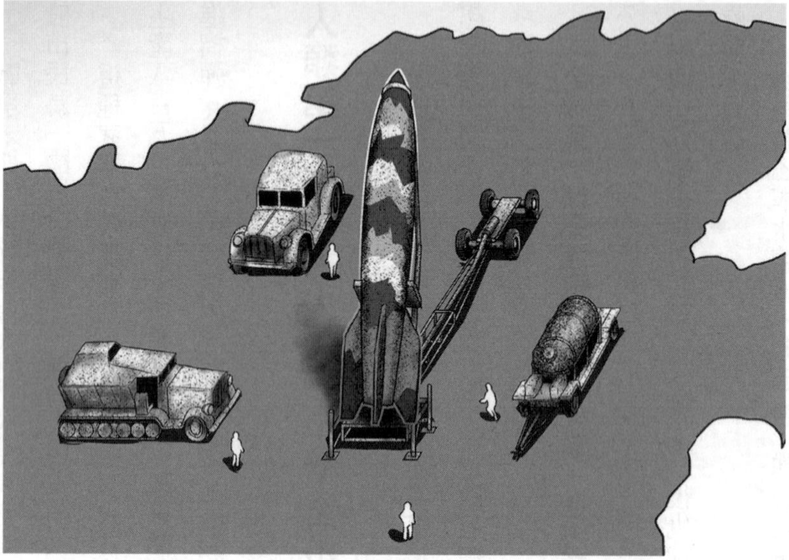

圖 38. V2 火箭發射專用部隊（想像圖）。

此外，燃料乙醇則是分解馬鈴薯澱粉後得到的葡萄糖，經酒精發酵後製成。雖然是最尖端的武器，使用的卻是現今所謂的生質酒精，十分環保。

馬鈴薯可說是德國人的主食，一旦用馬鈴薯作為燃料，當農地開始被蘇聯軍隊占領後，德國就因為馬鈴薯不足，而無法順利製造乙醇。

誘導裝置則使用陀螺儀和真空管所組成的類比式電腦。由管制車、燃料運送車、拖拉式發射台等組成的發射專用部隊，在森林中的道路等移動，具備只要數小時即可發射的機動力，因此到二戰結束前，從未在發射準備中被攻擊。

飛彈製造地為米特寶－朵拉集中營（Mittelbau-Dora concentration camp），這是在諾德豪森（Nordhausen）附近的山中挖掘巨大隧道作為工廠。集中營裡關著法國和蘇聯俘虜，這些俘虜在肺炎與傷寒橫行的惡劣環境中，被迫從事超負荷勞動，死亡人數超過一萬人。

工廠生產出五千發以上的V2火箭，向倫敦與安特衛普（Antwerp）發射。一發V2火箭的成本，換算成現在的日幣約為三億日圓（按：約新臺幣六千九百萬元）。

德國的勞動力來自猶太人、俘虜、犯人的強制勞動，企業則支付使用費給管理集中營的納粹親衛隊。除了V2火箭外，包含戴姆勒．賓士與BMW的引擎工廠、法本公司的化學工廠等德國大企業，都因為利用猶太人與俘虜的強制勞動，獲得龐大的利益。

納粹德國的國家體制，催生出資本主義追求獲利的終極型態。

德國投降——希特勒第三帝國滅亡

到了一九四五年，連日都有近千架美軍和英軍的轟炸機、戰鬥機飛到德國本土，進行不分對象的大規模空襲。

當時羅馬尼亞的油田以及德國國內人造石油工廠都遭到空襲，燃料不足導致新型戰車與最新的噴射戰機，無法完全發揮作用。

受到東邊蘇聯軍與西邊英、美軍的夾擊，到了三月，希特勒的第三帝國已呈現臨終狀態。在希特勒的命令下，德軍原本應該將德國西側的天然屏障——萊茵河上的橋梁全部炸毀，但有一座橋，也就是在雷瑪根（Remagen）的魯登道夫大橋（Ludendorff Bridge）留了下來。因為爆破時使用威力較小的工業用炸藥，未能順利炸毀橋梁，結果落入美軍之手（電影《雷瑪根鐵橋》〔*The Bridge at Remagen*〕）。

東側蘇聯軍推進到奧得河（Oder，距柏林約七十公里），首都柏林危在旦夕。希特勒卻在一個月前號召：「石油就是生命線！」為奪回匈牙利油田，不顧反對，帶著殘存的精銳戰車隊展開春季覺醒行動（Unternehmen Frühlingserwachen）。

面對千輛以上戰車的蘇聯大軍壓境，防衛首都柏林的正面部隊之一——明謝貝格裝甲師（Panzer Division Müncheberg）總共也只有約五十輛戰車。不過，其中十輛配備了劃時代的全球首見夜視裝置。

圖 39. 二戰時期德軍的吸血鬼夜視裝置。

夜視裝置是發射肉眼不可見的紅外線，用金屬吸收反射回來的紅外線，釋出電子，再用高電壓放大電子，投射在螢光幕上得到影像。

裝甲師還配備少數電池，以及與後背包差不多大的步兵用夜視裝置——吸血鬼（vampire）。即使在夜間，人類也終於不用依賴照明彈，即可進行地面作戰。

面對蘇聯軍對柏林的全面攻擊，柏林終於失陷。一九四五年四月三十日，過去向國民宣稱要建立「千年帝國」的希特勒，和前一日剛結婚的妻子伊娃．布朗（Eva Braun）一起自殺殉國。電影《帝國毀滅》（*Downfall*）

詳細描述了當時的氛圍與情景。

五月七日，德國終於無條件投降。

隨著第二次世界大戰終於看到盡頭，美國與蘇聯雖然表面維持和諧，但之後將地球分為資本主義社會與社會主義社會兩大陣營的態勢，已隱然成形。

兩國以德國孕育出的噴射引擎動力所製成的戰鬥機和轟炸機、具有可變後掠翼（variable swept back wing）、前掠翼、無尾翼的隱形戰機等先進航空技術、V2火箭等彈道飛彈與各種地對空飛彈、無線和電視光學制導的艦對艦飛彈、碟型雷達的空中預警機（Airborne Early Warning）、可長時間潛行的潛艦、夜視裝置和攜帶式火箭推進榴彈等，可謂是現代多數武器起源的先進技術，再加上技術人員，爭先恐後投入作戰。

美國推動迴紋針行動（Operation Paperclip），搶在蘇聯前頭確保先進技術工程師們。最尖端技術與技術人員被美國和蘇聯兩國瓜分，演變成第二次世界大戰後，美蘇冷戰期間兩個陣營的新軍備競賽。

原子彈爆炸——「我現在成了死神，世界的毀滅者」

「曼哈頓計畫」持續發展，杜邦公司、美國聯合碳化物公司（Union Carbide Corporation）、孟山都公司（Monsanto Company）等，美國知名化學企業全體總動員，投入製造鈾濃縮與鈽。

隨著離德國敗北越來越近，德國原子彈開發進度停滯的消息一出，許多原子彈開發的技術人員禁不住內心動搖，甚至有些科學家因為找不到開發原子彈的理由而掛冠求去。此時，歐本海默以「只要能開發出核武這種終極武器，人類應該就會停止戰爭，所以讓我們一起努力完成吧」的說詞，煽動研究人員繼續投入研發。

一九四五年七月十六日清晨，在美國新墨西哥州阿拉摩哥多（Alamogordo）試驗場，正要開始進行一場改變人類歷史的重要試驗。這是一場以「三位一體」（Trinity）為名的極機密試驗，現場只有四百位左右來賓。

鐵塔上吊著直徑一．五公尺，被稱為「小工具」（The Gadget）的球體。球體內裝著壘球大小、約六公斤的鈽，周邊配置三十二個炸藥，總重二•三噸。

距貝克勒爾和居禮夫妻發現放射性還不到五十年，人類就已經發現原子的構造、原子核的結構、質子與中子、核分裂，最終構思出原子彈的理論，經由不斷進化的化學技術，一步步由鈾和鈽的分離、濃縮，到製造設備大進化，終於讓原子彈得以問世。

在距離小工具八公里遠的地點按下引爆開關後，炸藥會同時爆發，周圍的衝擊波壓縮中心的鈽塊，釙和鈹產生作用釋出中子後，高密度的鈽就會在百萬分之一秒間，真的是一瞬間產生核分裂，釋放出原子的能量。

相當於一萬九千噸的TNT炸藥爆發的威力，產生出的火球能發出數個太陽的光，最終成為蕈狀雲。

許多科學家目擊這個結果都深受震撼，對原子彈爆炸的驚人威力啞口無言，主導開發原子彈的歐本海默，甚至想到知名古印度的史詩《薄伽梵歌》（*Bhagavad Gita*）中的一節：「我現在成了死神，世界的毀滅者。」

其中只有一位科學家覺得十分沮喪，他就是後來開發出氫彈（Hydrogen Bomb）的愛德華·泰勒。據說他看到原子彈爆炸的一瞬間，口中喃喃自語：「搞什麼啊，竟然只是這樣。」戰後，泰勒致力於開發比原子彈更具威力的氫彈，與歐本海默彼此水火不容。

一九四五年八月六日，日本時間凌晨一點四十五分，一架大型轟炸機波音B29從塞班島附近的天寧島（Tinian）機場起飛，兩架伴飛的飛機緊接著起飛，三機一組朝日本本土飛去。

最早起飛的B29，機首寫著「艾諾拉·蓋」（Enola Gay），機組員事先都受過訓練，飛機起飛後不久，就開始將硝化纖維素炸藥、柯代炸藥，裝填到坐鎮在機內炸彈倉中的一枚巨大炸彈裡。

這枚炸彈的設計，就是投彈後到達既定高度，柯代炸藥就會爆炸，像手槍一樣射出小金屬塊，去撞擊另一個金屬塊（稱為槍管法）。

機內因為即將在實戰中投下全球第一顆新型炸彈，充斥著緊張與興奮的情緒。轟炸機完全未受到高射炮和迎擊機等襲擊，悠然的入侵了廣島市內。八點十二分，轟炸機來到距離目標只剩二十五公尺的位置，負責投彈的費爾比少校緊張的情緒也來到最高點。

八點十五分，負責投彈的人確認遠方地面上的轟炸目標，也就是呈T字形的橋梁（相生橋）後，啟動投彈自動裝置。重達四噸的「小男孩」原子彈從九千六百公尺高空落下。

原子彈到達六百公尺高空時，電引信點燃內部的柯代炸藥，炸彈內部發生小型爆炸，金屬塊有如手槍子彈一樣，在管內朝反方向射出。

兩個金屬塊的成分就是鈾二三五（235U），這是將大自然中純度只有〇．七％的鈾，濃縮提煉到純度接近一〇〇％。這些金屬塊互相衝撞後，釙和鈹發生作用射出中子，在百萬分之一秒的時間內，產生鈾二三五的原子核分裂連鎖反應，每個原子核內藏的能量，轉變成驚人的光與熱而釋放出來。

炸藥內裝填的鈾二三五金屬塊，重約六十五公斤，不過實際只有約九百公克產生核分裂連鎖反應，但這就已經讓人類打開潘朵拉的盒子了。人類史上第一顆原子彈造成約九萬人死亡（有多種說法）。

緊接著在八月九日，天寧島又有包含「博克斯卡號」（Bockscar）在內的三架B29轟炸機（觀測機、攝影機等）起飛，朝著北九州的小倉市飛去。博克斯卡號上載著鈽彈「胖子」原子彈，根據事先設定好的飛行路線進入煙霧瀰漫、能見度極低的小倉市上空，嘗試投彈三次，但因始終無法確認目標，也擔心剩餘燃料不足，只能轉向第二目標長崎。

長崎上空多雲，能見度也不佳，但有一瞬間能從雲層缺口看到長崎市區，因而決定投彈。在距離目標長崎市區偏北三公里的地點，上午十點五十八分、從九千六百公尺高投下原子彈。十一點兩分，原子彈在長崎上空約五百公尺附近爆炸，爆炸中心地的天主教會浦上天主堂附近幾乎化為一片火海、夷為平地，造成約七萬四千人死亡。

一九四五年八月十五日，日本接受《波茨坦宣言》（*Potsdam Declaration*），第二次世界大戰終於落幕（但仍有零星戰鬥）。全球各地歡欣慶祝前所未見的大規模世界大戰落幕的同時，背後卻已浮現全新戰爭——美蘇冷戰的胎動。

「我不知道第三次世界大戰會用什麼武器，但第四次世界大戰的人類，一定是使用石頭和木棒。」——阿爾伯特．愛因斯坦

結語
從歷史角度，說明事件的主角——化學（物質）

只要一隻智慧型手機，就可以立刻知道自己現在在哪裡，上網就可以買到全球的葡萄酒、珍貴的起司，山珍海味都可以立刻用冷藏貨運的方式送達，這些連豪奢的路易十四世都沒有的享受，對我們現代人來說已習以為常。

甚至在新聞媒體看到一些陷入內戰的國家，遊擊隊士兵拿著攜帶式火箭炮發射一發子彈數千日圓的錐形炸藥，炸毀雖說是二手貨（超便宜）、但也要價數千萬日圓的戰車。從過去在炎熱沙漠中為西台戰車所苦的埃及農民兵眼中看來，應該會昏倒吧。

雖然現在超商和超市的塑膠袋要收費，但社會上塑膠袋仍是隨手可得，就算是有塑膠袋戀物癖的人，也不會覺得擁有塑膠袋是值得謝天謝地的事。塑膠袋的原料聚乙烯在九十年前，可是製造重要的雷達的戰略物資。

人類社會得以驚人的進化到現代社會，要歸功於高度發達的科技（技術），但我認為學校教育沒有教導我們最關鍵的部分，那就是原本像猿猴的人類，如何建立起如此現代的社會。

我們的社會系統、食物、交通工具、智慧型手機，不論哪一種，都不是如同變魔術一樣，突然變出來的。一步步解開這些纏繞在一起的絲線，不只可以追溯到日本人的祖先，甚至還和以粗糙的爐子打鐵的西台打鐵師傅，甚至是下船之後在海邊沙攤上搭爐砌灶、烹調的腓尼基人都有關聯。

我們現代人並不是靠自己一個人生活，而是依靠過去全球先人們的睿智，站在巨人的肩膀上生活。

可是一講到歷史課，往往只會提到倭瑪亞王朝如何，金朝第一位皇帝完顏阿骨打又如何，就只是把人名和事件一字排開來，卻未重視歷史的流動、必然性和因果關係。

另一方面，化學課則只會教我們計算酸鹼值ＰＨ、背誦「蒐集硫化氫氣體要用向下排氣法」等，我總是不禁懷疑，這門課到底有沒有自信作為一門關於物質的學問？

硫化氫等有毒火山性氣體很重，會在地面累積，所以不能去火山和溫泉地帶的低窪處。可是對生活中被物質環繞的現代人來說，現今的化學教育，好像欠缺了必要的知識、物質的管理、對求生有益的學問此一觀點。

大家都學過法國大革命的象徵性事件，也就是一七八九年法國民眾攻占巴士底監獄。其實當時群眾攻擊監獄時，獄中只有七名犯人，而且不過是偽造犯和狂人。一四五三年，穆罕默德二世攻陷君士坦丁堡，當時歐洲大概有一半以上的人，都不知道有這件事吧。

事件本身真的那麼重要嗎？這些事件的描述，其實很多都是歷史學家們為了增加浪漫的成分，事後加油添醋而成為「故事」。

我想透過本書說明歷史的因果關係，不單純只是將這些事件一字排開，而是以社會、政治、戰爭等事件根本的「物質」為主角，說明主角們如何互相影響並產生關聯。

而且我也不想站在一位英雄的史觀去描述，發現物質、讓物質實用化的、人與人之間的故事，而是著重在描述時代的氛圍與時代的需求。希望才疏學淺的我撰寫的拙劣文章，能讓讀者們體會到歷史的脈動。

本書在草稿階段，寫到第二次世界大戰為止，就已接近七百頁。我原本打算寫到現代，但戰後的部分並未刊載。其實戰後飛躍性的科技進化，才真的是我想寫的部分。

只看一個歷史事件，永遠有各種不同的切入點和觀點。光要寫幾行文字，我就要大量閱讀好幾本書和資料，花上好幾天的時間。

幸好長年塵封的書終於派上用場，還有在工作閒暇時造訪的名古屋市鶴舞中央圖書館的藏書，也幫了我很大的忙。我也要感謝東京都練馬區平和臺圖書館、神田舊書店街，在我還是個貧窮學生時，讓我接觸到大量書籍。特別是如果沒有專收科學類舊書的明倫館存在，就不會有本書的誕生。

對於我的導師，東京都立西高校的社會科老師荒井良夫，以及在我成為補習班講師後，在世界史和文化方面給我許多啟發的大矢復老師（代代木講座英語講師）、上住友起老師（河合塾世界史講師兼 Bear Luxe 株式會社執行長），我心中更是充滿感激。

另外，我身邊的朋友，特別是過去我的學生岡田祐一，在我撰寫本書時，由概念到執筆階段，都給與我許多幫助，在此一併致謝。

我的工作是在補習班教化學，提升學生們的化學成績，讓他們順利考上大學。不過除了傳授知識和計算方法外，我也會從歷史的角度，說明為什麼人類會發展出這些計算和知識。然而上課時間有限，所以假設我閱讀了一百本書籍，時間大概只夠我告訴學生約十頁的內容。

這次透過本書，我終於可以將過去派不上用場的知識化為具體形式。非常感謝PHP研究所的山口毅，讓我有機會寫這本書，也要感謝為這本書編輯、校正的所有同仁，以及在緊迫的時間內、廢寢忘食的為本書畫插圖的風原士郎。

最後我要感謝的是我的太太。每當我在閱讀世界史書籍時，都會像回音一樣唸出「Barbegal麵粉廠」（古羅馬時代在法國亞爾附近，以水車為動力的麵粉工廠）、「StG44突擊步槍」（第二次世界大戰時，納粹德國量產的輕量自動槍支）等，她必須忍受我三不五時發出謎樣般的囈語，同時因為她喜歡電影和世界史，還會提供我許多素材，如約翰．亨特（John Hunter，被譽為「近代外科學開創者」的英國外科醫生）、弗里茨朗格（Fritz Lang，奧地利出身的知名電影導演）等，豐富本書的內容。

前所未見的新冠病毒肆虐全球，甚至有人形容它就像是中世紀的黑死病再現。不過，人類過去以來就是不斷的與前所未見的災厄對抗，因此孕育出智慧與發明，再向前邁進。我們也只能向歷史學習，向前邁進，並交棒給下一代。

人們總是從過去吸取教訓。畢竟我們無法倒過來學歷史。——阿基米德

全球發生的事都受化學反應左右。政治和國際關係也無法例外。——萊納斯．鮑林（Linus Pauling）

參考文獻

《戰爭的科學》（*Science goes to war*），Ernest Volkman，神浦元彰監修，茂木健譯，主婦之友社。

《世界戰爭歷史百科》（*Science goes to war*），R.G. Grant 編，竹村厚士日語版監修、藤井留美譯，柊風舍。

《戰爭世界史 大圖鑑》（*Battle*），R.G. Grant 編，樺山紘一日語版總監修，河出書房新社。

《Isaac Asimov 的科學與發現年表》（*Asimov's Chronology of Science and Discovery*），Isaac Asimov，小山慶太、輪湖博譯，丸善。

《科學的語源 250》（*Words of science*），Isaac Asimov，東洋惠譯，共立出版。

《科學大圖鑑》（*Science*），Adam Hart-Davis 總監修，日暮雅通監譯，河出書房新社。

《酒的科學》（*PROOF:THE SCIENCE OF BOOZE*），Adam Rogers，夏野徹也譯，白揚社。

《飛行道具的人類史》（*Throwing fire*），Alfred Worcester Crosby，小澤千重子譯，紀伊國屋書店。

《醫學如何改變至今的歷史？》（*THE STORY OF MEDICINE*），Anne Rooney，立木勝譯，東京書籍。

《香料的人類史》（*Dangerous tastes*），Andrew Dalby，樋口幸子譯，原書房。

《藥學的歷史　藥、軟膏、毒物》（*Une histoire de la pharmacie remèdes onguents poisons*），Yvan Brohard 監修，日佛藥學會、日本藥史學會譯，藥事日報社

《從 30 個發明讀世界史》（30の発明からよむ世界史），池內了監修、造事務所編，日經 BUSINESS 人文庫。

《Medicine》（*Great Discoveries in Medicine*），William Bynum、Helen Bynum，鈴木晃仁、鈴木實佳譯，醫學書院。

《砂與人類》（*The World in a Grain*），Vince Beiser，藤崎百合譯，草思社。

《軼聞科學史》（*Stories from science*），A.Sutcliffe、A.P.D. Sutcliffe，市場泰男譯，

現代教養文庫。
《化學、生物兵器的歷史》（*A history of chemical and biological weapons*），Edward M Spiers，上原 Yuuko 譯，東洋書林。
《圖說　改變世界史的 50 種礦物》（*Fifty minerals that changed the course of history*），Eric Chaline，上原 Yuuko 譯、原書房。
《實用化學》（プラグマティック化学），大東孝司，河合出版。
《義大利麵的迷宮》（パスタの迷宮），大矢復，洋泉社新書 y。
《死亡商人》（死の商人），岡倉古志郎，岩波新書。
《化學的技術史》（化学の技術史），加藤邦興，Ohmsha。
《用化學的角度看周遭物品》（身のまわりを化学の目でみれば），加藤俊二，化學同人。
《原來如此咖啡學》（なるほどコーヒー学），金澤大學咖啡學研究會編，旭屋出版。
《重武器的科學》（重火器の科学），Kano Yoshinori，Science i 新書。
《瑪麗 ・ 居禮的挑戰》（マリー・キュリーの挑戦），川島慶子，Transview。
《機械的社會（生命／人類與科學系列）》（機械の社会〔ライフ / 人間と科学シリーズ〕），TIME LIFE BOOKS。
《創造性發現與偶然》（*A skeleton in the darkroom*），Gilbert Shapiro，新關暢一譯，東京化學同人。
《圖解　鍊金術》（図解 錬金術），草野巧，新紀元社。
《藥的故事（生命／人類與科學系列）》（薬の話〔ライフ / 人間と科学シリーズ〕），TIME LIFE BOOKS。
《改變世界的火藥的歷史》（*Gunpowder*），Clive Ponting、伊藤綺譯，原書房。
《盧克萊修「物性論」》（ルクレティウス『事物の本性について』），小池澄夫、瀨口昌久，岩波書店。
《高分子的化學（生命／人類與科學系列）》（高分子の化学〔ライフ / 人間と科学シリーズ〕），TIME LIFE BOOKS。
《大圖解　第二次世界大戰的祕密特殊兵器》（大図解 第二次世界大戦の秘密特殊兵器），坂本明，Green Arrow 出版。

（接下頁）

參考文獻

《天然發酵的世界》（*Wild fermentation*），Sandor Ellix Katz，Kihara Chiaki 譯，築地書館。
《連結》（*Connections*），James Burke、福本剛一郎等譯，日經 SCIENCE。
《工業化學》（工業化学），鹽川二朗、園田昇、龜岡弘，化學同人。
《圖說　改變世界史的 50 種武器》（*Fifty weapons that changed the course of history*），Joel Levy，伊藤綺譯，原書房。
《應有盡有的「第一次」大全》（*The first of everything*），Stewart Ross，西田美緒子譯，東洋經濟新聞社。
《科學家居禮》（*Curie*），Sarah Dry，增田珠子譯、青土社。
《世界古典文學全集　第 21 卷（維吉爾、盧克萊修）》（世界古典文学全集 第 21 巻〔ウェルギリウス ルクレティウス〕），泉井久之助、岩田儀一、藤澤令夫譯，筑摩書房。
《化學的成長》（化学の生い立ち），竹內敬人、山田圭一，大日本圖書。
《圖解入門　徹底了解最新「鐵」的基本與機制》（図解入門 よくわかる最新「鉄」の基本と仕組み），田中和明，秀和 SYSTEM。
《身邊的化學》（身近な化学），Willibald Rixner、Gerhard Wegner，須賀恭一、岩淵晉譯，講談社。

《中國古代化學》，趙匡華，廣川健監修，尾關徹、庾凌峰譯、丸善出版。
《20 世紀的化學物質》（20 世紀の化学物質），常石敬一，NHK 出版。
《50 種建立現代經濟的東西》（*Fifty things : that made the modern economy*），Tim Harford，遠藤真美譯，日本經濟新聞出版。
《戰爭與科學家》（*The war scientists : the brains behind military technologies of destruction and defence*），Thomas J. Craughwell，藤原多伽夫譯，原書房。
《改變歷史的 6 種飲料》（*A history of the world in 6 glasses*），Tom Standage，新井崇嗣譯，樂工社。
《瑪麗 · 居禮》（*Marie Curie*），Naomi Pasachoff，西田美緒子譯，大月書店。
《新量子生物學》（新しい量子生物学），永田親義，Blue backs。

《圖說　科學的百科事典 4　化學的世界》（*Chemistry in action*），Nina Morgan、John O. E. Clark，David D'argenio 監修，山崎昶監譯，宮本惠子譯，朝倉書店。
《喪失與獲得》（*The mind made flesh : essays from the frontiers of psychology and evolution*），Nicholas Humphrey，垂水雄二譯，紀伊國屋書店。
《科學的歷史》（科学の歴史），21 世紀科學教育懇談會編，日本 IBM。
《建立起化學的人們》（化学を築いた人々），原光雄，中央公論社。
《化學》（*Braving the elements*），Harry B. Gray、John D. Simon、William C. Trogler，井上祥平譯、東京化學同人。
《戰爭的物理學》（*The physics of war : from arrows to atoms*），Barry Parker，藤原多伽夫譯，白揚社。
《分子與人類》（*Molecules*），Peter William Atkins，千原秀昭、稻葉章譯，東京化學同人。
《改變世界歷史的日子 1001》（*1001 days that shaped the world*），Peter Furtado 編，荒井理子、中村安子、真田由美子、藤村奈緒美譯，YUMANI 書房。
《化學語源辭典》（化学語源辞典），尾藤忠旦，三共出版。
《圖說　科學、技術的歷史　上、下》（図説 科学・技術の歴史 上・下），平田寬，朝倉書店。
《圖說　改變世界史的 50 種食物》（*Fifty foods that changed the course of history*），Bill Price，井上廣美譯，原書房。
《物質的故事（生命／人類與科學系列）》（物質の話〔ライフ / 人間と科学シリーズ〕），TIME LIFE BOOKS。
《毒的科學》（毒の科学），船山信次，Natsume 社。
《國際化學產業史》（*A history of the international chemical industry Histoire de la chimie*），Fred Aftalion，柳田博明監譯，日經 SCIENCE 社。
《調香師述說的香料植物圖鑑》（*L'herbier parfumé : histoires humaines des plantes à parfum*），Freddy Ghozland、Xavier Fernandez，前田久仁子譯，原書房。
《香料、炸藥、醫藥品》（*Napoleon's buttons*），Penny Cameron Le Couteur、Jay Burreson，小林力譯、中央公論新社。

（接下頁）

參考文獻

《敘事 化學技術史》（ものがたり 化学技術史），本田一二，科學情報社。
《「鹽」的世界史》（*Salt:a world history*），Mark Kurlansky，山本光伸譯，扶桑社。
《紙的世界史》（*Paper:paging through history*），Mark Kurlansky，川副智子譯，德間書店。
《科學如何改變至今的歷史？》（*The story of science:power, proof and passion*），Michael Mosley、John Lynch，久芳清彥譯、東京書籍。
《家中的化學素種》（家の中の化学あれこれ），增井幸夫、谷本幸子，裳華房。
《今昔 Metallica》（今昔メタリカ），松山晉作，工業調查會。
《最棒的素養！世界全史》（最高の教養！世界全史），宮崎正勝，PHP 文庫。
《視覺資料　世界史 1000 人　上、下》（ビジュアル 世界史 1000 人 上・下），宮崎正勝，世界文化社。
《鐵學　137 億年的宇宙史》（鉄学 137 億年の宇宙史），宮本英昭、橘省吾、橫山廣美，岩波書店。
《膠卷和相機的世界史》（*Images and enterprise : technology and the American photographic industry 1839 to 1925*），Reese Jenkins，中岡哲郎、高松亨、中岡俊介譯，平凡社。
《天才科學家的靈光一現 36》（*Accidental genius : the world's greatest by-chance discoveries*），Richard Gaughan，北川玲譯，創元社。
《世界的起源》（*Origins : how the earth made us*），Lewis Dartnell，東郷 Erika 譯，河出書房新社。
《糧食與人類》（*The big ratchet : how humanity thrives in the face of natural crisis*），Ruth DeFries，小川敏子譯、日經 BUSINESS 人文庫。
《巨大分子》（*Giant molecule : essential materials for everyday living and problem solving*），Raymond Benedict Seymour、Charles E. Carraher，西敏夫譯，McGraw-Hill 出版。
《機緣》（*Serendipity*），Royston M. Roberts，安藤喬志譯、化學同人。
《1000 種發明、發現圖鑑》（*1000 inventions and discoveries*），Roger Bridgman，小口高、鈴木良次、諸田昭夫監譯，丸善。
《物品訴說的世界歷史》（物が語る世界の歴史），綿引弘，聖文社。

國家圖書館出版品預行編目（CIP）資料

歷史怎麼改變的，化學知道：歷史、化學放在一起看，事件因果更清楚，文明的演進總受化學元素、反應、新材料左右。/ 大宮理著；李貞慧譯 . -- 初版 . -- 臺北市：大是文化有限公司 , 2023.09
352 面；17 × 23 公分 . --（TELL ; 58）

ISBN 978-626-7328-28-6（平裝）

1. CST：化學　2. CST：歷史

340.9　　112008106

TELL 058

歷史怎麼改變的，化學知道

歷史、化學放在一起看，事件因果更清楚，
文明的演進總受化學元素、反應、新材料左右。

作　　者／大宮理
譯　　者／李貞慧
內文插圖／風原士郎
校對編輯／黃凱琪
美術編輯／林彥君
副 主 編／劉宗德
副總編輯／顏惠君
總 編 輯／吳依瑋
發 行 人／徐仲秋
會計助理／李秀娟
會　　計／許鳳雪
版權經理／郝麗珍
行銷企劃／徐千晴
業務專員／馬絮盈、留婉茹
業務經理／林裕安
總 經 理／陳絜吾

出 版 者／大是文化有限公司
臺北市 100 衡陽路 7 號 8 樓
編輯部電話：（02）2375-7911
購書相關資訊請洽：（02）2375-7911 分機122
24小時讀者服務傳真：（02）2375-6999
讀者服務E-mail：dscsms28@gmail.com
郵政劃撥帳號／19983366　戶名／大是文化有限公司

法律顧問／永然聯合法律事務所
香港發行／豐達出版發行有限公司 Rich Publishing & Distribution Ltd
地址：香港柴灣永泰道70號柴灣工業城第2 期1805 室
Unit 1805,Ph .2,Chai Wan Ind City,70 Wing Tai Rd,Chai Wan,Hong Kong
Tel：2172-6513　Fax：2172-4355
E-mail：cary@subseasy.com.hk

封面設計／林雯瑛
內頁排版／陳相蓉
印　　刷／鴻霖印刷傳媒股份有限公司
出版日期／2023 年 9 月初版
定　　價／新臺幣 540 元
I S B N／978-626-7328-28-6
電子書ISBN／9786267328347（PDF）
9786267328354（EPUB）　（缺頁或裝訂錯誤的書，請寄回更換）

Printed in Taiwan

Interior illustrations by Shirou KAZAHARA
First original Japanese edition published by PHP Institute, Inc., Japan.
Traditional Chinese translation rights arranged with PHP Institute, Inc.
through Bardon-Chinese Media Agency